北美典型页岩油气藏开发特征丛书

Haynesville 深层页岩气藏开发特征

于荣泽　熊　伟　赵　群　张晓伟　等著

石油工业出版社

内 容 提 要

　　本书对北美 Haynesville 深层高温高压高产页岩气藏截至 2020 年底完钻投产的 7000 余口页岩气井进行了系统全面分析，对页岩气水平井钻完井、分段体积压裂、开发指标和开发成本现状及发展趋势进行了详细论述。通过派生水垂比、平均段间距、加砂强度、用液强度、百米段长 EUR、百米段长压裂成本、建井周期、年产量递减率、百吨砂量 EUR 等系列标准指标阐述气藏开发特征和技术发展趋势。基于气藏开发特征数据，对水平段长、测深、水垂比、平均段间距和加砂强度等关键开发参数进行了分析论述。

　　本书适合从事页岩油气勘探开发的技术人员参考阅读，也可供高等院校相关专业师生参考使用。

图书在版编目（CIP）数据

　　Haynesville 深层页岩气藏开发特征 / 于荣泽等著 .
—北京：石油工业出版社，2022.7
　　（北美典型页岩油气藏开发特征丛书）
　　ISBN 978–7–5183–5397–2

　　Ⅰ . ① H… Ⅱ . ① 于… Ⅲ . ① 油页岩 – 油气田开发 –
研究 Ⅳ . ① P618.130.8

　　中国版本图书馆 CIP 数据核字（2022）第 089936 号

出版发行：石油工业出版社
　　　　（北京安定门外安华里 2 区 1 号楼　　100011）
　　　　网　　址：www.petropub.com
　　　　编辑部：（010）64523537　　图书营销中心：（010）64523633
经　　销：全国新华书店
印　　刷：北京中石油彩色印刷有限责任公司

2022 年 7 月第 1 版　　2022 年 7 月第 1 次印刷
787×1092 毫米　　开本：1/16　　印张：16.5
字数：380 千字

定价：130.00 元
（如出现印装质量问题，我社图书营销中心负责调换）

《Haynesville 深层页岩气藏开发特征》
编 写 组

组　　长：于荣泽

副组长：熊　伟　　赵　群　　张晓伟　　胡志明　　王红岩
　　　　时付更

成　员：孙玉平　　郭　为　　高金亮　　端祥刚　　赵素平
　　　　张磊夫　　李俏静　　康莉霞　　王玫珠　　刘　丹
　　　　刘钰洋　　周尚文　　胡云鹏　　俞霁晨　　常　进
　　　　武　瑾　　刘德勋　　王　莉　　梁萍萍　　姚尚林
　　　　邵艳伟　　宋梦馨　　陈新燕　　常　程　　程　峰
　　　　祁　灵　　王高成　　黄小青　　杨　庆

序

油气工业勘探开发领域正快速从占油气资源总量 20% 的常规油气向占油气资源总量 80% 的非常规油气延伸。非常规油气用传统技术无法获得工业产量，需要有效改善储层渗透率或流体黏度等新兴技术才能经济有效规模开采。继油砂、油页岩、致密气和煤层气等非常规油气资源规模有效开发后，借助水平井钻完井、体积压裂、工厂化作业等核心技术突破，页岩油气实现了规模有效开发并在全球范围内掀起了一场"黑色页岩革命"。页岩油气的规模有效开发具有三大战略意义：一是大幅延长了世界石油工业生命周期、突破了传统资源禁区；二是引发了油气工业科技革命，促进整个石油工业理论技术升级换代；三是推动了全球油气储量和产量跨越式增长，改变了全球能源战略格局。

我国非常规油气也取得了战略性突破，目前以四川盆地为重点，实现了海相页岩气规模有效开发。国内页岩气规模开发经历了合作借鉴、自主探索和工业化开发三大阶段。通过引进、吸收和自主创新，实现了海相页岩气直井、水平井、"工厂化"平台井组和"工厂化"作业跨越发展。以四川盆地埋深 3500m 以浅海相页岩为重点，2020 年全国累计探明页岩气储量超 $2.0 \times 10^{12} m^3$，实现页岩气产量 $200 \times 10^8 m^3$，其中中国石油在川西南长宁、威远和昭通等区块实现页岩气产量 $116 \times 10^8 m^3$，中国石化在川东涪陵、川南威荣等区块实现页岩气产量 $84 \times 10^8 m^3$。我国已成为除美国、加拿大之外最大的页岩气生产国，页岩气也成为未来中国天然气增储上产的重要组成部分。

北美页岩油气资源丰富，开采条件优厚，在页岩油气理论、关键工程技术、作业管理模式等方面持续创新发展。美国能源信息署（EIA）数据显示，2020 年美国页岩气产量为 $7330 \times 10^8 m^3$，占其天然气总产量约 80%，致密油／页岩油产量 $3.5 \times 10^8 t$，占其原油总产量比例超 50%。北美页岩油气产量快速增长的同时也积累了海量油气井数据，可为我国页岩油气开发和学习曲线的建立提供参考借鉴。因此，系统剖析北美典型页岩油气开发特征必将有助于我国页岩油气勘探开发快速发展，促进页岩油气勘探开发理论技术进步，实现页岩油气产量快速增长。

《北美典型页岩油气藏开发特征丛书》共六册，分别为《Marcellus 页岩气藏开发特征》《Haynesville 深层页岩气藏开发特征》《Eagle Ford 深层页岩油气藏开发特征》《Barnett 页岩气藏开发特征》《Utica 页岩油气藏开发特征》和《Austin Chalk 致密油气藏开发特征》。丛书对近 70000 口页岩油气井开发数据进行全面分析，信息涵盖水平井钻完井、分段压裂、生产动态、开发指标、开发成本及开发技术政策等。丛书作者由中国石油勘探开发研究院一直从事页岩油气开发的专业技术人员组成，丛书覆盖北美地区已开发典型页岩油气藏开发特征，类型包括浅层常压、中深层常压、中深层超压、深层超压和超深层页岩油气藏；数据分析系统全面，涉及钻完井、分段压裂、生产动态及开发成本全业务流程；依托海量数据派生系列关键指标体系，多维度总结开发特征及发展趋势。

　　《北美典型页岩油气藏开发特征丛书》信息全面、资料详实、内容丰富，涵盖页岩油气开发工程全业务流程。我国页岩油气勘探开发进入了新阶段，重点转向海相深层和非海相页岩油气资源，相信《北美典型页岩油气藏开发特征丛书》的出版可为我国页岩油气资源的规模高效开发起到积极的推动作用。

中国科学院院士

丛书前言

页岩一般指层状纹理较为发育的泥岩，主要类型有硅质泥岩、灰质白云质泥岩、生屑质泥岩等。按照沉积学的理论，页岩主要发育在水体较深，且比较安静的还原环境，如深水陆棚、大型湖盆中央等，往往富含有机质。通常都具页状或薄片状层理，其中混有石英、长石的碎屑以及其他化学物质。根据其混入物成分可分为钙质页岩、铁质页岩、硅质页岩、碳质页岩、黑色页岩、油母页岩等。其中铁质页岩可能成为铁矿石，油母页岩可以提炼石油，黑色页岩可以作为石油的指示地层。页岩形成于静水的环境中，泥沙经过长时间的沉积，所以经常存在于湖泊、河流三角洲地带，在海洋大陆架中也有页岩形成，页岩中也经常含有古代动植物的化石。

页岩油气是指富集在富有机质黑色页岩地层中的石油天然气，油气基本未经历运移过程，不受圈闭的控制，主体上为自生自储、大面积连续分布。页岩油气藏属于典型低孔极低渗油气藏，基本无自然产能，通常需要大规模储层压裂改造才能获得工业油气流。页岩油气藏基本特征包括：（1）页岩本身既是烃源岩又是储层，即自生自储型油气藏；（2）储层大面积连续分布，资源潜力大；（3）页岩储层具备低孔隙度和极低渗透率特征；（4）裂缝发育程度是页岩油气运移聚集经济开采的主要控制因素之一；（5）气井几乎无自然产能，通常需要大规模水力压裂措施才能获得工业油气流；（6）开发投资大、开采周期长，投资回收期长。

美国率先实现了页岩油气规模开发，在页岩气勘探开发理论认识、关键工程技术装备、管理模式等方面不断创新发展，在全球范围内掀起了一场"页岩油气革命"，带动了产业飞速发展。美国页岩油气也成为全球油气产量增长的主要领域，推动美国实现了能源独立。页岩油气革命突破了传统油气勘探理念，其内涵包括科技革命、管理革命、战略革命。科技革命以"连续型"油气聚集理论、水平井"平台化"开采技术为标志，将资源视野由单一资源类型扩展到烃源岩系统。管理革命实现将按圈闭部署开发扩展到按资源量体裁衣，低成本高效运行。战略革命将区域性能源影响扩展到全球性能源战略，助推美国实现能源独立。页岩油气革命的发展影响全球战略，重塑国际能源新版图。

美国最早实现了页岩油气资源的规模勘探开发，其境内发育多个页岩层系、分布范围广、页岩油气资源丰富。目前已经对本土 48 个州境内 40 多套页岩层系开展了勘探开发工作，已经规模开发的页岩油气藏包括 Antrim、Bakken、Barnett、Eagle Ford、Fayetteville、Haynesville、Marcellus、Utica、Woodford 等。已开发页岩油气藏从垂深上涵盖浅层、中深层和深层，从地层压力特征涵盖常压和超压页岩油气藏。页岩油气产量快速增长的同时也积累了海量页岩油气井开发数据，可为同类型页岩油气藏开发提供价值信息及学习曲线。《北美典型页岩油气藏开发特征丛书》共包含六册，分别为《Marcellus 页岩气藏开发特征》《Haynesville 深层页岩气藏开发特征》《Eagle Ford 页岩油气藏开发特征》《Barnett 页岩气藏开发特征》《Utica 页岩油气藏开发特征》《Austin Chalk 致密油气藏开发特征》。其中 Marcellus 为巨型常压页岩气藏，垂深覆盖浅层和中深层。Haynesville 为典型深层超压页岩气藏，垂深覆盖中深层、深层和超深层。Eagle Ford 为深层超压页岩油气藏，垂深覆盖中深层和深层。Barnett 为常压页岩气藏，垂深覆盖浅层和中深层。Utica 为超压页岩油气藏，垂深覆盖中深层和深层。Austin Chalk 为深层超压致密油气藏，垂深覆盖中深层和深层。

丛书内容主要包括气藏概况、气藏特征、水平井钻完井、水平井分段压裂、开发指标、开发成本、开发技术政策和展望，基本涵盖了浅层常压、中深层常压、中深层超压和深层超压页岩油气藏的工程参数及开发指标，可为科研院所、油气公司等从事页岩油气研究的科研人员提供参考借鉴。丛书由中国石油勘探开发研究院一直从事页岩油气开发的专业技术人员编写。

本书在页岩油气藏概况及特征内容中引用了大量北美页岩油气勘探开发研究成果。丛书编写过程中难免有不足之处，敬请读者批评指正。

前　言

随着全球对清洁能源需求的持续扩大，天然气需求快速增长。油气勘探开发领域从占油气资源总量 20% 的常规油气向占油气资源总量 80% 的非常规油气延伸。非常规油气资源主要包括油页岩、油砂矿、煤层气、页岩气、致密气、水合物等。近年来，继油砂、致密气和煤层气之后，美国、中国、加拿大及阿根廷等国家也陆续实现了页岩气的商业开发。水平井钻完井和分段压裂技术的进步及规模应用，使得美国率先在多个盆地实现了页岩气商业性开采，在能源领域掀起了一场全球范围内的"页岩革命"。"页岩革命"延长了世界石油工业生命周期，助推了全球油气储量和产量增长，影响着各国能源战略格局。中国页岩气资源丰富，可采资源量高达 $12.85 \times 10^{12} m^3$，具有广阔的勘探开发前景。目前在四川盆地及周缘上奥陶统五峰组—下志留统龙马溪组海相页岩成功实现页岩气商业开发，2019 年页岩气产量达到 $153 \times 10^8 m^3$。

Haynesville 为北美已投入规模开发的典型深层高温高压高产页岩气藏，位于Ark—La—Tex 盆地和 Sabine 隆起，总面积约 $2.4 \times 10^4 km^2$，地层温度 145～188℃，地层压力 69～80MPa，主体埋深 3000～4500m，预测天然气地质储量 $20.3 \times 10^{12} m^3$，技术可采储量 $7.1 \times 10^{12} m^3$。储层超压、高含气量、高 TOC、高孔隙度、发育稳定、构造简单等气藏特征使得 Haynesville 页岩气藏在投入开发后迅速成为北美高产页岩气藏之一。2004 年，Haynesville 页岩气藏通过直井钻探评价为优质高含气储层。2007 年底，Haynesville 页岩气藏完钻第一口水平井，随后该气藏进入规模开发阶段，北美"页岩气革命"的提法大致为这一时期。2008 年实现页岩气年产量 $15.9 \times 10^8 m^3$，突破十亿立方米产量规模。2009 年实现页岩气产量 $125.9 \times 10^8 m^3$，突破百亿立方米产量规模。2020 年实现年产量 $957.9 \times 10^8 m^3$，已成为北美第三大页岩气产区。截至 2020年底，Haynesville 页岩气藏已累计发放各类型钻井许可近 7000 口，累计生产页岩气 $6790 \times 10^8 m^3$。

本书针对 Haynesville 深层高温高压高产页岩气藏近 7000 口页岩气井进行了深入系统分析，共分为八章，第 1 章 Haynesville 页岩气藏概况、第 2 章 Haynesville 页岩气藏特征、第 3 章水平井钻完井、第 4 章水平井分段压裂、第 5 章开发指标、第 6 章开发成本、第 7 章开发技术政策、第 8 章展望。每个章节针对具体内容进行了丰富详实的论述，对页岩油气勘探开发研究具有一定的参考价值。本书由中国石油勘探开发研究院一直从事页岩油气开发的专业技术人员编写。

衷心祝愿本书能够为科研院所、高校、油气公司等从事页岩气勘探开发及相关研究人员提供参考。由于笔者水平及掌握的资料有限，书中不足之处在所难免，敬请读者批评指正。

目　录

第 1 章　Haynesville 页岩气藏概况

1.1　气藏简介

　　Haynesville 页岩气藏位于得克萨斯—路易斯安那盐盆，地理位置主要位于路易斯安那州西北部和得克萨斯州东部，是北美已规模开发的典型高温高压高产深层干气页岩气藏（图 1-1）。晚侏罗世 Haynesville 页岩是一套在相对半封闭沉积环境下沉积的高碳泥页岩，广泛分布于路易斯安那州和得克萨斯州境内的 16 个区县（图 1-2），总面积约 $2.4 \times 10^4 km^2$，含气页岩厚度 30~110m，地层温度 145~188℃，地层压力 69~80MPa，主体埋深 3000~4500m，含气量 2.80~9.40m³/t，估算原始天然气地质储量 $20.3 \times 10^{12} m^3$，估算技术可采储量约 $7.1 \times 10^{12} m^3$，气藏储量丰度 16.4×10^{12}~$27.3 \times 10^{12} m^3/km^2$。储层超压、高含气量、高 TOC、高孔隙度、发育稳定、构造简单等气藏特征且紧邻输气管线及地面设施，使得 Haynesville 页岩气藏在 2007 年规模开发后迅速成为北美高产页岩气藏之一。

图 1-1　Haynesville 深层页岩气藏分布（EIA）

Haynesville 页岩地层及气藏以位于路易斯安那州 Claiborne 县的 Haynesville 镇命名，地质学家率先在小镇将 Haynesville 地层确定为晚侏罗纪时期形成的地层。2004 年 4 月 Elm GrovePlantation-15 直井钻探证实 Haynesville 页岩为优质含气页岩。2005 年 10 月 Encana Oil and Gas 公司在路易斯安那州 Red River 县连续完钻三口评价井，通过岩心分析及测井解释证实 Bossier 底部和 Haynesville 发育约 335m 厚的优质含气页岩。2006 年 Penn Virginia Oil and Gas 公司加入该地区油气勘探，通过大量钻完井和测试资料证实 Haynesville 页岩储层具备实施水平井和多段压裂的技术可行性。2007 年底，Haynesville 页岩气藏完钻第一口水平井 SLRT#2 井，经分段压裂测试获 $7.4 \times 10^4 m^3$ 的日产气量。随后该气藏进入规模开发阶段，水平井数量大幅增加，北美"页岩气革命"的提法大致为这一时期。

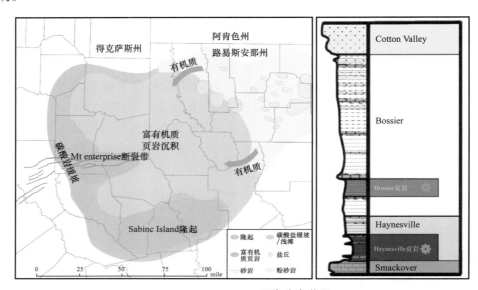

图 1-2 Haynesville 页岩分布范围

图 1-3 给出了 Haynesville 页岩气藏历年发放钻井许可及天然气年产量。2008 年实现页岩气年产量 $15.9 \times 10^8 m^3$，突破 $10 \times 10^8 m^3$ 产量规模。2009 年实现页岩气产量 $125.9 \times 10^8 m^3$，突破百亿立方米产量规模。2011 年，Haynesville 页岩气藏年产量达到 $682.9 \times 10^8 m^3$，同年产量超越 Barnett 页岩气藏成为北美最高产页岩气藏。2012 年产量到达第一个高峰，年产气量 $715.9 \times 10^8 m^3$。2013 年，Haynesville 页岩气藏产量开始下降，2016 年产量下降至 $385.6 \times 10^8 m^3$。2017—2019 年迎来第二次产量增势，2019 年页岩气产量 $912.1 \times 10^8 m^3$。2020 年实现年产量 $957.9 \times 10^8 m^3$，产量突破千亿立方米产量规模，已成为继 Marcellus 和 Permian 盆地之后的北美第三大千亿立方米页岩气产区。截至 2020 年底，Haynesville 页岩气已累计发放各类型钻井许可近 7000 口，累计生产页岩气 $6790 \times 10^8 m^3$。

Haynesville 页岩气藏开发历程可划分为三个阶段：2008—2012 年为建产阶段，初期建产阶段发放大量钻井许可且天然气产量上升；2013—2016 年为递减阶段，受成本和天然气价格影响，钻井许可数量大幅减少、天然气产量迅速下降；2017 年至今为恢复阶段，随技术进步及天然气价格回升，天然气产量逐步提升。

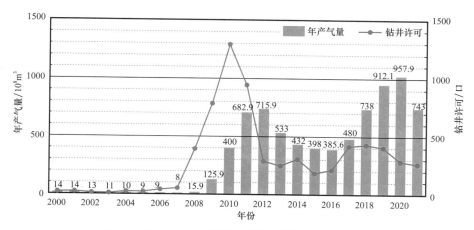

图 1-3　Haynesville 页岩气藏历年钻井许可及产气量

建产阶段（2008—2012 年）：Haynesville 页岩气藏在 2007 年底开始商业开发，初期以直井为主，主要目的是评价储层物性和获取岩心资料。随着天然气价格上升和基础配套设施及压裂工艺逐步完善，投产井数和水平井数量急剧增加。2010 年，Henry Hub 天然气价格为 4.5 美元 /10^6Btu，此时在该气藏超过 200 部钻机处于活跃状态，页岩气产量也随之迅速上升。

递减阶段（2013—2016 年）：自 2013 年，天然气价格大幅下降，受开发成本限制该气藏投产井数大幅下降，2016 年 Henry Hub 天然气价格不足 2 美元 /10^6Btu 时，该产区活跃钻机数量不足 20 部，天然气产量也随之大幅下降。

恢复阶段（2017 年至今）：随着技术进步、开发成本降低和天然气价格回升，投产井数和天然气产量逐步恢复。

1.2　开发现状

截至 2020 年底，Haynesville 页岩气藏已累计发放各类钻井许可近 7000 口，其中包括采气井 5901 口、其他未定义类型井 923 口、采油井 107 口、采油气井 2 口、注 CO_2 井 1 口、废水回注井 6 口、监测井 1 口、注水井 1 口。统计气井中采气井占比 85%、其他未定义类型井占比 13.3%、采气井和油气同采井仅占比 1.6%、剩余废水回注等类型井占比 0.1%。Haynesville 页岩气藏以产干气为主，原油产量占比较小。

Haynesville 页岩气藏已累计发放矿权近 4500 个，发放钻井许可井型包括直井、斜井、定向井、水平井、其他及未定义井。图 1-4 给出了统计钻井许可井型构成，包括未定义井型井 749 口、斜井 25 口、定向井 23 口、水平井 5828 口、其他井 149 口、直井 168 口。

统计钻井许可 6942 口，其中水平井占比 84%，是该气藏开发的主要井型。图 1-5 给出了 Haynesville 页岩气藏历年钻井许可井型构成，除 2010 年以前水平井占比较低以外，自 2011 年起许可井型以水平井为主，水平井成为该气藏开发的主要井型。水平井能够穿透更多页岩储层，从而显著增加与储层接触面积并通过天然裂缝和体积压裂措施改善储层流动能力。水平井眼轨迹通常布置在最小主应力方向，使得在压裂时能够与井筒垂直相交，可有效提升压力增产效果。水平井吨油成本较低，能有效避免地面条件对钻井的限制。

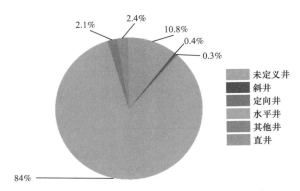

图 1-4 Haynesville 页岩气藏许可井型构成

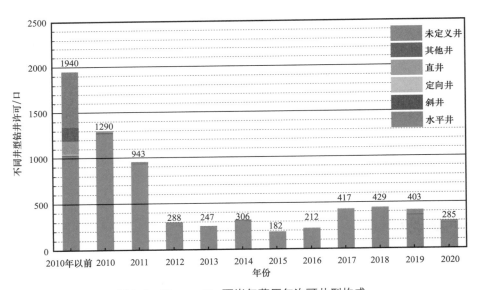

图 1-5 Haynesville 页岩气藏历年许可井型构成

Haynesville 页岩气藏开发过程中，钻完井由早期单井作业模式逐渐升级为平台钻井模式。"工厂化"作业模式大幅提高了平台式钻完井作业效率。"工厂化"就是将人力、物力、成本资金和设备等施工要素集中，迅速、安全可靠地完成平台井组钻井作业，并不断优化和完善施工作业组织形式，最大限度地提高钻井施工作业效率的施工技术模式。图 1-6 给出了 Haynesville 页岩气藏统计 6942 口钻井许可历年平台钻井和非平台钻井井数及占比。2011 年以前统计钻井许可 3230 口，其中平台钻井 1174 口，仅占比 36%。后续平台钻井数量占比逐年增加，由 2011 年的 62% 逐年增加至 2020 年的 97%，平台钻井已成为 Haynesville 页岩气藏开发中的主要钻完井作业模式。

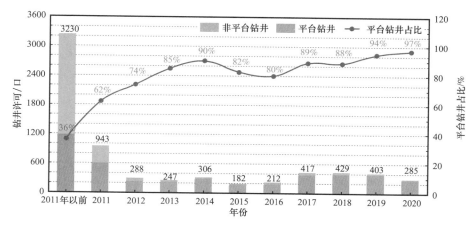

图 1-6　Haynesville 页岩气藏历年平台与非平台钻井数量统计图

目前，已有近 200 家能源作业公司在 Haynesville 页岩气藏实施油气开发作业，不同作业公司在矿权面积及完钻井数上存在差异。图 1-7 给出了不同作业商钻井许可数量，其中已获得钻井许可超 500 口作业商有 5 个，分别为 Comstock Resources、Indigo Minerals、BP、EXCO Resources 和 ExxonMobil。钻井许可数量为 100~500 口作业商有 7 个，分别为 Aethon Energy Operating、Vine Oil & Gas、Chesapeake Energy、GeoSouthern Energy、TGNR EAST TEXAS LLC、Rockcliff Energy Operating、Osaka Gas。

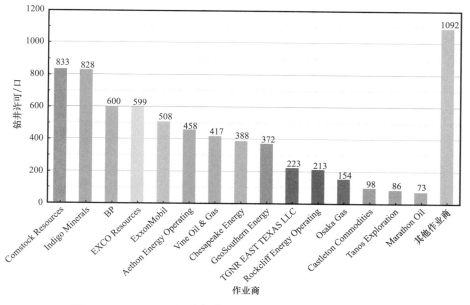

图 1-7　Haynesville 页岩气藏不同作业商钻井许可数量统计图

根据气藏特征，Haynesville 页岩气藏平面上可进一步划分为 7 个主要子气藏，分别为 Caspiana Core、Spider、Shelby Trough、Carthage、Greenwood-Waskom、Haynesville Combo、Woodardville 子气藏。图 1-8 给出了不同子气藏完钻井数统计图，其中 Caspiana Core 子气藏完钻井 2335 口，是 Haynesville 页岩气藏目前完钻井数最多的子气藏。Spider 子气藏完钻井 1148 口，Shelby Trough 子气藏完钻井 887 口，Carthage 子气藏完钻井 714 口，Greenwood-Waskom 子气藏完钻井 462 口，Haynesville Combo 子气藏完钻井 286 口，Woodardville 子气藏完钻井 205 口，其他 Haynesville 子气藏完钻气井 905 口。

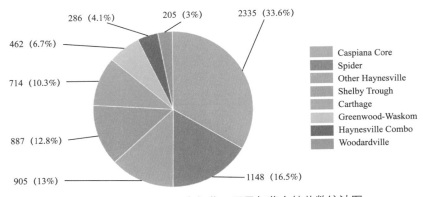

图 1-8　Haynesville 页岩气藏不同子气藏完钻井数统计图

Haynesville 页岩气藏已完钻井主要位于路易斯安那州和得克萨斯州行政区域内，阿拉巴马州、密西西比州和阿肯色州行政区域内有少量完钻井。图 1-9 给出了完钻井在不同州内分布。路易斯安那州累计完钻各类井 4733 口，占比 68.18%。得克萨斯州完钻各类井 2182 口，占比 31.43%。其他三个州内共完钻各类井 27 口。所有完钻井分布在五个州内 40 个区县内，图 1-10 给出了不同区县完钻井数统计图。De Soto 县累计完钻各类井 2090 口，是完钻井数最多的区县。除此之外，完钻井数为 500~700 口的区县有 3 个，分别为 Red River、Panola 和 Caddo 县。完钻井数为 100~500 口区县有 8 个，分别为 Harrison、San Augustine、Bossier、Sabine、Claiborne、Shelby、Nacogdoches 和 Bienville 县。完钻井

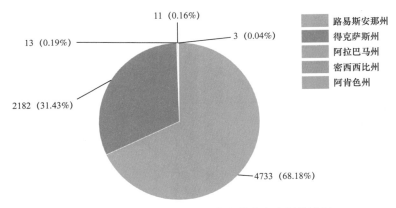

图 1-9　Haynesville 页岩气藏完钻井所在州统计图

数为 50～100 口区县共有 4 个，分别为 Webster、Upshur、Angelina 和 Rusk 县。其他区县共完钻各类井 162 口。

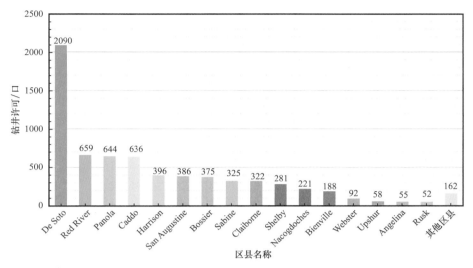

图 1-10　Haynesville 页岩气藏不同区县内完钻井统计图

Haynesville 页岩气藏以生产页岩气为主，伴随少量原油开采，目前已成为北美第三大页岩气产区，同时也是北美典型深层高温高压高产页岩气藏。2020 年该气藏年产量突破千亿立方米，跃升为北美第三个千亿立方米年产规模页岩气产区。作为北美典型深层高温高压高产页岩气藏，Haynesville 页岩气藏已成为北美和全球页岩气开发的焦点。Haynesville 页岩气藏的规模开发也同时积累了海量钻完井、压裂、开发和成本数据可为全球其他地区同类型或相似页岩油气藏开发提供技术参考。

第 2 章 Haynesville 页岩气藏特征

2.1 盆地概况

Haynesville 页岩发育于墨西哥湾盆地，分布在得克萨斯州与路易斯安那州的西北部，总面积约 18000km²，埋深 3300～4250m。主体位置处于中北部背斜带，这个地区被称为 Sabine 隆起，其东侧为北路易斯安那盐盆，西侧为东得克萨斯盐盆，北部为 Ouachita 山脉，Rodessa 断裂带，北路易斯安那断裂带，并沿着路易斯安那州和阿肯色州边界发育一系列断裂带，南则为墨西哥湾盆地中心区（图 2-1）。

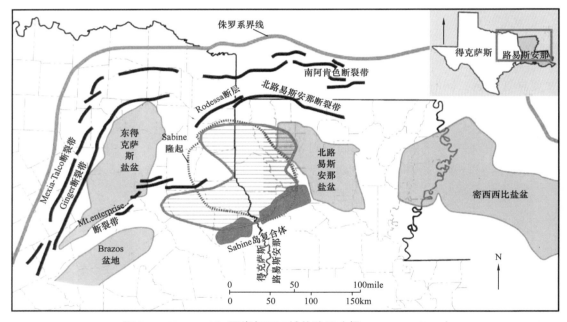

图 2-1 Haynesville 页岩气区区域构造图（据 Hammes，2011）

Haynesville 页岩气藏位于 Sabine 隆起中广泛分布的侏罗纪地层以及东得克萨斯盐盆地和北路易斯安那盐盆之间，覆盖其境内 16 个县。Sabine 隆起是 Sabine 群岛中具有正反基底特征的一部分，并且向墨西哥湾盆地的东北部边缘倾斜，该边缘从得克萨斯州东部到佛罗里达州西部，包括了 4 个具有相对浅的前中生代基底和薄的侏罗纪盐盆特征的区域。

2.2　地理位置

Haynesville 勘探开发区面积约为 14200km²，主要位于美国得克萨斯州东北部和路易斯安那州西北部（图 1-1、图 2-2），得克萨斯州境内主要覆盖 Harrison 县、Panola 县、Rusk 县、Shelby 县等 7 个县，路易斯安那州境内主要覆盖 Caddo 县、Bossier 县、De Soto 县、Red River 等 8 个县。已完钻页岩气井主要部署在路易斯安那州，占比超过 70%。

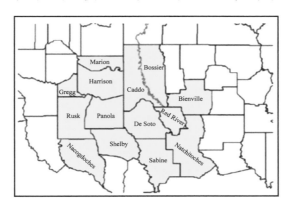

图 2-2　Haynesville 页岩气产区地理位置图

2004 年 4 月，第一口钻探 Haynesville-Bossier 页岩的发现井——Elm Grove Plantation#15 井显示出良好的含气性。2005 年 10 月 Encana Oil and Gas 公司在路易斯安那州 Red River 县连续开钻 3 口评价井，通过岩心分析及测井解释证实 Bossier 底部和 Haynesville 富含约 335m 厚的优质页岩。2006 年早期，随着 Penn Virginia Oil and Gas 公司的加入，大量的流体及钻完井技术测试证实了 Haynesville 页岩储层具有实施水平井和多段压裂技术的可行性。2007 年 12 月，第一口水平井 SLRT#2 成功完钻，初期产量（IP）$7.36 \times 10^4 \text{m}^3/\text{d}$，拉开了 Haynesville 大规模勘探开发的序幕，随后 Encana、Corporation、Devon Energy、Southwestern Energy 等超过 15 家公司先后进入该区进行工业化开采。

2.3　构造特征

墨西哥湾的北部海岸发育厚层浅水相中生代和新生代沉积物的序列（Galloway，2004）。大部分陆相的中生代的沉积物集中在得克萨斯州东部的主要沉积盆地，位于路易斯安那州北部和中部的密西西比河，这些沉积盆地在大陆平台上，在北部和西部有一些上升的地方分隔，比如位于路易斯安那州的边界和路易斯安那州东北部的门罗上升（图 2-3）。

在墨西哥墨西哥湾的开放时期，在晚三叠纪。随着盆地的持续拉张，使岩石圈变薄、加热，由于传导冷却作用，该地区发生沉降。厚的侏罗系盐沉积物的存在表明，盆地形成于海湾开放的早期阶段。在侏罗纪晚期和白垩纪早期，在冷却期之后，沉降与拉张作用导致了地壳沉降和广泛的碳酸盐岩台地的形成和累积。随之而来的是广泛发育的中白垩纪大型区域不整合。最终，从晚白垩纪至今，巨厚的碎屑岩沉积楔不断前积。

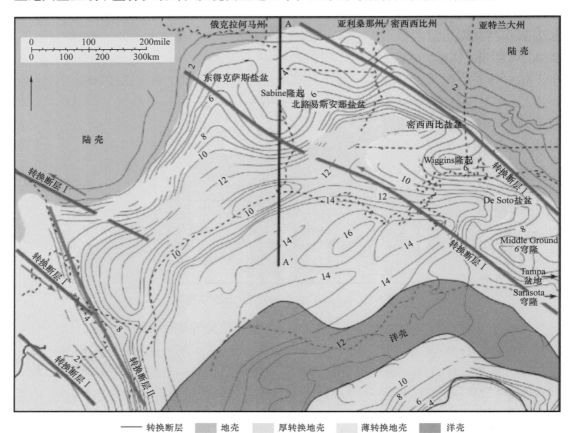

图 2-3　墨西哥盆地构造要素图（据 Hammes et al.，2011）

AA′见图 2-4 剖面图

　　陆上沉积盆地和中央隆起代表地壳厚度和 / 或组成的短波长横向变化。基于地震折射数据，Sabine 隆起的下部地壳密度与北美前寒武纪地壳相似，厚度接近大陆 35～40km。Sabine 隆起与北美板块被一条狭窄的海洋状地壳带隔开，上面覆盖着古生代沉积物。最普遍的解释是，Sabine 隆起地壳对北美来说是外来的，可能代表了古生代晚期缝合到北美的弧物质（Galloway，2004）。

　　Sabine 地区同断陷隆升剥蚀为区域性的低起伏不整合面。隆升后该地区发生沉降，沉积了中侏罗世 Werner 硬石膏、Louann 盐和 Norphlet 碎屑。得克萨斯州东部和路易斯安那州北部盐盆的原始盐层厚度估计为 1.5km，盆地中部的盐层厚度变薄到不超过 600m，超过 Sabine 隆起。Sabine 地区的薄盐表明其在早期盐沉积时期是一个古隆起，但在中侏罗世晚期开始消失。

晚侏罗世，Sabine 隆起作为一个独立的构造单元逐渐消失。侏罗纪 Smackover 组碳酸盐岩厚度超过100m，分布范围从东得克萨斯至北路易斯安那盐盆的中心。然而，在早白垩世末期，得克萨斯州东部—路易斯安那州北部地区作为一个单独的块体沉降，在 Sabine 隆起的厚度和相之间没有明显的西向东变化（Galloway，2004）。下白垩世相分布和厚度变化表明，Sabine 隆起位于一个东南倾斜盆地的中心，该盆地覆盖整个得克萨斯州东部和路易斯安那州北部。

在白垩纪中期，墨西哥湾地区经历了广泛的不整合。得克萨斯州东部和路易斯安那州北部不整合面下方各单元的年龄逐渐倾斜和增加，表明 Sabine 隆起地区出现了向上和陆上暴露。对晚白垩世层序最大侵蚀量的估计范围为 260~380m。随着下白垩统地层的侵蚀，Tuscaloosa 沉积物沉积在两侧，可能是现在 Sabine 隆起的顶部。额外的侵蚀可能发生在 Tuscaloosa 组沉积之后。在 Sabine 隆起顶峰的 Tuscaloosa 侵蚀后有 100m。Tuscaloosa 沉积物在 Sabine 隆起上消失（图 2-4）。

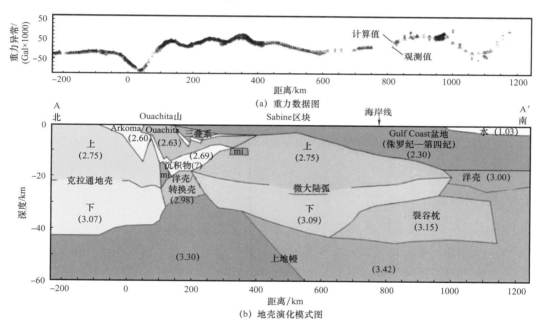

图 2-4　墨西哥盆地地壳发育模式图（据 Hammes et al.，2011）

mi=mafic intrusions（3.05g/cm^3）

晚白垩世至古近纪早期，Sabine 隆起在浅水中缓慢沉降，Sabine 隆起地区始新世时期沉积物的缺失可以解释为第二阶段较小的隆起和侵蚀阶段的证据。北路易斯安那盐盆的 Sabine 隆起和 Sabine 隆起的沉积作用在始新世停止。

整体而言，Haynesville 页岩在盆地内连续发育、构造稳定，发育少许微裂缝，在西南及东南部分发育大型生长断层，可横向延伸几十千米或上百千米（图 2-1）。在大型断层附近，由于气体保存条件不足，不利于页岩气甜点区形成，布井数量在大型断层附近急剧减少。

2.4 地层特征

Haynesville 页岩形成于晚侏罗世，下伏于广泛分布的 Haynesville 石灰岩（图 2-5）。Haynesville 石灰岩向南尖灭，Bossier 页岩直接发育于 Smackover 碳酸盐岩之上。虽然 Haynesville 石灰岩和 Smackover 碳酸盐这两个地层的坡度偏向南部的盆地页岩及深水区碳酸盐，但退积的 Haynesville 石灰岩并没有向南扩展直到其下方进积的 Smackover 碳酸盐岩。此外，Haynesville 石灰岩和下伏的 Haynesville 页岩之间的联系是两者的主要沉积中心通常是渐进的，但在覆盖有页岩的浅水台地的碳酸盐岩呈急剧变化的状态。从上述地层关系中，可以推断 Haynesville 页岩沉积中心是持续的深水区域，这些区域被包围在优先聚积碳酸盐的浅水区域中，因而具有良好的勘探前景（范琳沛等，2014）。

Haynesville-Bossier 页岩分布于墨西哥湾盆地中北部的背斜带，这个地区被称为 Sabine 隆起，是中生代和新生代大部分地形隆升的地方。Sabine 隆起地区的侏罗系下白垩统地层学代表了从更活跃的裂谷盆地到后裂谷盆地时期再到被动大陆边缘沉积环境的过渡。Haynesville 页岩和上覆的 Bossier 页岩是晚侏罗世碳酸盐岩和硅质碎屑岩层中的远端沉积，页岩下面是相对较薄的蒸发岩和碳酸盐岩，并在 Sabine 隆起上覆盖着粉砂岩和砂岩。从 Haynesville 到 Bossier 的过渡层标志着沉积环境的一个重要转变，从富含碳酸盐和有机物的沉积物的半封闭环境中到开阔环境中的富含硅质碎屑的贫有机质沉积物。Haynesville 和 Bossier 页岩地层覆盖在 Smackover 碳酸盐岩之上，为海平面长期上升作用下的结果。

2.4.1 沉积特征

Haynesville 页岩具有多源沉积的特点，既有盆地内原生的碳酸盐沉积物源，还有外源的碎屑沉积物源。碳酸盐岩物源主要来自西侧碳酸盐岩台地及鲕粒滩，碎屑物源来自东北角三角洲、滨岸沉积。碳酸盐台地、鲕粒滩、古隆起以及深水陆棚形成的局限盆地环境，使得页岩具有较强的非均质性（图 2-6）。

Sabine 隆起对沉积模式的影响一直延续到晚侏罗世，因为它先后被碳酸盐和硅屑沉积物覆盖。在 Haynesville（Kimmeridgian）时期，该地区形成了一套复杂的沉积环境（图 2-6）。东得克萨斯盐盆边缘有一系列碳酸盐河岸和浅滩。这些包括 Gilmer 石灰岩盆地边缘的大陆架，分隔东得克萨斯盐盆和 Haynesville 页岩盆地的 Overton 浅滩，以及盆地南部的当地岛屿，如安吉丽娜岛。有限的证据表明，Overton 浅滩位于亚侏罗纪基底的高处。东部以硅屑沉积为主，从密西西比和路易斯安那北部的三角洲和三角洲平原到深水沉积体系。在阿肯色州南部，Haynesville 组的类型是冲积层序。富含有机质的 Haynesville 页岩（富有机质页岩）位于 Sabine 隆起的东侧和顶部。盐变形始于 Smackover 沉积，导致了路易斯安那北部和东得克萨斯盐盆内 Haynesville 沉积体系的复杂改造。

在 Haynesville 组沉积之后，Cotton Valley、Bossier 三角洲和障壁岛体系遍布整个盆地，

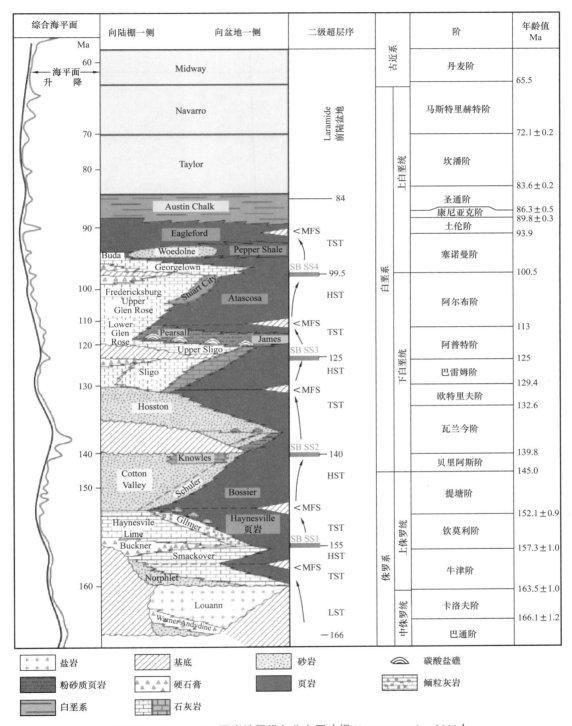

图 2-5　Haynesville 页岩地层纵向分布图（据 Hammes et al., 2011）

HST—高位体系域；TST—海侵体系域；LST—低位体系域；MFS—最大海泛面

由得克萨斯州东部和沿密西西比河轴线的主要河流供应。这些体系中的硅质碎屑掩埋了 Sabine 隆起及其边界盆地。直到白垩纪中期，隆起的影响才被注意到。Sabine 地区经历了显著的隆升。

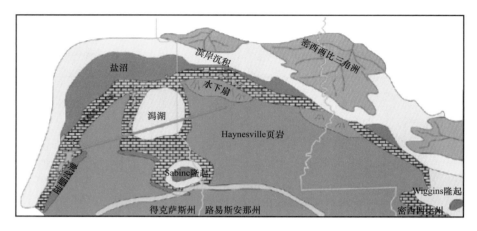

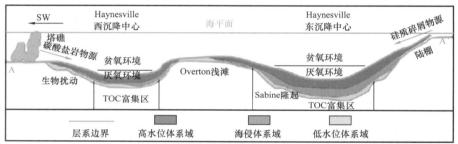

图 2-6　Haynesville 页岩沉积相及沉积剖面图（据房大志，2015）

塞诺曼和图伦期。路易斯安那部分地区形成了大的阿肯色州南部隆起的一部分（塞诺曼，在塔斯卡卢萨组沉积之前），影响了整个路易斯安那州和阿肯色州北部。该地区的大部分地区在一个较小的图伦期（Austin Group 沉积之前）事件中被抬升和侵蚀，形成了"Rusk 隆起"（Ewing，2009）。图伦期之后几乎没有抬升。Ewing（2009）认为，地幔上升流的幕式作用导致热穹壳形成，这也形成了阿肯色州和整个墨西哥湾沿岸地区白垩系碱性火成岩。

在新生代，更新的隆升形成古新世和下始新世威尔科克斯群的露头模式，边缘为克莱本群（中始新世）地层。这次可能是始新世中期的抬升，很可能是由于来自西南的 Laramide 晚期挤压造成的，因为在得克萨斯州西南部和墨西哥东北部形成了同时期的背斜（Ewing，2009）。

路易斯安那州和得克萨斯州岩心的岩相描述表明，这些富含有机质的页岩沉积在一个被碳酸盐台地和硅质陆棚包围的受限盆地中。盆地的相、动物群和区域构造特征表明在一个局限的盆地内沉积的斜坡环境。在 Haynesville 沉积过程中，墨西哥湾盆地处于部分开放状态。墨西哥湾盆地处于部分开放状态，向南和向东方向与大西洋相连。

Haynesville 碳酸盐岩和页岩是在一次世界范围的海侵事件中沉积的，该事件在各种盆地中沉积了黑色页岩和相关的缺氧事件。缺失的剖面和不整合面（如 Sabine 岛）以及从页岩到碳酸盐岩的相变化可以证明盆地内隆起。该盆地最有可能的水柱层为缺氧环境，如草莓状黄铁矿的存在和还原性微量元素，如硫、钼、铁、铜和镍的存在。由于没有指示波浪作用的沉积构造，沉积作用可能在风暴波基底以下。估计水深不超过 30～70m。主要沉积过程有悬浮物沉降、泥石流和浊流。Haynesville 的大多数基质是由似球粒和球团（海洋雪）。一些黏土级的物质可能在水柱中絮凝并沉降在海底。半深海泥柱也可能是将黏土颗粒、细颗粒和碎屑方解石输送进入盆地的原因。

相的变化表明，早期存在的古地理包括孤立的基底高地和碳酸盐岩台地。在得克萨斯州的 San Augustine 县和 Sabine 县，以及路易斯安那州的 Sabine 教区，一个叫作 Sabine 岛的地区，就有这样一个地下高地。有几口井的深度都达到了这个高度，区域地层对比表明，Haynesville 页岩和碳酸盐岩在台地上有上覆。靠近碳酸盐台地和岛屿的地区，碳酸盐生物碎屑增加，方解石含量增加。盆地中部和东北部地区更容易出现硅质碎屑组分，几乎没有碳酸盐生物碎屑。这一证据及沉积中心的等厚制图也表明古水深存在变化。总的来说，Haynesville 页岩沉积在波浪底部以下的平静水环境中，经历了周期性的厌氧到厌氧状态，可能是由海平面的小规模波动造成的限制（Hammes，2011）。最深的部位位于路易斯安那州边境向东北盆地的一部分，向南和西南靠近碳酸盐岩台地与陆棚坡折（图 2-4）。

2.4.2　展布特征

Haynesville 页岩存在于得克萨斯州东部和路易斯安那州西北部的两个沉积中心，被盆地间高压区分开（图 2-7）。西部沉积中心位于东得克萨斯盐盆内，东部沉积中心延伸至 Sabine 隆起的部分地区，并进入路易斯安那州北部盐盆。Haynesville 页岩也向南延伸到墨西哥湾的深处，目前该地区的井深超过了 6000m，Haynesville 页岩最厚 120～130m，位于得克萨斯州 Harrison 县和路易斯安那州 Caddo Parish 的东部沉积中心。虽然 Haynesville 页岩在西部沉积中心的厚度一般小于 30m，沿 Freestone/Leon County 线向西南方向增厚至尖峰礁区（图 2-7）。沿尖峰礁走向的厚度突变反映了生长的尖峰礁与 Haynesville 页岩沉积的密切联系。在东部沉积中心，Haynesville 页岩的范围从北部的 3300m 到南部的大于 5000m。Haynesville 页岩大于 5300m 深沿轴东得克萨斯盐盆和 4300～5300m 深的东得克萨斯盐盆（图 2-8）。局部深度变化可以归因于与盐相关的运动造成的沉积后上升或下沉。

Haynesville 页岩埋藏深度 2700～4900m，呈现出北浅南深的特征，北部沉积中心埋深小于 3000m，南部（Nacogdoches 县南部、San Augustine 县北部）埋深超过 4200m，其中埋藏深度较深的区域，大型生长断层普遍发育。

从 Haynesville 页岩典型剖面可知（图 2-9），Haynesville 页岩气田储层厚度差异较小，大部分厚度较高，主要集中在 30～60m。全区厚度分布为 15～130m，呈现北厚南薄的特征，北部沉积中心（Harrison 县和 Caddo 县）最厚达 120～130m，南部则小于 30m（图 2-9）。

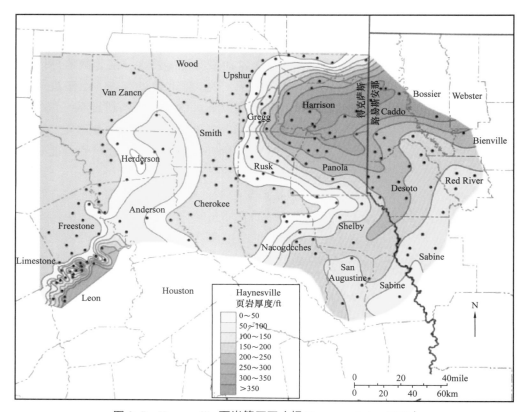

图 2-7　Haynesville 页岩等厚图（据 Hammes et al.，2011）

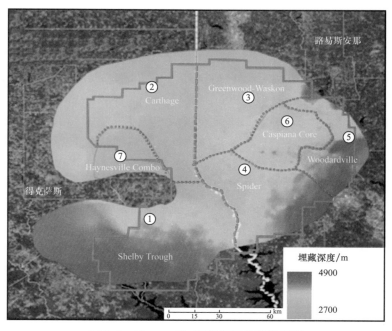

图 2-8　Haynesville 页岩气区埋藏深度图

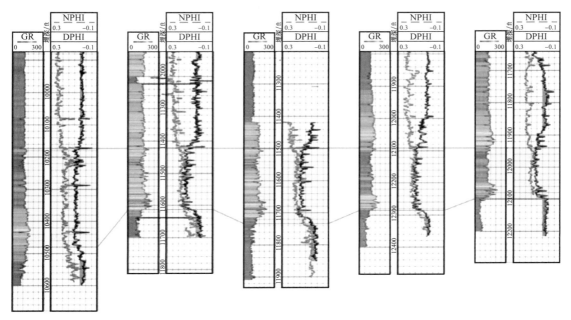

图 2-9　Haynesville 页岩产区典型剖面图（据 Browning，2015）

2.5　储层特征

2.5.1　岩石类型

　　Haynesville 页岩发育多种岩石类型，整体可以划分为三类：无纹层状硅质页岩、纹层状钙质硅质页岩、生物扰动型钙质或硅质页岩。均由黏土、有机质、硅质粉砂、方解石胶结物、碳酸盐生物碎屑和方解石晶体组成（表 2-1）。硅质和碳酸盐组分的丰度往往随源的远近而变化，靠近碳酸盐台地的井富含方解石，而靠近硅屑输入的井富含硅质。因此，Haynesville 页岩在方解石和硅屑之间表现出很大的变化。XRD 分析表明，黏土矿物基质主要由伊利石、云母组成，少量的绿泥石和高岭石。碳酸盐组分主要由方解石组成，但也有白云石、铁白云石和菱铁矿。在某些地层中，碳酸盐岩以白云石为主，取代了方解石相。碳酸盐部分主要由方解石生物碎屑、碎屑方解石和石灰泥组成。重晶石也作为替代胶结物出现。大多数硅屑矿物为碎屑石英，有少量斜长石组分。二氧化硅以粉砂到砂级的结晶石英的形式存在，它们被输送到盆地中，可能是由风力搬运和 / 或浊流携带的，但可能是由于二氧化硅在浮游生物中循环而在原地形成的。其他矿物相在成岩作用中交代方解石 [如长石（钠长石）、白云石]。黄铁矿以结核、草莓状黄铁矿、方解石胶结物和方解石壳的代替物等形式出现在剖面中。黄铁矿整个基质中均有分布。针对氧化还原敏感的微量元素，如硫、钒、钼、铁、铜和镍，用 XRF 作为限制和（或）缺氧条件下的环境指标进行了分析，这些条件有助于保存有机质。这些微量元素在整个盆地的变化与碳酸盐生产力的变化、硅屑输入的变化、埋藏速率的变化和底水氧合的变化有关（表 2-1）。缺氧和限制条件越强，这些还原性元素的浓度越高。盆地动物群包括放射虫和其他有孔虫、软体动物、重足动物和菊石类。

表 2-1　Haynesville 页岩总有机碳含量，主量与微量元素特征（据 Hammes et al.，2011）

元素	硫质量分数 / %	铁质量分数 / %	钒质量分数 / %	钼质量分数 / %	铜质量分数 / %	镍质量分数 / %	总有机碳质量分数 / %
最大值	24.4	35.0	0.15472	0.04423	0.03162	0.05935	6.2
最小值	1.8	6.1	0.02248	0.00183	0.0089	0.00428	0.7
平均值	8.8	15.6	0.08622	0.01121	0.01743	0.02317	2.8
中位数	8.1	15.8	0.08708	0.00971	0.01711	0.02242	2.8

无纹层硅质页岩相是典型的有机质富集相，TOC 为 3%～6%。这类岩相似乎具有轻微的分裂性，它含有更多的黏土，但在碳酸盐岩占主导地位的地方更大块。尽管岩相在岩心中表现为均匀的，但薄片检查显示它含有粉砂级硅质颗粒、似球粒、钙质纳米化石、菊石和丝状软体动物（图 2-10、图 2-11）。一个凝结的絮凝物似乎是由柔软的似球粒引起的，这些似球粒被压实而重塑。似球粒具有不同的形状和大小。大多数基质由小于 2～50mm 的似球粒组成。这些是圆形的黑色黏土絮体，没有内部结构。这些细粒似球粒可能是由黏土颗粒的絮凝作用产生的，这些黏土颗粒后来沉降到海底，俗称为"海洋雪"。海洋雪归因于在海底输送和保存有机碳的有机矿物聚集物。在 Haynesville 相中也观察到类似的聚集物。黏土粒由伊利石、云母、高岭石和绿泥石组成。硅屑部分主要由石英、斜长石和钾长石组成。碳酸盐矿物主要以方解石为主，少量白云石和铁白云石。有机质在基质中随机分布于硅屑颗粒和碳质颗粒之间。在地层边界，该相显示大量胶结物，纤维状方解石胶结层厚达 2cm，黏土含量通常在该相中最高。软体动物丝鳃，腕足动物和鹦鹉螺较为少见，它们生活在含氧量充足的水体中。

纹层状钙质或硅质页岩相的组成成分不同，这取决于靠近硅屑或碳酸盐为主的颗粒的源区的距离。这种岩相是最丰富的相，显示出毫米到厘米尺度的薄层，通常由平行排列的生物碎屑、有机层、似球粒、黏土和碎屑方解石组成。有机质纹层、海绵骨针、双壳类破壳、棘皮类碎片、似球粒和球团是纹层状页岩相的特征。这些壳层沿层理面排列，与黏土层和有机质层交替。骨骼层被解释为被泥石流和/或浊流从周围的碳酸盐台地搬运到盆地。碎屑石英、长石粉砂和黏土含量增加在碎屑岩为主的地区更为丰富。大多数原始沉积物似乎是似球粒的，小颗粒的大小从 10mm 到 50mm 不等，具有内部结构和孔隙度（图 2-10、图 2-11）。碎屑方解石晶体散布在基质中，形成团簇和/或沿层理面排列。该相的 TOC 为 2%～5%。

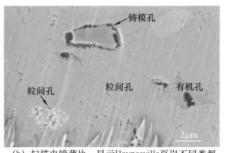

(b) 扫描电镜薄片，显示 Haynesville 页岩不同类型
孔隙特征，包括有机孔 (o)，粒间孔 (ip)，微米
级和纳米级铸模孔 (M)

(a) 无级层泥岩相岩心切片，均质基
质中含少量双壳类薄壳 (箭头所示)

(c) 生物扰动泥岩的岩心切片，可见碳
酸盐岩生物碎屑与明显生物扰动

(d) 层状泥岩岩心切片，显示层状的
黏土、有机质、碳酸盐岩生物碎屑
(箭头所示)、似球粒 (箭头)，以及
软体动物壳

图 2-10　不同类型页岩岩心切面特征 (据 Hammes et al., 2011)

　　生物扰动型钙质或硅质页岩相 (图 2-10、图 2-11) 出现在层序顶部，指示周期性的氧化条件。穴居生物较好地在层状页岩相穴居。该相在被碳酸盐陆架和岛屿包围的地区显示出更多的骨骼碳酸盐碎屑，但在更多的硅屑为主的地区也发现了洞穴痕迹。生物碎屑由软体动物壳、棘皮动物和其他浅水生物碎屑与黏土似球粒基质和有机物混合而成。大多数似球粒在 2～50mm 范围内，TOC 为 2%～5%。这种相在岩心中含量似乎更大。由石英和斜长石组成的硅屑颗粒在钙质相中较少发育，但在以硅屑为主的相中含量较高。黏土以伊利石、云母和绿泥石的形式存在。以方解石为主，含少量白云石、石膏和黄铁矿。

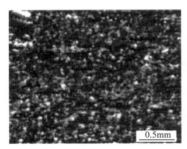

(a) 非层状硅质含粪球粒泥岩相（Harrison县，得克萨斯州），显示有机质（黑色），黏土（棕色），以及粉砂级石英与方解石颗粒（白色）

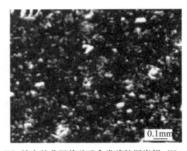

(b) 放大的非层状硅质含粪球粒泥岩相（Harrison县，得克萨斯州），黏土、粉砂级碳酸盐岩与云母颗粒，以及碳酸盐颗粒（亮色颗粒）

(c) 层状的粪球粒硅质页岩相（Red-River-Parish，路易斯安那州），显示方解石层（亮色层），黏土，硅质粉砂，以及有机质。注意黄铁矿对方解石碎屑的交代作用（箭头）

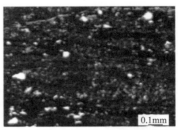

(d) （放大的）层状泥岩（Panola县，得克萨斯州），显示有机质层（黑色），粉砂级方解石与云母颗粒（白色）以及黏土絮状物（棕色）

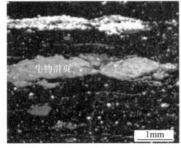

(e) 生物扰动的硅质泥岩相，显示方解石与泥质充填的生物潜穴（Harrison县，得克萨斯州）

(f) 生物扰动钙质泥岩相，层状粪球粒结构受到生物扰动（Panola县，得克萨斯州）

图 2-11　不同类型页岩镜下薄片特征（据 Hammes et al., 2011）

2.5.2　矿物特征

Haynesville 页岩是一套富含有机质的硅质页岩，页理发育，富含多种生物化石，包括菊石、双壳类、海胆等。利用 X 射线衍射分析所得到的大量矿物学数据对 Haynesville-Bossier 页岩气田上侏罗统地层岩石矿物学特性进行了定量评价（图 2-12）。

石英：石英的含量（质量百分数）从 12%～46% 不等，它在整个地层剖面上不断变化，通常与方解石的含量成反比。除了下 Bossier 组地层以外，石英的含量始终保持在30% 左右。石英既可以表现为碎屑、粉砂大小的颗粒，又可以表现为自生胶结物。石英的粗碎屑组分主要存在于上 Smackover 组地层和下 Bossier 组地层中（基质泥沙层），大部分的石英从下 Rabbit Ears 组地层向 Haynesville-Bossier 组地层的过渡呈角状粉粒颗粒，扫描电镜观察到了具有成岩作用的自形微晶石英。

钾长石：钾长石在整个地层剖面中均不存在，在上 Smackover 组地层较粗的沉积相中，偶尔观察到角状粉粒的微斜钾长石颗粒。

斜长石：斜长石的含量（质量百分数）一般为 3%～12%，在 Haynesville–Bossier 过渡地层的一个样品中，斜长石含量为 24%。斜长石最常见的特征是作为与碳酸盐岩存在有关的早期成岩产物的自形钠长石颗粒，以及少量的角状碎屑砂粒和粉粒。它仅出现在下 Smackover 组地层和 Smackover–Haynesville 的过渡地层中，在地层剖面的上覆部分，观察到斜长石是自形的，在结构上与碳酸盐矿物有关。

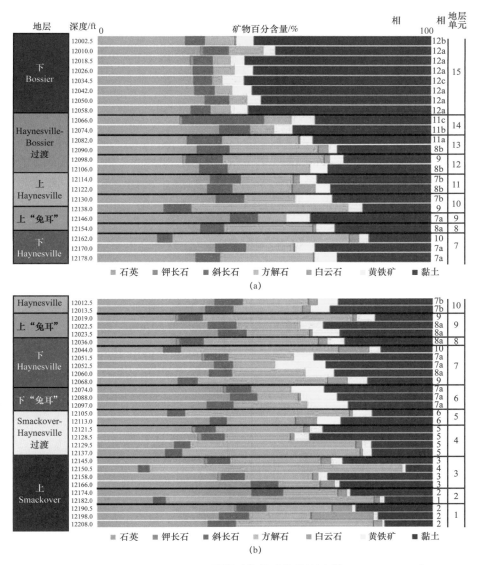

图 2-12　Haynesville–Bossier 页岩矿物组成柱状图（据 Allison，2018）

　　方解石：方解石的含量（质量百分数）从 3%～60% 以上不等，它沿着整个地层剖面不断变化，通常与石英和黏土的含量成反比。在 Bossier 组地层中，方解石的含量最低并且最一致，平均含量为 6%，从地层剖面中可以看到方解石主要存在于钙质的全化学沉积碎片、泥晶灰岩和胶结物中。

　　白云岩：白云岩含量（质量百分数）从 0～18% 以上不等。下 Bossier 组地层中几乎没有白云岩的存在（或者很少），而上 Smackover 组地层和 Haynesville-Bossier 过渡层中存在白云岩，且含量不断变化。观察到白云岩可能作为碎屑白云岩菱面体、白云石化的碳酸盐全化学沉积物出现，并可能作为混合成分的碳酸盐胶结物出现。

　　黄铁矿：黄铁矿含量（质量百分数）从 1%～15% 以上不等。黄铁矿含量最低的部位在上 Smackover 组地层，黄铁矿含量最高的部位在下"兔耳（Rabbit Ears）"组地层。黄铁矿以不同大小的碎屑或碎片的形式出现，在黄铁矿化的碳酸盐岩全化学沉积碎片中，作为一种充填孔隙的球丛状胶结物。在富含有机质的层段内观察到了大量黄铁矿的发育，其主要以不同形态的混合物形式存在。

　　黏土：黏土的总含量从 8%～55% 以上不等。目前还无法对黏土进行定量表征，但在薄片和扫描电镜（SEM）过程中观察到了不同数量的白云母、绿泥石和伊利石。由于地层的高过成熟演化，岩石学分析不能对现今黏土矿物的沉积与成岩性质提供深入的认识。现在的伊利石黏土很可能沉积了大量的蒙皂石 / 伊利石—蒙皂石混合层，在成岩过程中，这些蒙皂石 / 伊利石—蒙皂石混合层随后转化为伊利石。

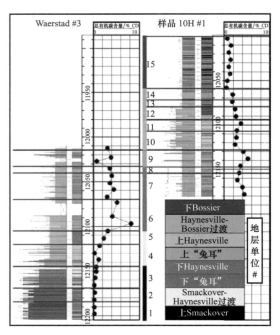

图 2-13　Haynesville-Bossier 页岩气田有机地化柱状图（据 Allison，2018）

2.5.3　有机质含量

　　Haynesville 页岩为极好的烃源岩，TOC 为 2%～6%。纵向上从下 Bossier 页岩（1%～2%）到下 Haynesville 页岩储层有增大趋势，上、下 Haynesville 页岩及中间夹层上"Rabbit Ears"页岩 TOC 最高，平均约为 5%（图 2-13）；且 TOC 与孔隙度呈良好的正相关关系（图 2-14）。

2.5.4　热成熟度

　　Haynesville 组镜质组反射率 R_o 为 1.4%～2.2%，有机质干酪根类型主要为 I 型和 II_1 型，热演化成熟度主体处于过成熟早期—中期阶段，以生干气为主。

　　Haynesville 页岩的埋深，就平均温度梯度而言，其平面分布有很大的差异性。在 NLSB 井中的地热梯度约为 0.0165°F/ft

（30℃/km），与北路易斯安那州的平均梯度相一致。来自 PetroMod 的 SU 井的地热梯度为 44℃/km。这一显著升高的温度梯度是由于该地区的热流的高温度，由于在地壳上的放射性热产生。平均地温梯度是温度从表面到 Smackover 基的最佳拟合线性梯度。地热梯度在岩性单位内变化，但由于导热性的小变化，地热梯度的变化相当小。

海恩斯维尔页岩的成熟度（以镜质组反射率 R_o 表示）与深度的关系可见图 2–15。SU 井 R_o 值为 1.6%，NLSB 井 R_o 值为 1.7%。虽然数据存在相当大的离散性，但预测的 R_o 与井深的比值与观测结果是一致的。此外，SU 井沿观测值的上边缘（给定深度时 R_o 较高）绘制，NLSB 井沿观测值的下边缘（给定深度时 R_o 较低）绘制，这与模型对两个位置热流的假设一致。

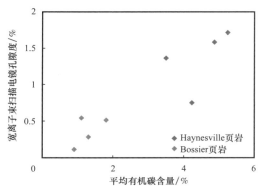

图 2–14　Haynesville–Bossier 页岩孔隙度与 TOC 关系图（据 Klaver J，2015）

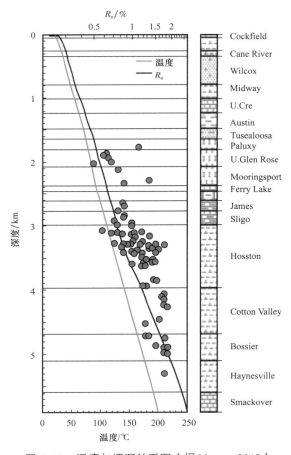

图 2–15　温度与埋深关系图（据 Nunn，2012）

沉降和成熟度随时间的变化（图 2-16）表明 Smackover 组和 Haynesville 自在早白垩世都进入了生油窗，这是由于侏罗纪裂谷作用下的高热流和沉积物快速堆积（如 Bossier、Cotton Valley 和 Hosston）的共同作用。Smackover 地区的湿气生成始于 100Ma 左右，但在晚白垩世，由于抬升和侵蚀作用，成熟过程缓慢，特别是在 SU（图 2-16）。湿气代斯威尔并不是预测直到古近纪早期（60Ma）和斯威尔未达到干燥气体的产生。额外的成熟作用发生在古近纪，由于缓慢的埋藏和持续的变暖，迅速积累的早白垩世沉积物达到热平衡。在这两口井中，Smackover、Haynesville 和 lower Cotton Valley 处于气窗（$R_o=1.3\%$），

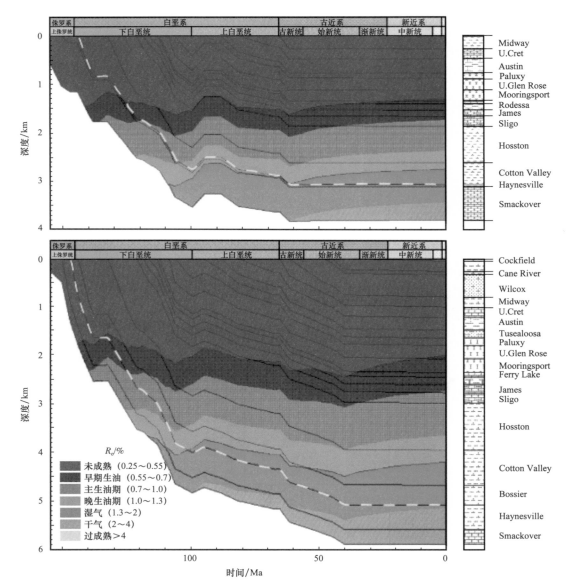

图 2-16　埋深与油藏演化图（据 Nunn，2012）

Haynesville 页岩顶部如黄色虚线所示

上覆下白垩统沉积物（Hosston 到 Mooring sport）处于油窗（R_o=0.55%），上白垩统和古近纪沉积物尚未发育成熟。

　　Haynesville 页岩预测的温度和成熟度与时间的关系如图 2-17 所示。这两口井的 Haynesville 页岩温度从 150Ma 迅速上升到 100Ma，这是由于快速埋藏和高基底热流与岩石圈的裂谷作用和伸展有关。到了白垩纪中期，气温接近最高值。由于缓慢埋藏的热效应被基底热流的下降所抵消，古近纪页岩的温度几乎是恒定的。图 2-17 还显示了抬升和侵蚀或不沉积对温度的影响。在这两口井中，由于白垩纪中期的抬升和侵蚀，温度下降。与北路易斯安那盐盆相比，Sabine 隆起地区的温度下降更大，因为侵蚀程度更大。温度下降或温度随时间变化速率的变化也与其他非沉积或侵蚀时期（如白垩纪早期）有关。

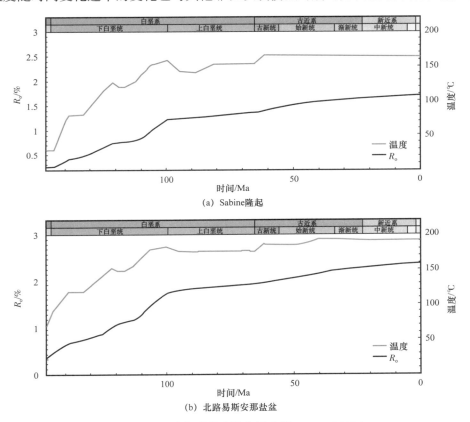

图 2-17　温度与成熟度演化图（据 Nunn，2012）

2.5.5　储层物性

　　Haynesville 页岩平均孔隙度 8%～10%，含水饱和度 20%～30%，从孔隙度厚度等值线图可知其呈现中部和南部较大，向周围缩小趋势（图 2-18）。通过抛光扫描电镜（BIB-SEM）研究孔隙空间形态，主要可以分为四种孔隙类型，即有机质间孔（IntraO）、有机质矿物内孔隙（InterOM）、矿物内孔隙（InterM）、矿物间孔隙（IntraM）。对孔径大小及其比例进行量化表征：10nm 以下的孔隙数量最多但占比较小，10～100nm 之间的孔隙对网格连通性和流体流动贡献最大，100～2000nm 之间的孔隙体积最大，对流体储层能力贡献最大（图 2-19）。

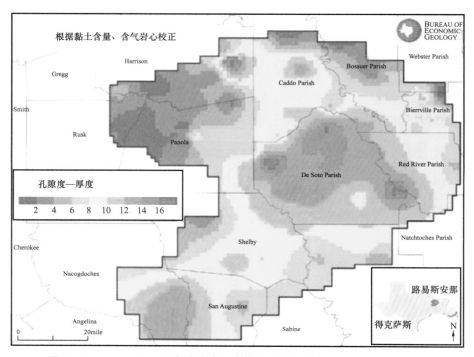

图 2-18　Haynesville 页岩孔隙度厚度等值线图（据 Gürcan Gülen，2015）

2.5.6　含气量

由于在岩心中观察到的裂缝很少，所以目前对 Haynesville 天然裂缝的存在及其在生产中的作用知之甚少。天然裂缝在其他页岩储层中普遍存在，也很重要。在墨西哥湾，Austin Chalk 是盖在 Haynesville 上的一种经过充分研究的细粒岩石，它可以提供对 Haynesville 裂缝模式的预测。快速的 Haynesville 产量下降模式可以部分反映裂缝的存在，裂缝通常产生初始的高产量和后续的产量快速下降。在得克萨斯州东部较年轻的生产单元，如侏罗纪 Cotton Valley 和白垩纪特拉维斯峰致密砂岩中，发现了区域裂缝的穿透性阵列。这些裂缝倾向于平行于墨西哥湾边缘，通常在得克萨斯州东部向东北或东北偏东方向延伸，并与最大水平应力方向平行。还有一些是由于 Sabine 隆起的抬升和生烃作用而形成的。然而，在岩心和反映 Austin Chalk 裂缝密度的成像测井中很少观察到开放裂缝。开放裂缝只存在于受断层增加影响的区域。

Haynesville 页岩泥质含量高，储层杨氏模量较低，为（1.5～2.5）×10^{-6}N/m^2，泊松比较高，为 0.25～0.32，导致地层具有较强的塑性特征，裂缝闭合压力梯度高，2.04～2.50MPa/100m，孔隙压力梯度高，为 1.81～1.92MPa/100m，导致地层裂缝更容易闭合，因此想要实现该区效益开采须加大储层改造强度。

　　由于储层埋深较大，Haynesville 具有高温高压特性，压力梯度约为 2MPa/100m，温度梯度约为 5.91°F/m，根据实测数据推算到产层中部深度，地层压力分布在 54～98MPa，地层温度分布在 71～143℃。

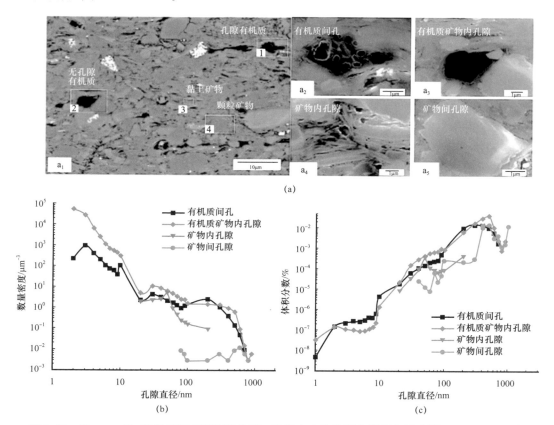

图 2-19　Haynesville 页岩扫描电镜孔隙类型、孔径大小和体积分数示意图（据 Lin Ma，2018）

第 3 章　水平井钻完井

自 1991 年 Mitchell 能源公司成功实践后，水平井钻井技术在常规和非常规油气藏均得到了广泛的应用。水平井可最大化地接触气藏岩层，与页岩层中裂缝相交，明显改善储层流体的流动状况，尤其在超低渗透性页岩中可起到提高采收率的作用。典型的水平井首先垂直钻井至造斜点，再以一定度数造斜至水平部分。水平井两大优势是提高单井产量和降低开采成本。相比直井，水平井减少了地面设施，开采延伸范围大，避免了地面不利条件的干扰。水平井钻井关键参数包括垂深、测深、水平段长、水垂比及钻井周期等。本章对 Haynesville 深层高温高压页岩气藏 5828 口页岩气水平井钻完井参数进行了全面系统分析。

3.1　钻井模式

页岩气钻井先后经历了直井、水平井、丛式"井工厂"的发展历程。加拿大能源公司（Encana）最先提出"井工厂"作业模式的理念，是使用水平井钻井方式，在一个井场完成多口井的施工作业，所有井筒采用批量化的作业模式。工厂化作业的核心理念是基于作业模式由分散到集中，由低效到集约。工厂化作业模式在北美各大典型页岩油气藏得以广泛应用。

Haynesville 页岩气藏通过采用工厂化作业模式，大幅降低了勘探开发成本，同时降低了环境影响。截至 2020 年底，Haynesville 页岩气藏在 Haynesville 页岩层段累计完钻页岩气水平井 5828 口，水平井钻井模式包括非平台和平台钻水平井。图 3-1 为 Haynesville 页岩气藏历年非平台及平台钻页岩气水平井数。2011 年以前统计完钻页岩气水平井 2276 口，其中非平台水平井 1341 口，平台钻水平井 935 口，平台钻水平井占比 41.1%，此时众多油气作业公司在该地区已经开始采用工厂化钻井模式。2011 年累计完钻页岩气水平井 927 口，其中非平台水平井 348 口，平台钻水平井 579 口，平台钻水平井数量占比上升至 62.5%。2012 年累计完钻页岩气水平井 260 口，其中非平台水平井 54 口，平台钻水平井 206 口，平台钻水平井数量占比上升至 79.2%，此时该地区各油气作业公司已开始普遍采用工厂化钻井模式。2013 年累计完钻页岩气水平井 241 口，其中非平台水平井 32 口，平台钻水平井 209 口，平台钻水平井数量占比 86.7%。自此，平台钻水平井成为该气藏主要钻井模式，2020 年平台钻水平井数量占比达到 97.3%。

图 3-1　Haynesville 页岩气藏历年非平台及平台钻页岩气水平井数

3.2　钻井垂深

历年钻井数据显示，Haynesville 已开发区域页岩底部垂深分布范围为 3000～4500m，最大垂深超过 5000m。Haynesville 页岩气藏以页岩气开采为主，完钻页岩气水平井垂深主体位于 3000～4500m。根据目前国内天然气藏分类标准（GB/T 26979—2011）中按埋藏深度分类，Haynesville 页岩气藏为中深层至深层页岩气藏。其开发特征及技术政策可为国内目前已规模投入开发的中深层及深层页岩气藏提供借鉴参考。

图 3-2 给出了 Haynesville 页岩气藏历年完钻页岩气水平井垂深散点分布图，统计 4877 口页岩气水平井垂深范围 3066～5193m，平均垂深 3664m，P25 垂深 3491m，P50 垂深 3634m、P75 垂深 3797m、M50 垂深 3639m。图 3-3 给出了 Haynesville 页岩气藏统计 4877 口页岩气水平井垂深构成，其中垂深 3000～3500m 的气井 1288 口，占比 26.4%，

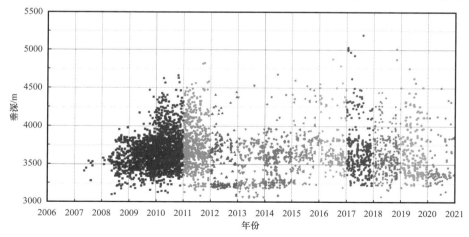

图 3-2　Haynesville 页岩气藏历年完钻页岩气水平井垂深散点分布图

垂深 3500~4000m 的气井 3088 口，占比 63.3%，垂深 4000~4500m 的气井 461 口，占比 9.5%，垂深 4500~5000m 的气井 35 口，占比 0.7%，垂深 5000~5500m 的气井 5 口，占比 0.1%。Haynesville 页岩气藏中垂深 3500~4500 的气井 3549 口，占比达到 72.8%。图 3-4 给出了统计气井垂深及频率分布。

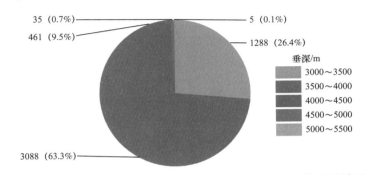

图 3-3　Haynesville 页岩气藏历年完钻页岩气水平井垂深构成统计图

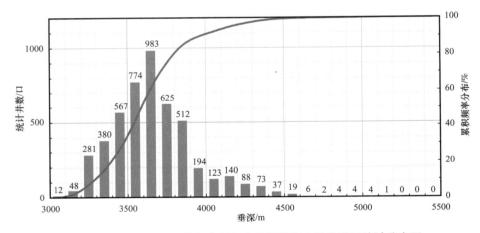

图 3-4　Haynesville 页岩气藏历年完钻页岩气水平井垂深统计分布图

对不同年度页岩气水平井完钻垂深进行统计分析，将 P25 和 P75 垂深作为主体范围上下限值绘制整个 Haynesville 页岩气藏钻井垂深学习曲线（图 3-5）。2011 年以前累计统计气井 2009 口，P25、P50 和 P75 完钻垂深分别为 3509m、3637m 和 3783m。2011 年统计气井 772 口，P25、P50 和 P75 完钻垂深分别为 3593m、3687m 和 3877m。2012 年统计气井 218 口，P25、P50 和 P75 完钻垂深分别为 3253m、3659m 和 3759m。2013 年统计气井 226 口，P25、P50 和 P75 完钻垂深分别为 3265m、3588m 和 3741m。2014 年统计气井 257 口，P25、P50 和 P75 完钻垂深分别为 3310m、3571m 和 3686m。2015 年统计气井 166 口，P25、P50 和 P75 完钻垂深分别为 3587m、3671m 和 3838m。2016 年统计气井 218 口，P25、P50 和 P75 完钻垂深分别为 3544m、3644m 和 3819m。2017 年统计气井 359 口，P25、P50 和 P75 完钻垂深分别为 3505m、3630m 和 3781m。2018 年统计气

井 349 口，P25、P50 和 P75 完钻垂深分别为 3447m、3566m 和 3770m。2019 年统计气井
227 口，P25、P50 和 P75 完钻垂深分别为 3391m、3578m 和 3837m。2020 年统计气井 102 口，
P25、P50 和 P75 完钻垂深分别为 3343m、3387m 和 3679m。

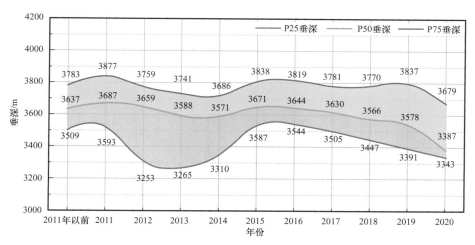

图 3-5　Haynesville 页岩气藏历年完钻页岩气水平井垂深学习曲线

Haynesville 页岩气藏水平井整体完钻垂深学习曲线显示历年完钻气井垂深呈稳定小
幅下降趋势。P50 完钻垂深由 2011 年的 3687m 小幅下降至 2019 年 3578m。2020 年因中
深层完钻水平井占比增加导致 P50 完钻垂深大幅下降至 3387m。图 3-6 给出了历年完钻
页岩气水平井垂深构成统计图。垂深 3000～3500m 中深层页岩气水平井占比呈上升—下
降—上升趋势。2011—2013 年为第一个上升阶段，中深层页岩气水平井占比由 17% 上
升至 40%。2014—2016 年为下降阶段，中深层页岩气水平井占比由 38% 下降至 11%。
2017—2020 年为第二个上升阶段，中深层页岩气水平井占比由 23% 上升至 67%。垂深
3500～4500m 深层页岩气水平井占比呈下降—上升—下降趋势。2011—2013 年为第一个
下降阶段，深层页岩气水平井占比由 82% 下降至 59%。2014—2016 年为上升阶段，深
层页岩气水平井占比由 62% 上升至 86%。2017—2020 年为第二个下降阶段，深层页岩
气水平井占比由 74% 下降至 32%。垂深 4500～5500m 超深层页岩气水平井完钻数量整体
较少。

对垂深 3500～4500m 深层页岩气水平井完钻垂深进行统计分析，将 P25 和 P75 垂
深作为主体范围上下限值绘制整个 Haynesville 页岩气藏深层页岩气水平井完钻垂深学
习曲线（图 3-7）。2011 年以前累计统计气井 1522 口，P25、P50 和 P75 完钻垂深分别
为 3614m、3694m 和 3821m。2011 年统计气井 636 口，P25、P50 和 P75 完钻垂深分别
为 3637m、3748m 和 3937m。2012 年统计气井 140 口，P25、P50 和 P75 完钻垂深分别
为 3689m、3740m 和 3825m。2013 年统计气井 134 口，P25、P50 和 P75 完钻垂深分别
为 3658m、3734m 和 3783m。2014 年统计气井 159 口，P25、P50 和 P75 完钻垂深分别
为 3606m、3680m 和 3799m。2015 年统计气井 132 口，P25、P50 和 P75 完钻垂深分别

为 3661m、3802m 和 3882m。2016 年统计气井 165 口，P25、P50 和 P75 完钻垂深分别为 3627m、3771m 和 3839m。2017 年统计气井 267 口，P25、P50 和 P75 完钻垂深分别为 3614m、3722m 和 3833m。2018 年统计气井 232 口，P25、P50 和 P75 完钻垂深分别为 3591m、3719m 和 3851m。2019 年统计气井 129 口，P25、P50 和 P75 完钻垂深分别为 3680m、3829m 和 4046m。2020 年统计气井 33 口，P25、P50 和 P75 完钻垂深分别为 3962m、4039m 和 4115m。

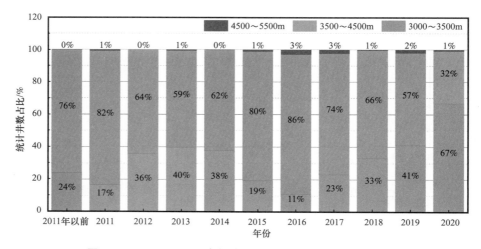

图 3-6　Haynesville 页岩气藏历年完钻气井垂深构成统计图

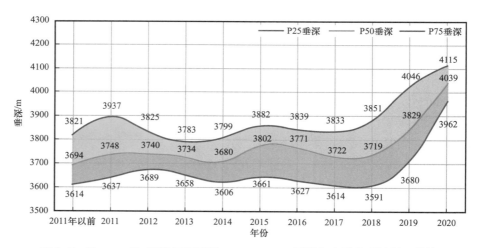

图 3-7　Haynesville 页岩气藏垂深 3500～4500m 页岩气水平井垂深学习曲线

　　Haynesville 页岩气藏垂深 3500～4500m 深层页岩气水平井垂深学习曲线显示，深层页岩气水平井完钻垂深逐年呈整体增加趋势。2018—2020 年完钻垂深呈快速上升趋势，P50 完钻垂深由 2018 年的 3851m 增加至 2020 年的 4115m。

3.3　水平段长

　　水平段长通常是指从着陆点（A 点，一般是指钻入预定油层组位，井斜达到基本水平的点）到完钻井深（B 点）的长度。水平井钻完井作为页岩油气藏开发的核心技术之一，主要是通过在页岩储层内水平井眼轨迹增加井筒与储层的接触面积。水平段长是水平井钻完井的关键参数，直接反映了钻完井和压裂工程技术水平，也是水平井产量的重要影响因素。长水平段水平井能够一定程度上减小开发井数、平台数、钻完井和压裂成本，提高单井开发效果。随钻完井和压裂技术不断进步，页岩油气藏钻完井水平段长呈持续增加趋势。

　　图 3-8 给出了 Haynesville 页岩气藏 4878 口统计页岩气水平井水平段长散点分布图，水平段长总体呈逐年增加趋势。所有统计气井水平段长范围为 189～4380m，统计平均水平段长为 1689m，P25 水平段长 1337m、P50 水平段长 1457m、P75 水平段长 1911m、M50 水平段长 1497m。历年水平段长散点分布显示水平段长逐年呈上升趋势。图 3-9 给出了 Haynesville 页岩气藏统计水平井水平段长构成，其中水平段长小于 1000m 的气井 66 口，占比 1.4%；水平段长 1000～1500m 气井的 2707 口，占比 55.7%；水平段长 1500～2000m 的气井 990 口，占比 20.4%；水平段长 2000～2500m 的气井 559 口，占比 11.5%；水平段长 2500～3000m 的气井 334 口，占比 6.9%；水平段长 3000～3500m 的气井 182 口，占比 3.7%；水平段长超过 3500m 的气井 20 口，占比 0.4%。水平段长构成显示主体水平段长位于 1000～2500m，气井数量累计占比高达 87.6%。

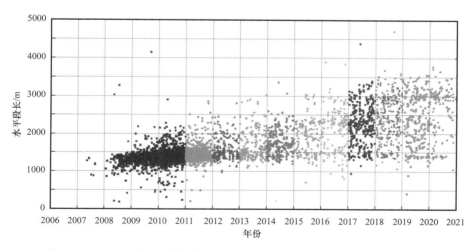

图 3-8　Haynesville 页岩气藏历年完钻页岩气水平井水平段长散点分布图

　　图 3-10 给出了 Haynesville 页岩气藏不同年度完钻页岩气井水平段长分布统计图，气井水平段长逐年呈稳定上升趋势。2011 年以前页岩气水平井平均水平段长仅为 1366m，2011 年完钻水平段长增加至 1451m，相对增幅为 6.2%。不同年度平均水平段长呈稳步上

升趋势，逐年增加至 2020 年的 2628m。不同年度平均水平段长增幅范围 2.0%～11.1%，平均年增幅为 6.9%。

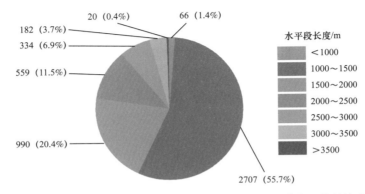

图 3-9　Haynesville 页岩气藏历年完钻页岩气水平井统计水平段长构成图

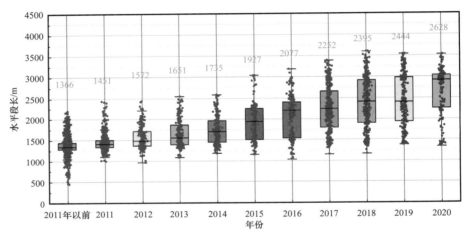

图 3-10　Haynesville 页岩气藏不同年度页岩气井水平段长统计图

3.3.1　中深层气井

将完钻垂深 3000～3500m 页岩气井水平段长进行单独统计分析，统计中深层气井共 1281 口，平均水平段长 1865m、P25 水平段长 1373m、P50 水平段长 1568m、P75 水平段长 2275m、M50 水平段长 1613m。

图 3-11 给出了 Haynesville 页岩气藏中深层页岩气井水平段长统计图。2011 年以前统计气井 477 口，平均水平段长 1376m。2011 年统计气井 129 口，平均水平段长 1391m，同比增幅 1.1%。2012 年统计气井 78 口，平均水平段长 1572m，同比增幅 13.0%。2013 年统计气井 90 口，平均水平段长 1660m，同比增幅 5.6%。2014 年统计气井 97 口，平均水平段长 1897m，同比增幅 14.3%。2015 年统计气井 32 口，平均水平段长 2162m，同比增幅 14.0%。2016 年统计气井 21 口，平均水平段长 2298m，同比增幅 8.9%。2017 年

统计气井 83 口，平均水平段长 2520m，同比增幅 9.7%。2018 年统计气井 115 口，平均水平段长 2770m，同比增幅 9.9%。2019 年统计气井 93 口，平均水平段长 2838m，同比增幅 2.5%。2020 年统计气井 66 口，平均水平段长 3014m，同比增幅 6.2%。2012 年以前，气井平均水平段长低于 1500m，2012—2014 年气井平均水平段长为 1500～2000m，2015—2016 年气井平均水平段长为 2000～2500m，2017—2019 年气井平均水平段长为 2500～3000m，2020 年平均水平段长达到 3014m。中深层气井不同年度水平段长统计结果显示水平段长逐年呈稳定上升趋势，不同年度水平段长增幅范围 2.5%～14.3%，平均年增幅为 9.0%。

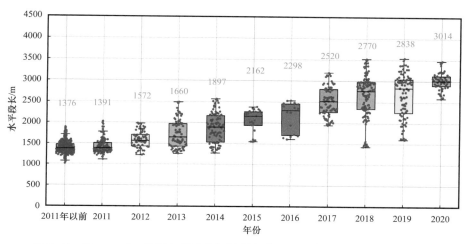

图 3-11 Haynesville 页岩气藏中深层页岩气井不同年度水平段长统计分布图

将所有气井按许可日期顺序以 100 口气井为间隔统计水平段长平均值、P50 值和 M50 值，并根据统计数据绘制水平段长随井数学习曲线。图 3-12 给出了 Haynesville 页岩气藏中深层气井水平段长随井数学习曲线。完钻井数在 600 口以内，气井平均水平段长基本

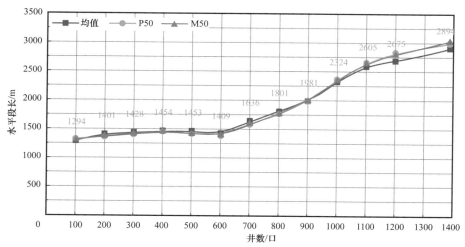

图 3-12 Haynesville 页岩气藏中深层气井水平段长随井数学习曲线

保持稳定。完钻井数超 600 口后，平均水平段长呈显著上升趋势，平均水平段长由 1409m 逐渐增加至 2894m。完钻井数超 600 口后，每百口气井水平段长平均增幅为 10.9%。

3.3.2 深层气井

将完钻垂深 3500～4500m 页岩气井水平段长进行单独统计分析，统计深层气井共 3539 口，平均水平段长 1624m，P25 水平段长 1327m、P50 水平段长 1433m、P75 水平段长 1723m、M50 水平段长 1455m。

图 3-13 给出了 Haynesville 页岩气藏深层页岩气井水平段长统计图。2011 年以前统计气井 1519 口，平均水平段长 1352m。2011 年统计气井 615 口，平均水平段长 1434m，同比增幅 6.1%。2012 年统计气井 161 口，平均水平段长 1503m，同比增幅 4.8%。2013 年统计气井 134 口，平均水平段长 1594m，同比增幅 6.1%。2014 年统计气井 159 口，平均水平段长 1651m，同比增幅 3.6%。2015 年统计气井 132 口，平均水平段长 1871m，同比增幅 13.3%。2016 年统计气井 164 口，平均水平段长 2067m，同比增幅 10.5%。2017 年统计气井 267 口，平均水平段长 2211m，同比增幅 7.0%。2018 年统计气井 232 口，平均水平段长 2286m，同比增幅 3.4%。2019 年统计气井 125 口，平均水平段长 2338m，同比增幅 2.3%。2020 年统计气井 31 口，平均水平段长 2480m，同比增幅 6.1%。2012 年以前，气井平均水平段长低于 1500m，2012—2015 年气井平均水平段长为 1500～2000m，2016—2020 年气井平均水平段长为 2000～2500m。深层气井不同年度水平段长统计结果显示水平段长逐年呈稳定上升趋势，不同年度水平段长增幅范围 2.3%～13.3%，平均年增幅为 6.3%。

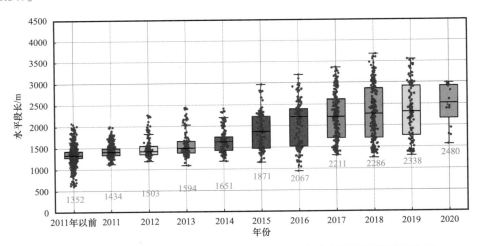

图 3-13 Haynesville 页岩气藏深层页岩气井不同年度水平段长统计分布图

将所有气井按许可日期顺序以 100 口气井为间隔统计水平段长平均值、P50 值和 M50 值，并根据统计数据绘制水平段长随井数学习曲线。图 3-14 给出了 Haynesville 页岩气藏深层气井水平段长随井数学习曲线。完钻井数在 2000 口以内，气井平均水平段长基本保持稳定。完钻井数超 2000 口后，平均水平段长呈稳步上升趋势，平均水平段长由 1481m 逐渐增加至 1674m。完钻井数超 2500 口后，平均水平段长呈显著上升趋势。

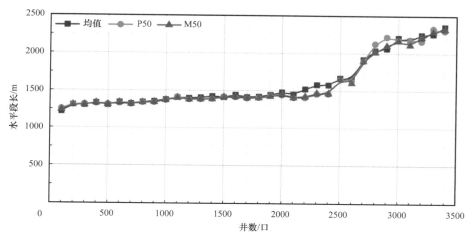

图 3-14　Haynesville 页岩气藏深层气井水平段长随井数学习曲线

3.3.3　超深层气井

Haynesville 页岩气藏垂深超过 4500m 统计气井 38 口，完钻水平段长 813~3461m，垂深范围 4501~5193m。统计平均完钻垂深 4601m、P25 垂深 4547m、P50 垂深 4610m、P75 垂深 4822m、M50 垂深 4635m。垂深范围 4500~5000m 的气井 34 口，垂深超过 5000m 的气井仅 4 口。图 3-15 给出了 Haynesville 页岩气藏超深层页岩气井水平段长分布，38 口超深层页岩气水平井统计平均完钻水平段长 1773m、P25 水平段长 1406m、P50 水平段长 1680m、P75 水平段长 2042m、M50 水平段长 1709m。统计 38 口超深层页岩气水平井中，水平段长低于 1000m 的气井 1 口，水平段长 1000~1500m 的气井 13 口，水

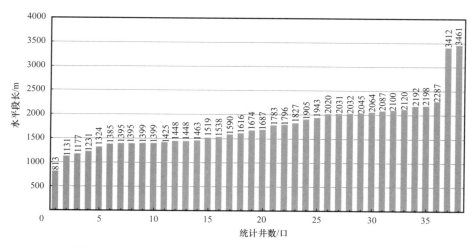

图 3-15　Haynesville 页岩气藏超深层页岩气井水平段长分布图

平段长 1500～2000m 的气井 11 口，水平段长 2000～2500m 的气井 11 口，水平段长超过 3000m 的气井 2 口。Haynesville 页岩气藏超深层页岩气资源目前依然处于探索阶段。

3.3.4　小结

Haynesville 页岩气藏目前完钻气井以深层为主，其次为中深层，超深层依然处于探索试验阶段。图 3-16 给出了中深层与深层已完钻页岩气井水平段长分布及历年平均水平段长变化趋势。与中深层页岩气井水平段长相比，深层页岩气井水平段长集中分布于 2000m 以内，统计井数累积占比近 80%，长水平段气井占比较低。中深层气井 2000m 以内水平段长气井占比近 67%，而长水平段完钻气井数量整体高于深层页岩气井。中深层和深层页岩气井不同年度平均水平段长曲线显示，2013 年以前中深层与深层页岩气井平均水平段长相当，后续中深层气井平均水平段长迅速增加。2015 年中深层气井平均水平段长超过 2000m，2017 年平均水平段长超过 2500m，2020 年平均水平段长超过 3000m，平均年相对增幅为 9.3%。深层页岩气井不同年度平均水平段长同样呈增加趋势，2016 年平均水平段长超过 2000m，2020 年平均水平段长达到 2480m，平均年相对增幅为 6.0%。由于垂深增加和钻井能力限制，深层页岩气井水平段长整体低于中深层气井。

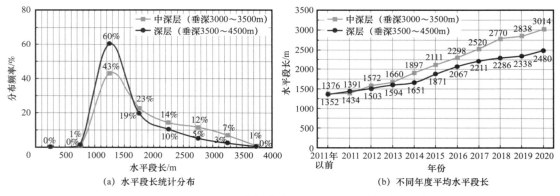

(a) 水平段长统计分布　　　　　　　　　(b) 不同年度平均水平段长

图 3-16　Haynesville 页岩气藏中深层与深层页岩气井水平段长

3.4　钻井测深

水平井测深指井口（转盘面）至测点的井眼实际长度，也常被称为斜深或测量深度。水平井测深一定程度上反映了现有钻完井和水力压裂设备的作业能力。通常，随水平井测深增加，钻完井和水力压裂施工作业难度随之增加，在现有设备作业能力、施工作业难度、作业风险、气井开发效果和经济效益之间存在一个最优平衡点。

图 3-17 给出了 Haynesville 页岩气藏 5153 口统计页岩气水平井测深散点分布图，完钻测深总体呈逐年增加趋势。所有统计气井测深范围为 3185～8216m，统计平均测深为 5422m、P25 气井测深 5015m、P50 气井测深 5222m、P75 气井测深 5791m、M50 气井测

深 5277m。

图 3-18 给出了 Haynesville 页岩气藏统计水平井测深构成，其中测深 3000～3500m
的气井 31 口，占比 0.6%；测深 3500～4000m 的气井 78 口，占比 1.5%；测深
4000～4500m 的气井 48 口，占比 0.9%；测深 4500～5000m 的气井 1026 口，占比
19.9%；测深 5000～5500m 的气井 2265 口，占比 44.0%；测深 5500～6000m 的气井 733
口，占比 14.2%；测深 6000～6500m 的气井 492 口，占比 9.5%；测深 6500～7000m
的气井 345 口，占比 6.7%；测深 7000～7500m 的气井 122 口，占比 2.4%；测深
7500～8000m 的气井 10 口，占比 0.2%；测深 8000～8500m 的气井 3 口，占比 0.1%。统
计气井测深主体位于 4000～6000m，统计井数 4024 口，累计占比 78.1%。

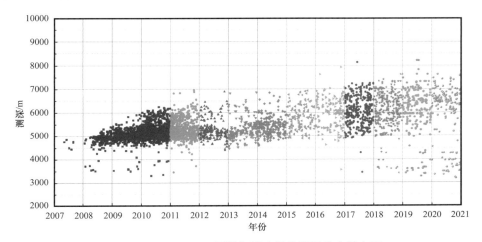

图 3-17　Haynesville 页岩气藏水平井测深分布散点图

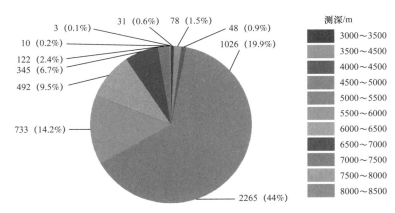

图 3-18　Haynesville 页岩气藏历年完钻页岩气水平井测深统计分布图

图 3-19 给出了 Haynesville 页岩气藏不同年度页岩气水平井测深统计分布，历年完钻
水平井测深整体呈逐年上升趋势。2011 年以前完钻页岩气水平井平均测深 5098m。2015
年平均水平井测深超过 5500m，平均测深为 5745m。2017 年完钻页岩气水平井测深超

过 6000m，平均测深为 6052m。2020 年完钻页岩气水平井测深超过 6500m，平均测深为 6525m。水平井钻完井和分段压裂技术及装备持续进步，完钻水平井测深整体呈逐年增加趋势，测深平均年相对增幅 2.5%。

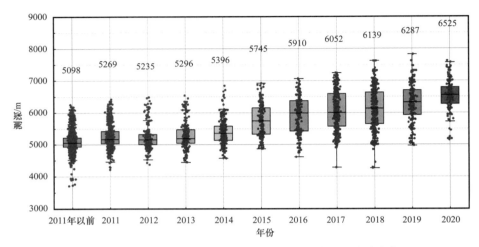

图 3-19　Haynesville 页岩气藏页岩气井不同年度测深统计分布图

3.4.1　中深层气井

将完钻垂深 3000~3500m 页岩气井测深进行单独统计分析，统计中深层气井共 1266 口，水平井完钻测深范围 3347~7574m，平均测深 5326m、P25 测深 4865m、P50 测深 5019m、P75 测深 5714m、M50 测深 5119m。

图 3-20 给出了 Haynesville 页岩气藏中深层页岩气水平井不同年度完钻测深学习曲线，2011 年以前统计气井 477 口。P25 测深、P50 测深和 P75 测深分别为 4799m、4884m 和 4983m。2011 年统计气井 129 口，P25 测深、P50 测深和 P75 测深分别为 4789m、4886m 和 4971m。2012 年统计气井 78 口，P25 测深、P50 测深和 P75 测深分别为 4850m、4993m 和 5225m，P50 测深同比增幅 1.26%。2013 年统计气井 90 口，P25 测深、P50 测深和 P75 测深分别为 4882m、5058m 和 5341m，P50 测深同比增幅 0.66%。2014 年统计气井 97 口，P25 测深、P50 测深和 P75 测深分别为 5010m、5263m 和 5564m，P50 测深同比增幅 2.63%。2015 年统计气井 32 口，P25 测深、P50 测深和 P75 测深分别为 5060m、5626m 和 5811m，P50 测深同比增幅 1.00%。2016 年统计气井 21 口，P25 测深、P50 测深和 P75 测深分别为 5127m、5730m 和 6031m，P50 测深同比增幅 1.33%。2017 年统计气井 83 口，P25 测深、P50 测深和 P75 测深分别为 5633m、5898m 和 6294m，P50 测深同比增幅 9.86%。2018 年统计气井 115 口，P25 测深、P50 测深和 P75 测深分别为 5720m、6300m 和 6585m，P50 测深同比增幅 1.54%。2019 年统计气井 76 口，P25 测深、P50 测深和 P75 测深分别为 5819m、6328m 和 6700m，P50 测深同比增幅 1.74%。2020 年统计气井 68 口，P25 测深、P50 测深和 P75 测深分别为 6321m、6509m 和 6691m，P50 测深同比增幅 8.63%。

中深层气井不同年度测深统计结果显示测深逐年呈稳定上升趋势，不同年度 P50 测深增幅范围 0.66%～9.86%，平均年增幅为 3.18%。

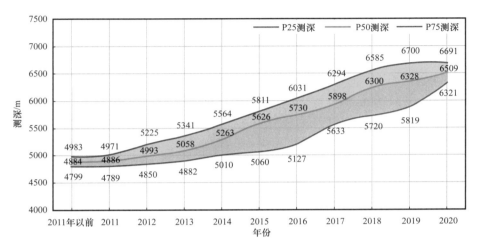

图 3–20　Haynesville 页岩气藏中深层（垂深 3000～3500m）页岩气水平井完钻测深学习曲线

将所有气井按许可日期顺序以 100 口气井为间隔统计测深平均值、P50 值和 M50 值，并根据统计数据绘制测深随井数学习曲线。图 3–21 给出了 Haynesville 页岩气藏中深层气井测深随井数学习曲线。完钻井数在 600 口以内，气井平均测深基本保持稳定。完钻井数超 600 口后，平均测深呈显著上升趋势，平均测深由 4868m 逐渐增加至 6522m。完钻井数超 600 口后，每百口气井测深平均增幅为 4.5%。

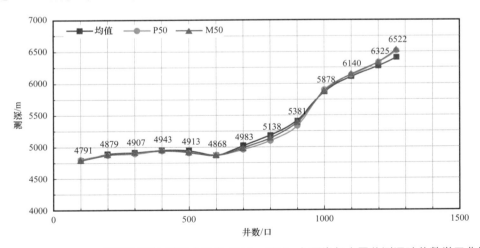

图 3–21　Haynesville 页岩气藏中深层（垂深 3000～3500m）页岩气水平井测深随井数学习曲线

3.4.2　深层气井

将完钻垂深 3500～4500m 页岩气井测深进行单独统计分析，统计中深层气井共 3517 口，水平井完钻测深范围 3529～8138m，平均测深 5464m、P25 测深 5074m、P50 测深

5253m、P75 测深 5747m、M50 测深 5291m。

图 3-22 给出了 Haynesville 页岩气藏深层页岩气水平井不同年度完钻测深学习曲线，2011 年以前统计气井 1522 口。P25 测深、P50 测深和 P75 测深分别为 5008m、5109m 和 5267m。2011 年统计气井 636 口，P25 测深、P50 测深和 P75 测深分别为 5087m、5225m 和 5540m。2012 年统计气井 140 口，P25 测深、P50 测深和 P75 测深分别为 5120m、5199m 和 5439m。2013 年统计气井 134 口，P25 测深、P50 测深和 P75 测深分别为 5145m、5293m 和 5550m，P50 测深同比增幅 1.83%。2014 年统计气井 159 口，P25 测深、P50 测深和 P75 测深分别为 5172m、5378m 和 5579m，P50 测深同比增幅 1.60%。2015 年统计气井 132 口，P25 测深、P50 测深和 P75 测深分别为 5361m、5769m 和 6218m，P50 测深同比增幅 7.26%。2016 年统计气井 165 口，P25 测深、P50 测深和 P75 测深分别为 5432m、6035m 和 6383m，P50 测深同比增幅 4.62%。2017 年统计气井 267 口，P25 测深、P50 测深和 P75 测深分别为 5550m、6069m 和 6650m，P50 测深同比增幅 0.57%。2018 年统计气井 232 口，P25 测深、P50 测深和 P75 测深分别为 5639m、6129m 和 6706m，P50 测深同比增幅 0.98%。2019 年统计气井 97 口，P25 测深、P50 测深和 P75 测深分别为 5807m、6417m 和 6936m，P50 测深同比增幅 4.70%。2020 年统计气井 33 口，P25 测深、P50 测深和 P75 测深分别为 6359m、6822m 和 7176m，P50 测深同比增幅 6.31%。深层气井不同年度测深统计结果显示测深逐年呈稳定上升趋势，不同年度 P50 测深增幅范围 0.57%～7.26%，平均年增幅为 3.48%。

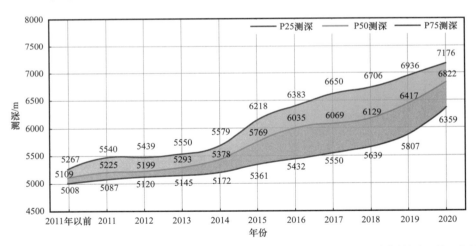

图 3-22 Haynesville 页岩气藏中深层（垂深 3500～4500m）页岩气水平井完钻测深学习曲线

将所有气井按许可日期顺序以 100 口气井为间隔统计测深平均值、P50 值和 M50 值，并根据统计数据绘制测深随井数学习曲线。图 3-23 给出了 Haynesville 页岩气藏深层气井测深随井数学习曲线。完钻井数在 500 口以内，气井平均测深基本保持稳定。完钻井数超 600～2600 口，完钻测深呈平稳上升趋势，完钻测深平均相对增幅为 1.22%，测深由 5142m 逐渐增加至 5362m。完钻井数超过 2600 口时，完钻测深迎来台阶式增长，整体由原有 5500m 以内增加至 6000m 以上，后续完钻测深保持稳定上升趋势，每百口完钻井测深平均相对增幅为 2.19%。所有统计气井对应每百口气井测深平均相对增幅为 0.86%。

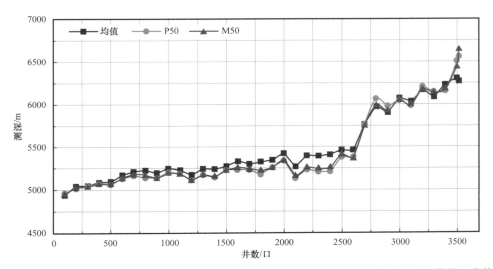

图 3-23　Haynesville 页岩气藏中深层（垂深 3500～4500m）页岩气水平井测深随井数学习曲线

3.4.3　超深层气井

Haynesville 页岩气藏垂深超过 4500m 统计气井 40 口，完钻测深 4934～8217m，垂深范围 4501～5193m。统计平均完钻垂深 4704m，P25 垂深 4552m、P50 垂深 4623m、P75 垂深 4876m、M50 垂深 4652m。垂深范围 4500～5000m 的气井 35 口，垂深超过 5000m 的气井仅 5 口。图 3-24 给出了 Haynesville 页岩气藏超深层页岩气井测深分布，40 口超深层页岩气水平井统计平均完钻测深 6334m、P25 测深 6026m、P50 测深 6403m、P75 测深

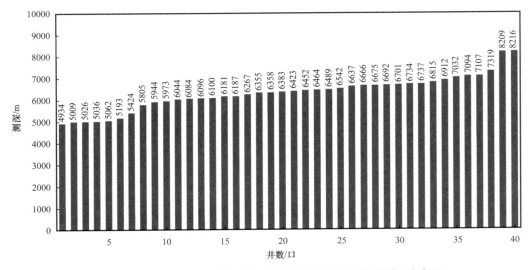

图 3-24　Haynesville 页岩气藏超深层页岩气水平井完钻测深分布图

6709m、M50 测深 6390m。统计 40 口超深层页岩气水平井中，测深低于 5000m 的气井 1 口，测深 5000～6000m 的气井 9 口，测深 6000～7000m 的气井 24 口，测深 7000～8000m 的气井 4 口，测深超过 8000m 的气井 2 口。

3.4.4　小结

Haynesville 页岩气藏目前完钻气井以深层为主，其次为中深层，超深层依然处于探索试验阶段。图 3-25 给出了中深层与深层已完钻页岩气井测深分布及年度测深学习曲线。中深层页岩气水平井完钻测深主体分布在 4500～5500m，完钻井数累积占比 67%。深层页岩气水平井完钻测深主体分布在 5000～6000m，完钻井数累积占比 70%。深层页岩气水平井测深整体高于中深层，2018 年由于中深层完钻水平段长大幅增加导致 P50 测深超过深层页岩水平井。中深层气井不同年度测深统计结果显示 P50 测深逐年呈稳定上升趋势，不同年度 P50 测深增幅范围 0.66%～9.86%，平均年增幅为 3.18%。深层气井不同年度 P50 测深统计结果显示测深逐年呈稳定上升趋势，不同年度 P50 测深增幅范围 0.57%～7.26%，平均年增幅为 3.48%。深层页岩气水平井完钻测深年度增幅略高于中深层气井。超深层页岩气水平井完钻井数相对较少，目前依然处于探索阶段。

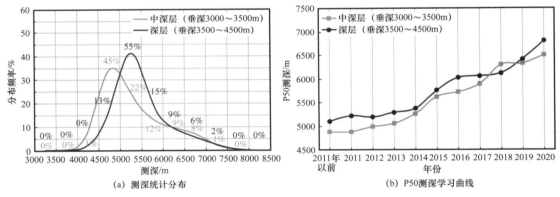

(a) 测深统计分布　　　　　　(b) P50测深学习曲线

图 3-25　Haynesville 页岩气藏中深层与深层页岩气井完钻测深

3.5　水垂比

水垂比是指水平井的水平段长与垂深的比值，高水垂比能够在相同垂深条件下获取更长的水平段长，从而提高油气藏单井开发效果和效益。随水垂比增加，钻完井和压裂施工作业难度也随之增加。通常，根据油气藏垂深存在一个合理的水垂比范围既能够确保水平井开发效果，又能够实现钻完井和压裂等工程技术可行。

图 3-26 给出了 Haynesville 页岩气藏 4858 口统计页岩气水平井水垂比散点分布，气井完钻水垂比总体呈逐年增加趋势。所有统计气井水垂比范围为 0.05～1.24，统计平均水

垂比为 0.46、P25 气井水垂比 0.37、P50 气井水垂比 0.40、P75 气井水垂比 0.51、M50 气井水垂比 0.42。

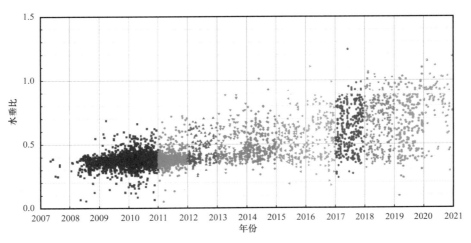

图 3-26　Haynesville 页岩气藏水平井水垂比分布散点图

图 3-27 给出了 Haynesville 页岩气藏统计水平井水垂比构成，其中水垂比 0.0~0.2 的气井 34 口，占比 0.7%；水垂比 0.2~0.4 的气井 2447 口，占比 50.3%；水垂比 0.4~0.6 的气井 1491 口，占比 30.7%；水垂比 0.6~0.8 的气井 547 口，占比 11.3%；水垂比 0.8~1.0 的气井 310 口，占比 6.4%；水垂比 1.0~1.2 的气井 28 口，占比 0.6%；水垂比 1.2~1.4 的气井 1 口。水垂比统计分布显示页岩气井水垂比主体位于 0.20~0.60 区间，统计井数 3938 口，累计占比 81.1%。

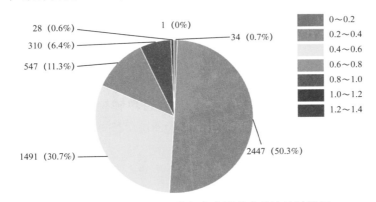

图 3-27　Haynesville 页岩气藏水平井水垂比统计饼图

图 3-28 给出了 Haynesville 页岩气藏不同年度页岩气水平井水垂比统计分布，历年完钻水平井水垂比整体呈逐年上升趋势。2011 年以前统计完钻页岩气水平井 2001 口，P25、P50 和 P75 水垂比分别为 0.35、0.37 和 0.40；2011 年统计完钻页岩气水平井 772 口，P25、P50 和 P75 水垂比分别为 0.36、0.38 和 0.40；2012 年统计完钻页岩气水平井 218 口，P25、P50 和 P75 水垂比分别为 0.38、0.41 和 0.50；2013 年统计完钻页岩气水平井 226 口，P25、

P50 和 P75 水垂比分别为 0.39、0.43 和 0.55；2014 年统计完钻页岩气水平井 257 口，P25、P50 和 P75 水垂比分别为 0.41、0.47 和 0.57；2015 年统计完钻页岩气水平井 166 口，P25、P50 和 P75 水垂比分别为 0.41、0.49 和 0.60；2016 年统计完钻页岩气水平井 191 口，P25、P50 和 P75 水垂比分别为 0.40、0.55 和 0.67；2017 年统计完钻页岩气水平井 357 口，P25、P50 和 P75 水垂比分别为 0.47、0.60 和 0.74；2018 年统计完钻页岩气水平井 349 口，P25、P50 和 P75 水垂比分别为 0.48、0.67 和 0.80；2019 年统计完钻页岩气水平井 223 口，P25、P50 和 P75 水垂比分别为 0.52、0.68 和 0.86；2020 年统计完钻页岩气水平井 98 口，P25、P50 和 P75 水垂比分别为 0.80、0.87 和 0.92。Haynesville 页岩气藏完钻页岩气井水垂比逐年呈增加趋势，主要是由于技术进步推动完钻气井水平段长逐年增加。不同年度 P50 水垂比统计结果显示水垂比年相对增幅范围 1.5%～27.9%，平均年增幅为 9.9%。

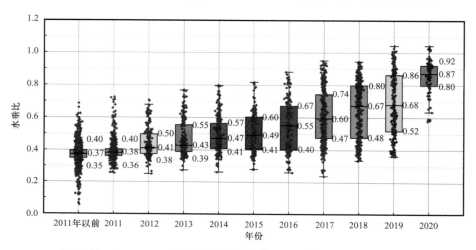

图 3-28　Haynesville 页岩气藏页岩气井不同年度水垂比统计分布图

3.5.1　中深层气井

将完钻垂深 3000～3500m 页岩气井水垂比进行单独统计分析，统计中深层气井共 1281 口，水垂比范围 0.06～1.19，平均水垂比 0.40、P25 水垂比 0.40、P50 水垂比 0.47、P75 水垂比 0.68、M50 水垂比 0.50。

图 3-29 给出了 Haynesville 页岩气藏中深层（垂深 3000～3500m）气井不同年度水垂比统计学习曲线。2011 年以前统计页岩气水平井 477 口，P25、P50 和 P75 水垂比分别为 0.38、0.40 和 0.43；2011 年统计页岩气水平井 129 口，P25、P50 和 P75 水垂比分别为 0.39、0.41 和 0.45；2012 年统计页岩气水平井 78 口，P25、P50 和 P75 水垂比分别为 0.43、0.51 和 0.58；2013 年统计页岩气水平井 90 口，P25、P50 和 P75 水垂比分别为 0.42、0.51 和 0.64；2014 年统计页岩气水平井 97 口，P25、P50 和 P75 水垂比分别为 0.47、0.58 和 0.66；2015 年统计页岩气水平井 32 口，P25、P50 和 P75 水垂比分别为 0.49、0.63 和 0.67；2016 年统计页岩气水平井 21 口，P25、P50 和 P75 水垂比分别为 0.49、0.67 和 0.72；2017

年统计页岩气水平井 83 口，P25、P50 和 P75 水垂比分别为 0.65、0.74 和 0.84；2018 年统计页岩气水平井 115 口，P25、P50 和 P75 水垂比分别为 0.71、0.81 和 0.88；2019 年统计页岩气水平井 93 口，P25、P50 和 P75 水垂比分别为 0.74、0.83 和 0.90；2020 年统计页岩气水平井 66 口，P25、P50 和 P75 水垂比分别为 0.85、0.91 和 0.94。统计结果显示完钻页岩气水平井 P50 水垂比整体呈稳定上升趋势，2011～2020 年期间水垂比相对增幅范围为 0.5%～24.0%，水垂比平均年相对增幅为 9.4%。

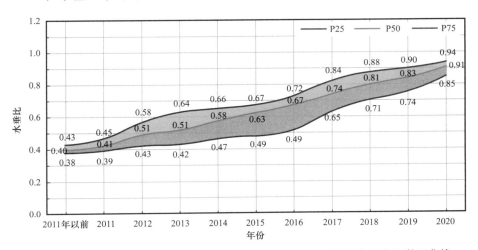

图 3-29　Haynesville 页岩气藏中深层（垂深 3000～3500m）气井水垂比学习曲线

将所有垂深 3000～3500m 中深层气井按许可日期顺序以 100 口气井为间隔统计水垂比平均值、P50 值和 M50 值，并根据统计数据绘制水垂比随井数学习曲线。图 3-30 给出了 Haynesville 页岩气藏中深层气井水垂比随井数学习曲线。完钻井数在 700 口以内，气井平均水垂比基本保持稳定。完钻井数超 700 口后，平均水垂比呈显著上升趋势，平均水垂比由 0.49 逐渐增加至 0.89。完钻井数超 700 口后，每百口气井水垂比平均增幅为 10.7%。

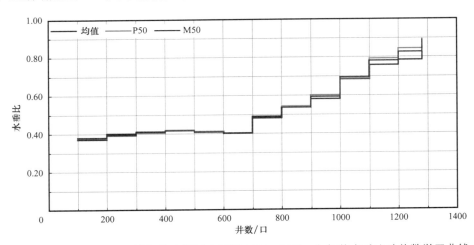

图 3-30　Haynesville 页岩气藏中深层（垂深 3000～3500m）气井水垂比随井数学习曲线

3.5.2 深层气井

将完钻垂深 3500～4500m 深层页岩气井水垂比进行单独统计分析，统计深层气井共 3539 口，水垂比范围 0.05～1.24，平均水垂比 0.43、P25 水垂比 0.36、P50 水垂比 0.39、P75 水垂比 0.45、M50 水垂比 0.39。

图 3-31 给出了 Haynesville 页岩气藏深层（垂深 3500～4500m）气井不同年度水垂比统计学习曲线。2011 年以前统计页岩气水平井 1519 口，P25、P50 和 P75 水垂比分别为 0.34、0.36 和 0.39；2011 年统计页岩气水平井 636 口，P25、P50 和 P75 水垂比分别为 0.36、0.38 和 0.40；2012 年统计页岩气水平井 140 口，P25、P50 和 P75 水垂比分别为 0.37、0.39 和 0.42；2013 年统计页岩气水平井 134 口，P25、P50 和 P75 水垂比分别为 0.38、0.41 和 0.46；2014 年统计页岩气水平井 159 口，P25、P50 和 P75 水垂比分别为 0.39、0.45 和 0.49；2015 年统计页岩气水平井 132 口，P25、P50 和 P75 水垂比分别为 0.39、0.49 和 0.58；2016 年统计页岩气水平井 164 口，P25、P50 和 P75 水垂比分别为 0.40、0.55 和 0.67；2017 年统计页岩气水平井 267 口，P25、P50 和 P75 水垂比分别为 0.46、0.57 和 0.71；2018 年统计页岩气水平井 232 口，P25、P50 和 P75 水垂比分别为 0.45、0.60 和 0.76；2019 年统计页岩气水平井 125 口，P25、P50 和 P75 水垂比分别为 0.44、0.59 和 0.77；2020 年统计页岩气水平井 31 口，P25、P50 和 P75 水垂比分别为 0.59、0.74 和 0.81。统计结果显示完钻页岩气水平井 P50 水垂比整体呈稳定上升趋势，水垂比平均年相对增幅为 8.0%。

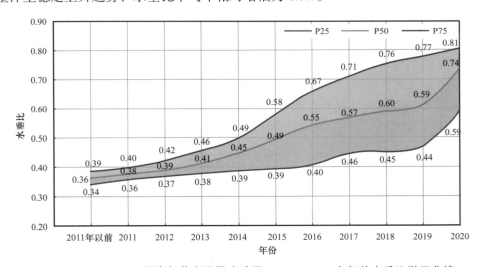

图 3-31 Haynesville 页岩气藏中深层（垂深 3500～4500m）气井水垂比学习曲线

将所有垂深 3500～4500m 深层气井按许可日期顺序以 100 口气井为间隔统计水垂比平均值、P50 值和 M50 值，并根据统计数据绘制水垂比随井数学习曲线。图 3-32 给出了 Haynesville 页岩气藏深层页岩气水平井水垂比随井数学习曲线。完钻井数在 2000 口以内，气井平均水垂比基本保持稳定，气井水垂比总体稳定在 0.35～0.40。完钻井数 2000～2500 口阶段，平均水垂比呈稳定上升趋势，统计每百口气井水垂比平均相对增幅为 3.5%，水垂比增加至 0.40 以上。完钻井数 2500～3500 口阶段，水垂比迎来了快速上升阶段，统计每百口气井水垂比平均相对增幅为 4.8%，水垂比增加至 0.60 以上。完钻气井超过 2000 口后水垂比整体呈上升趋势，每百口气井水垂比平均相对增幅为 3.9%。

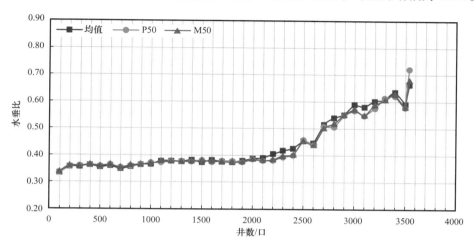

图 3–32　Haynesville 页岩气藏中深层（垂深 3500～4500m）气井水垂比随井数学习曲线

3.5.3　超深层气井

Haynesville 页岩气藏垂深超过 4500m 统计气井 38 口，完钻水垂比 0.18～0.76，垂深范围 4501～5193m。统计平均完钻垂深 4704m、P25 垂深 4552m、P50 垂深 4623m、P75 垂深 4876m、M50 垂深 4652m。垂深范围 4500～5000m 的气井 34 口，垂深超过 5000m 的气井仅 4 口。图 3-33 给出了 Haynesville 页岩气藏超深层页岩气井水垂比分布，38 口超深

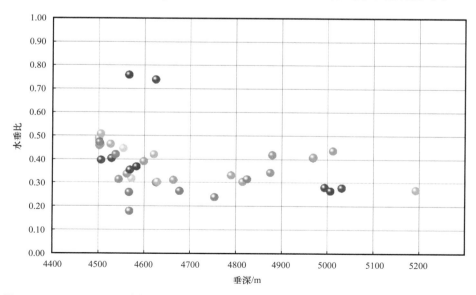

图 3–33　Haynesville 页岩气藏中深层（垂深 3000～3500m）气井水垂比随井数学习散点图

层页岩气水平井统计平均完钻水垂比 0.38、P25 水垂比 0.30、P50 水垂比 0.36、P75 水垂比 0.43、M50 水垂比 0.36。统计 38 口超深层页岩气水平井中，水垂比低于 0.20 的气井 1 口，水垂比 0.20～0.30 的气井 8 口，水垂比 0.30～0.40 的气井 13 口，水垂比 0.40～0.50 的气井 13 口，水垂比超过 0.50 的气井 3 口。

3.5.4　小结

Haynesville 页岩气藏目前完钻气井以深层为主，其次为中深层，超深层依然处于探索试验阶段。图 3-34 给出了中深层与深层已完钻页岩气井水垂比分布及不同年度水垂比学习曲线。中深层页岩气水平井完钻水垂比主体分布在 0.30～0.70，完钻井数累积占比 77%。深层页岩气水平井完钻水垂比主体分布在 0.30～0.50，完钻井数累积占比 75%。深层页岩气水平井水垂比整体小于中深层。2011—2020 年期间中深层气井水垂比相对增幅范围为 0.5%～24.0%，水垂比平均年相对增幅为 9.4%，深层气井水垂比平均年相对增幅为 8.0%。中深层页岩气水平井水垂比增幅整体高于深层页岩气水平井，超深层页岩气水平井完钻井数相对较少，目前依然处于探索阶段。

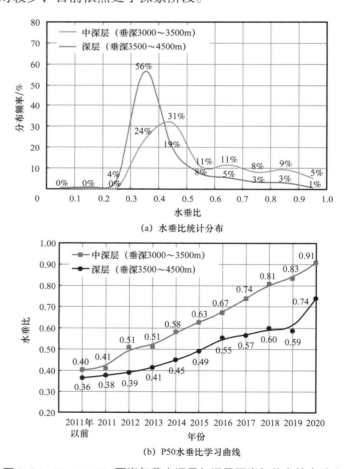

（a）水垂比统计分布

（b）P50 水垂比学习曲线

图 3-34　Haynesville 页岩气藏中深层与深层页岩气井完钻水垂比

图 3-35 给出了 Haynesville 页岩气藏水平井完钻水垂比统计图版。以 100m 垂深间隔为统计区间，分别统计不同垂深范围内气井水垂比的均值、P50 和 M50 值。由于受钻完井和压裂设备作业能力限制，随垂深增加，气井水垂比呈整体下降趋势。垂深 3000～3500m 中深层气井典型水垂比范围 0.45～0.65。垂深 3500～4500m 深层气井典型水垂比范围 0.36～0.45。不同垂深气井典型水垂比分布整体呈幂函数变化规律，因此利用幂函数拟合不同垂深气井典型水垂比变化趋势，给出不同垂深气井典型水垂比统计图版，可为同类型页岩气藏钻完井设计提供参考。

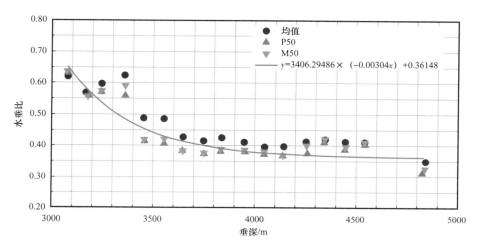

图 3-35　Haynesville 页岩气藏水平井水垂比统计图版

3.6　钻井周期

钻井周期是指钻井中从第一次开钻到完钻（即钻完本井设计全部进尺，井深达到地质设计要求）的全部时间，是反映钻井速度快慢的一个重要技术经济指标，是钻井井史资料中的必要数据。页岩气水平井钻井周期不仅影响单井投产速度和气藏建产节奏，同时还直接影响钻完井成本。对于采用"日费制"钻完井工作模式的气藏，页岩气水平井钻井周期直接决定钻完井成本。页岩气水平井钻井周期受地层复杂程度、垂深、水平段长、水垂比、靶体层位性质、窗口范围、钻完井设备水平等多种因素影响。

图 3-36 给出了 Haynesville 页岩气藏 584 口统计页岩气水平井钻井周期散点分布图，水平井钻井周期稳定分布在 16～50d。所有气井统计平均钻井周期为 37.3d、P25 气井钻井周期为 32.0d、P50 气井钻井周期为 38.0d、P75 气井钻井周期为 43.0d、M50 气井钻井周期为 37.1d。

图 3-37 给出了 Haynesville 页岩气藏统计水平井钻井周期构成，其中钻井周期 15～20d 的气井 4 口，占比 0.7%；钻井周期 20～25d 的气井 27 口，占比 4.6%；钻井周期 25～30d 的气井 74 口，占比 12.7%；钻井周期 30～35d 的气井 114 口，占比 19.5%；

钻井周期 35～40d 的气井 119 口，占比 20.4%；钻井周期 40～45d 的气井 127 口，占比 21.7%；钻井周期 45～50d 的气井 93 口，占比 15.9%；钻井周期 50～55d 的气井 26 口，占比 4.5%。统计气井钻井周期主体位于 25～50d。

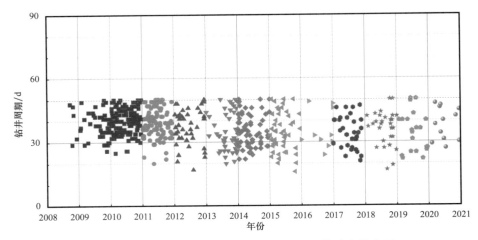

图 3-36　Haynesville 页岩气藏水平井钻井周期分布散点图

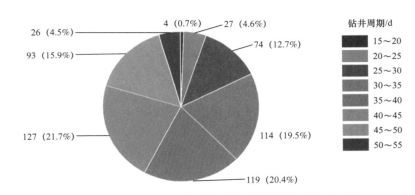

图 3-37　Haynesville 页岩气藏水平井钻井周期统计分布图

图 3-38 给出了 Haynesville 页岩气藏水平井不同年度钻井周期统计分布学习曲线。由于水平井钻井过程中，垂直段、造斜段和水平段机械钻速存在差异，不同水平井间难以直接量化对比单井钻井周期。因此，本节仅以单井为单位统计钻井周期。2011 年以前统计气井 176 口，P25、P50 和 P75 钻井周期分别为 35.0d、40.0d 和 44.3d；2011 年统计气井 93 口，P25、P50 和 P75 钻井周期分别为 34.0d、39.0d 和 44.0d；2012 年统计气井 42 口，P25、P50 和 P75 钻井周期分别为 32.0d、37.0d 和 43.0d；2013 年统计气井 47 口，P25、P50 和 P75 钻井周期分别为 26.0d、32.0d 和 42.5d；2014 年统计气井 72 口，P25、P50 和 P75 钻井周期分别为 29.0d、34.5d 和 43.0d；2015 年统计气井 49 口，P25、P50 和 P75 钻井周期分别为 27.0d、33.0d 和 42.0d；2016 年统计气井 11 口，P25、P50 和 P75 钻井周期分别为 30.5d、33.0d 和 47.0d；2017 年统计气井 32 口，P25、P50 和 P75 钻井周期

分别为 27.8d、34.0d 和 40.0d；2018 年统计气井 29 口，P25、P50 和 P75 钻井周期分别为 32.0d、38.0d 和 42.0d；2019 年统计气井 21 口，P25、P50 和 P75 钻井周期分别为 26.0d、35.0d 和 40.0d；2020 年统计气井 1 口，P25、P50 和 P75 钻井周期分别为 30.8d、39.0d 和 45.3d。Haynesville 页岩气藏水平井钻井周期总体保持相对稳定趋势。

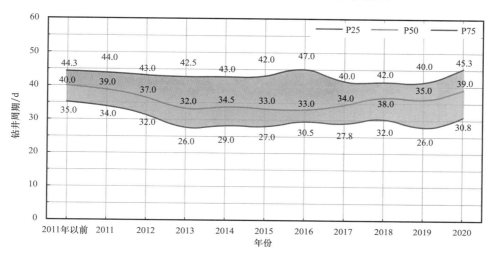

图 3-38　Haynesville 页岩气藏水平井不同年度钻井周期学习曲线

3.6.1　中深层气井

将完钻垂深 3000～3500m 页岩气水平井钻井周期进行单独统计分析，统计中深层气井共 263 口，钻井周期范围 17～50d，平均钻井周期 34.9d、P25 钻井周期 29.5d、P50 钻井周期 35.0d、P75 钻井周期 40.0d、M50 钻井周期 34.9d。

图 3-39 给出了 Haynesville 页岩气藏中深层水平井不同年度钻井周期学习曲线，263 口页岩气水平井不同年度钻井周期统计结果显示 2011 年以前统计气井 86 口，P25、P50 和 P75 钻井周期分别为 33.0d、36.0d 和 41.0d；2011 年统计气井 33 口，P25、P50 和 P75 钻井周期分别为 31.0d、35.0d 和 38.0d；2012 年统计气井 27 口，P25、P50 和 P75 钻井周期分别为 28.0d、36.0d 和 42.0d；2013 年统计气井 29 口，P25、P50 和 P75 钻井周期分别为 26.0d、29.0d 和 34.0d；2014 年统计气井 23 口，P25、P50 和 P75 钻井周期分别为 27.5d、32.0d 和 43.0d；2015 年统计气井 11 口，P25、P50 和 P75 钻井周期分别为 24.5d、29.0d 和 34.0d；2016 年统计气井 4 口，P25、P50 和 P75 钻井周期分别为 31.8d、33.0d 和 37.0d；2017 年统计气井 14 口，P25、P50 和 P75 钻井周期分别为 28.0d、33.0d 和 39.0d；2018 年统计气井 14 口，P25、P50 和 P75 钻井周期分别为 33.0d、38.5d 和 40.8d；2019 年统计气井 14 口，P25、P50 和 P75 钻井周期分别为 25.3d、29.0d 和 35.8d；2020 年统计气井 8 口，P25、P50 和 P75 钻井周期分别为 29.8d、36.0d 和 41.5d。

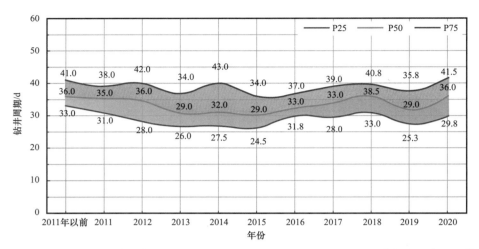

图 3-39　Haynesville 页岩气藏中深层水平井（垂深 3000～3500m）不同年度钻井周期学习曲线

3.6.2　深层气井

将完钻垂深 3500～4500m 页岩气水平井钻井周期进行单独统计分析，统计深层气井共 309 口，钻井周期范围 16～50d，平均钻井周期 39.3d、P25 钻井周期 34.0d、P50 钻井周期 40.0d、P75 钻井周期 46.0d、M50 钻井周期 40.0d。

图 3-40 给出了 Haynesville 页岩气藏中深层水平井不同年度钻井周期学习曲线，309 口页岩气水平井不同年度钻井周期统计结果显示 2011 年以前统计气井 84 口，P25、P50 和 P75 钻井周期分别为 40.0d、43.0d 和 47.0d；2011 年统计气井 60 口，P25、P50 和 P75 钻井周期分别为 37.0d、41.5d 和 47.0d；2012 年统计气井 15 口，P25、P50 和 P75 钻井周期分别为 34.0d、41.0d 和 47.0d；2013 年统计气井 17 口，P25、P50 和 P75 钻井周期分别为 31.0d、41.0d 和 46.0d；2014 年统计气井 49 口，P25、P50 和 P75 钻井周期分别为 30.0d、35.0d 和

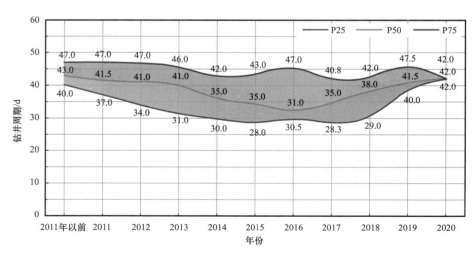

图 3-40　Haynesville 页岩气藏深层水平井（垂深 3500～4500m）不同年度钻井周期学习曲线

42.0d；2015 年统计气井 38 口，P25、P50 和 P75 钻井周期分别为 28.0d、35.0d 和 43.0d；2016 年统计气井 7 口，P25、P50 和 P75 钻井周期分别为 30.5d、31.0d 和 47.0d；2017 年统计气井 18 口，P25、P50 和 P75 钻井周期分别为 28.3d、35.0d 和 40.8d；2018 年统计气井 14 口，P25、P50 和 P75 钻井周期分别为 29.0d、38.0d 和 42.0d；2019 年统计气井 6 口，P25、P50 和 P75 钻井周期分别为 40.0d、41.5d 和 47.5d；2020 年统计气井 1 口，钻井周期为 42.0d。

3.6.3　超深层气井

Haynesville 页岩气藏垂深超过 4500m 超深层页岩气水平井钻井周期仅统计到气井 2 口。第一口井钻井许可为 2015 年 10 月份，该井完钻垂深 4472.6m、钻井周期 16.0d、测深 6455.7m、水平段长 1884m、水垂比 0.42。第二口井钻井许可为 2016 年 12 月底，该井完钻垂深 4478.4m、钻井周期 46.0d、测深 7066.2m、水平段长 2458.5m、水垂比 0.55。

3.6.4　小结

Haynesville 页岩气藏目前完钻气井以深层为主，其次为中深层，超深层依然处于探索试验阶段。图 3-41 给出了中深层与深层已完钻页岩气水平井钻井周期分布及不同年度钻

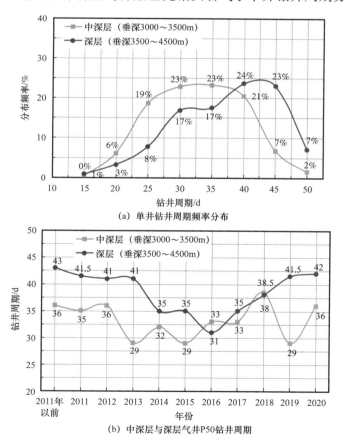

(a) 单井钻井周期频率分布

(b) 中深层与深层气井P50钻井周期

图 3-41　Haynesville 页岩气藏中深层与深层页岩气水平井钻井周期频率分布及 P50 钻井周期

井周期学习曲线。中深层页岩气水平井完钻钻井周期主体分布在 25～40d，完钻井数累积占比 86%。深层页岩气水平井钻井周期主体分布在 30～45d，完钻井数累积占比 78%。深层页岩气水平井钻井周期整体高于中深层。图 3-42 根据不同测深范围气井钻井周期绘制了钻井周期图版。

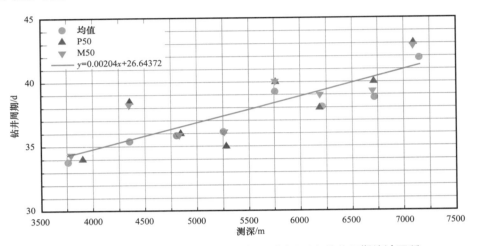

图 3-42　Haynesville 页岩气藏水平井不同测深对应钻井周期统计图版

第4章 水平井分段压裂

水平井分段压裂储层改造技术是页岩气实现规模效益开发的两大关键技术之一，通常利用封隔器或桥塞分段实施逐段压裂，可在水平井筒中压开多条裂缝从而有效改造储层并提高单井产量。页岩储层具有低孔孔隙度和极低的基质渗透率，因此压裂是页岩气开发的主体技术。目前，北美页岩气逐渐形成了以水平井套管完井、分簇射孔、快速可钻式桥塞封隔、大规模滑溜水或"滑溜水＋线性胶"分段压裂、同步压裂为主，以实现"体积改造"为目的的页岩气压裂主体技术。

随工厂化作业模式日趋成熟，页岩气水平井分段压裂技术得以广泛推广应用。页岩气水平井分段压裂也称为页岩气水平井体积压裂技术，在形成一条或多条主裂缝同时，通过多簇射孔、高排量、大液量、低黏液体及转向材料应用，实现对天然裂缝、岩石层理的沟通，并在主裂缝的侧向强制形成次生裂缝，并在次生裂缝上继续分枝形成次生裂缝。通过构建主裂缝与次生裂缝形成的复杂裂缝网络系统实现裂缝与基质接触面积最大化，实现储层在长、宽、高三维方向的全面改造，最终提高页岩气水平井单井产量。

页岩气水平井分段压裂关键参数包括压裂水平段长、单井压裂段数、压裂支撑剂量、压裂液量、平均段间距、簇间距、加砂强度、用液强度和排量等。本节对 Haynesville 深层页岩气藏水平井单井压裂段数、支撑剂量、压裂液量、平均段间距、加砂强度和用液强度进行了统计分析。其中，加砂强度和用液强度是指单位水平段长支撑剂和压裂液用量，反映了压裂规模，横向不同区块和井间具备可对比性。

4.1 压裂段数

单井压裂段数是页岩气水平井分段压裂的关键参数之一，通常根据页岩储层性质、水平段长、天然裂缝发育程度等优化设计单井压裂段数。同时，根据不同时期压裂技术和设备，单井压裂段数还存在差异。Haynesville 页岩气藏水平井压裂段数散点分布图显示（图4-1）单井压裂段数分布范围为1～107段，主体位于12～30段，不同年度单井压裂段数整体呈上升趋势。统计3246口页岩气水平井平均单井压裂23.6段，P25压裂段数为12段、P50压裂段数为15段、P75压裂段数为30段，M50单井压裂段数为16.4段。

图4-2给出了 Haynesville 页岩气藏水平井压裂段数统计分布图。统计分布显示单井

压裂段数 0～10 段统计气井 82 口，占比 2.5%；单井压裂段数 10～20 段统计气井 2009 口，占比 61.8%；单井压裂段数 20～30 段统计气井 305 口，占比 9.4%；单井压裂段数 30～40 段统计气井 343 口，占比 10.6%；单井压裂段数 40～50 段统计气井 149 口，占比 4.6%；单井压裂段数 50～60 段统计气井 83 口，占比 2.6%；单井压裂段数 60～70 段统计气井 159 口，占比 4.9%；单井压裂段数 70～80 段统计气井 60 口，占比 1.8%；单井压裂段数 80～90 段统计气井 41 口，占比 1.3%；单井压裂段数 90～100 段统计气井 12 口，占比 0.4%；单井压裂段数 100～110 段统计气井 3 口，占比 0.1%。

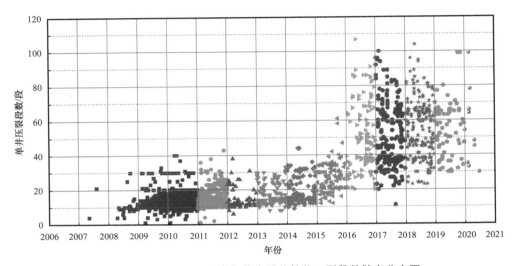

图 4-1　Haynesville 页岩气藏水平井单井压裂段数散点分布图

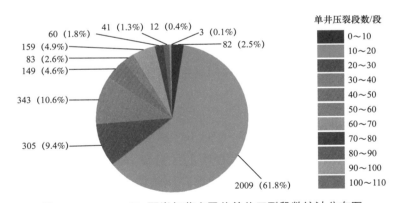

图 4-2　Haynesville 页岩气藏水平井单井压裂段数统计分布图

图 4-3 给出了 Haynesville 页岩气藏不同年度水平井单井压裂段数分布，统计分布显示 2011 年以前统计气井 1323 口，平均单井压裂段数 13.5 段、P25 单井压裂段数 11.0 段、P50 单井压裂段数 12.0 段、P75 单井压裂段数 15.0 段。2011 年统计气井 610 口，平均单井压裂段数 14.9 段、P25 单井压裂段数 11.0 段、P50 单井压裂段数 12.0 段、P75 单井压裂段数 17.0 段。2012 年统计气井 119 口，平均单井压裂段数 13.5 段、P25 单井压裂段

数 11.0 段、P50 单井压裂段数 11.0 段、P75 单井压裂段数 14.0 段。2013 年统计气井 152
口，平均单井压裂段数 17.1 段、P25 单井压裂段数 13.0 段、P50 单井压裂段数 14.0 段、
P75 单井压裂段数 22.5 段。2014 年统计气井 165 口，平均单井压裂段数 19.6 段、P25 单
井压裂段数 14.0 段、P50 单井压裂段数 15.0 段、P75 单井压裂段数 27.0 段。2015 年统计
气井 118 口，平均单井压裂段数 26.6 段、P25 单井压裂段数 21.0 段、P50 单井压裂段数
26.0 段、P75 单井压裂段数 32.0 段。2016 年统计气井 148 口，平均单井压裂段数 48.4 段、
P25 单井压裂段数 34.5 段、P50 单井压裂段数 45.5 段、P75 单井压裂段数 63.0 段。2017
年统计气井 268 口，平均单井压裂段数 49.7 段、P25 单井压裂段数 37.0 段、P50 单井压
裂段数 45.0 段、P75 单井压裂段数 63.0 段。2018 年统计气井 249 口，平均单井压裂段数
54.6 段、P25 单井压裂段数 41.0 段、P50 单井压裂段数 54.0 段、P75 单井压裂段数 66.0 段。
2019 年统计气井 84 口，平均单井压裂段数 52.5 段、P25 单井压裂段数 37.0 段、P50 单
井压裂段数 51.5 段、P75 单井压裂段数 65.0 段。2020 年统计气井 10 口，平均单井压裂
段数 55.2 段、P25 单井压裂段数 35.0 段、P50 单井压裂段数 51.0 段、P75 单井压裂段数
66.0 段。

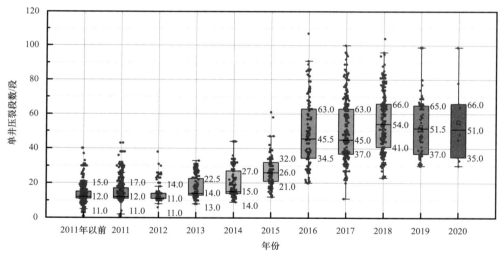

图 4-3　Haynesville 页岩气藏不同年度水平井单井压裂段数分布

4.1.1　中深层气井

将完钻垂深 3000～3500m 的中深层页岩气水平井单井压裂段数进行单独统计分析，
统计中深层气井共 518 口，单井压裂段数范围 1～100 段，平均单井压裂段数 25.4 段、
P25 单井压裂段数 12 段、P50 单井压裂段数 15 段、P75 单井压裂段数 31 段、M50 钻井周
期 16.9 段。

图 4-4 给出了 Haynesville 页岩气藏垂深 3000～3500m 中深层页岩气水平井单井压裂
段数学习曲线。统计曲线显示 2011 年以前统计气井 224 口，P25 单井压裂段数 11.0 段、

P50 单井压裂段数 13.0 段、P75 单井压裂段数 15.0 段；2011 年统计气井 80 口，P25 单井压裂段数 11.0 段、P50 单井压裂段数 12.0 段、P75 单井压裂段数 14.0 段；2012 年统计气井 12 口，P25 单井压裂段数 11.0 段、P50 单井压裂段数 14.0 段、P75 单井压裂段数 14.0 段；2013 年统计气井 26 口，P25 单井压裂段数 13.3 段、P50 单井压裂段数 15.5 段、P75 单井压裂段数 19.0 段；2014 年统计气井 28 口，P25 单井压裂段数 16.8 段、P50 单井压裂段数 25.5 段、P75 单井压裂段数 30.3 段；2015 年统计气井 16 口，P25 单井压裂段数 17.8 段、P50 单井压裂段数 28.5 段、P75 单井压裂段数 30.0 段；2016 年统计气井 17 口，P25 单井压裂段数 35.0 段、P50 单井压裂段数 45.0 段、P75 单井压裂段数 47.0 段；2017 年统计气井 46 口，P25 单井压裂段数 38.0 段、P50 单井压裂段数 58.0 段、P75 单井压裂段数 63.0 段；2018 年统计气井 51 口，P25 单井压裂段数 60.0 段、P50 单井压裂段数 65.0 段、P75 单井压裂段数 72.0 段；2019 年统计气井 18 口，P25 单井压裂段数 42.3 段、P50 单井压裂段数 63.0 段、P75 单井压裂段数 65.0 段。统计学习曲线显示中深层水平井单井压裂段数呈逐年增加趋势，主要是由于中深层气井完钻水平段长大幅增加导致单井压裂段数大幅增加。

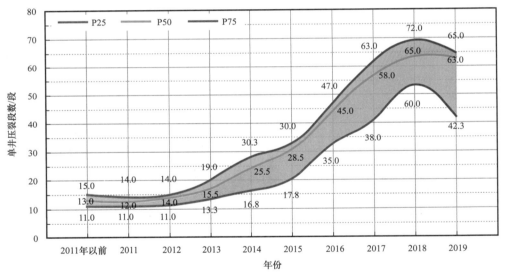

图 4-4　Haynesville 页岩气藏中深层页岩气水平井压裂段数学习曲线

4.1.2　深层气井

将完钻垂深 3500～4500m 深层页岩气水平井单井压裂段数进行单独统计分析，统计深层气井共 2675 口，单井压裂段数范围 1～107 段，平均单井压裂段数 22.9 段、P25 单井压裂段数 12.0 段、P50 单井压裂段数 14.0 段、P75 单井压裂段数 29.0 段、M50 钻井周期 16.0 段。

图 4-5 给出了 Haynesville 页岩气藏垂深 3500～4500m 深层页岩气水平井单井压裂段

数学习曲线。统计曲线显示 2011 年以前统计气井 1087 口，P25 单井压裂段数 11.0 段、P50 单井压裂段数 12.0 段、P75 单井压裂段数 15.0 段；2011 年统计气井 526 口，P25 单井压裂段数 11.0 段、P50 单井压裂段数 12.5 段、P75 单井压裂段数 17.0 段；2012 年统计气井 107 口，P25 单井压裂段数 11.0 段、P50 单井压裂段数 11.0 段、P75 单井压裂段数 14.0 段；2013 年统计气井 124 口，P25 单井压裂段数 13.0 段、P50 单井压裂段数 14.0 段、P75 单井压裂段数 23.0 段；2014 年统计气井 137 口，P25 单井压裂段数 14.0 段、P50 单井压裂段数 15.0 段、P75 单井压裂段数 22.0 段；2015 年统计气井 101 口，P25 单井压裂段数 17.8 段、P50 单井压裂段数 28.5 段、P75 单井压裂段数 30.0 段；2016 年统计气井 131 口，P25 单井压裂段数 21.0 段、P50 单井压裂段数 25.0 段、P75 单井压裂段数 33.0 段；2017 年统计气井 217 口，P25 单井压裂段数 37.0 段、P50 单井压裂段数 44.0 段、P75 单井压裂段数 64.0 段；2018 年统计气井 196 口，P25 单井压裂段数 38.0 段、P50 单井压裂段数 48.5 段、P75 单井压裂段数 64.0 段；2019 年统计气井 48 口，P25 单井压裂段数 37.0 段、P50 单井压裂段数 50.5 段、P75 单井压裂段数 64.3 段；2020 年统计气井 1 口，单井压裂段数 35.0 段。统计学习曲线显示深层水平井单井压裂段数呈逐年增加趋势，主要是由于深层气井完钻水平段长大幅增加导致单井压裂段数大幅增加。

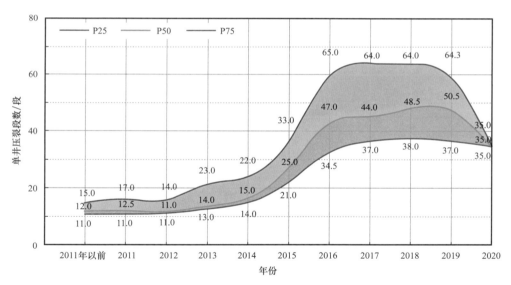

图 4-5　Haynesville 页岩气藏深层页岩气水平井压裂段数学习曲线

4.1.3　超深层气井

Haynesville 垂深超过 4500m 气井对应单井压裂段数统计井数为 15 口，图 4-6 给出了超深层页岩气水平井垂深与单井压裂段数分布图。统计超深层气井完钻垂深分布在 4501～5193m，单井压裂段数范围 12～37 段，平均单井压裂段数 25.3 段。超深层完钻气井相对较少，单井压裂段数不存在明显趋势，超深层页岩气资源依然处于探索阶段。

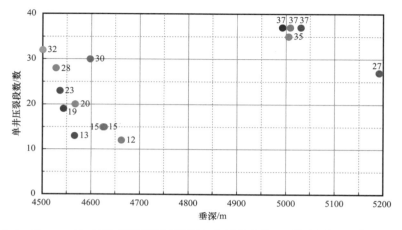

图 4-6 Haynesville 页岩气藏超深层页岩气水平井单井压裂段数随垂深变化分布图

4.1.4 小结

Haynesville 页岩气藏目前完钻气井以深层为主，其次为中深层，超深层依然处于探索试验阶段。图 4-7 给出了中深层与深层完钻页岩气水平井单井压裂段数分布及不同年度学习曲线。单井压裂段数频率分布图显示中深层气井和深层气井主体压裂段数分布在 10~20 段。除此之外，中深层气井在单井压裂段数 60~70 段频率明显高于深层气井。不同年度单井压裂段数学习曲线显示中深层气井 P50 单井压裂段数自 2016 年开始显著高于深层气井，主要是由于中深层气井完钻水平段长整体大于深层气井所致。

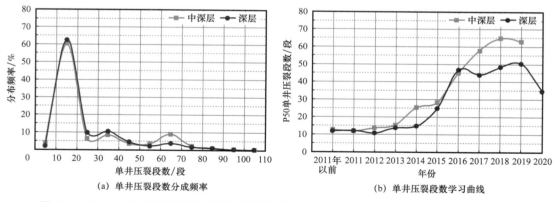

(a) 单井压裂段数分成频率   (b) 单井压裂段数学习曲线

图 4-7 Haynesville 页岩气藏中深层和深层页岩气水平井单井压裂段数分布及年度学习曲线

4.2 压裂液量

页岩气开发水力压裂原理是利用储层的天然或诱导裂缝系统，使用含有各种添加剂成分的压裂液在高压下注入地层，使储层裂缝网络扩大，并依靠支撑剂使裂缝在压裂液返回以后不会封闭，从而改善储层的裂缝网络系统，达到增产的目的。

压裂液是指由多种添加剂按一定配比形成的非均质不稳定的化学体系，是对油气层进行压裂改造时使用的工作液，它的主要作用是将地面设备形成的高压传递到地层中，使地层破裂形成裂缝并沿裂缝输送支撑剂。压裂液是一个总称，由于在压裂过程中，注入井内的压裂液在不同的阶段有各自的作用，按照压裂液体系主要作用可划分为前置液、携砂液和顶替液。前置液作用是破裂地层并造成一定几何尺寸的裂缝，同时还起到一定的降温作用。携砂液起到将支撑剂带入裂缝中并将砂子放在预定位置上的作用，压裂液中占比最大。携砂液和其他压裂液一样，都有造缝及冷却地层的作用。顶替液作用是将井筒中的携砂液全部替入到裂缝中。

页岩储层中含有黏土矿物，水敏性黏土矿物遇水溶解后会导致井壁发生坍塌事故，这是页岩储层钻井及压裂都面临的主要问题。因此，合理配置压裂液，选择添加剂成分及密度对页岩储层压裂至关重要，使用恰当性能的压裂液是提高页岩气井压裂经济效益的重要措施。页岩储层开发采用不同的压裂方式，压裂液配制成分各不相同。目前页岩气井水力压裂常用的压裂液类型有减阻水压裂液、纤维压裂液和滑溜水压裂液，以滑溜水压裂液为主。

滑溜水压裂液是指在清水中加入一定量支撑剂以及极少量的减阻剂、表面活性剂、黏土稳定剂等添加剂的一种压裂液，又叫作减阻水压裂液体。减阻水最早在 1950 年引入油气藏压裂措施中，随交联聚合物凝胶压裂液的出现很快被替代。1997 年，Mitchell 能源公司首次将滑溜水压裂液应用于 Barnett 页岩气井压裂作业中并取得了突破。此后，滑溜水压裂在北美压裂增产措施中得到了广泛应用。滑溜水压裂液中 98.0%～99.5% 是混砂水，添加剂一般占滑溜水总体积的 0.5%～2.0%，包括降阻剂、表面活性剂、阻垢剂、黏土稳定剂及杀菌剂等。随水平段长和分段压裂规模不断增加，页岩气水平井单井压裂液量由初期数千立方米增加至目前数万立方米。

图 4-8 给出了 Haynesville 页岩气藏水平井单井压裂液量散点分布，统计单井压裂液量范围 1030～211846m³。统计 Haynesville 页岩气藏不同年度单井压裂液量数据 2688口井，主体位于 80000m³ 以内。统计平均单井压裂液量 47950m³，P25 单井压裂液量20908m³、P50 单井压裂液量 34320m³、P75 单井压裂液量 67034m³、M50 单井压裂液量38463m³。受水平井分段压裂规模及完钻水平段长增加影响，单井压裂液量整体呈逐年增加趋势。

图 4-9 给出了 Haynesville 页岩气藏水平井单井压裂液量统计分布。2688 口水平井单井压裂液量统计结果显示单井压裂液量 0～20000m³ 的气井 623 口，占比 23.2%；单井压裂液量范围 20000～40000m³ 的气井 857 口，占比 31.9%；单井压裂液量范围40000～60000m³ 的气井 414 口，占比 15.4%；单井压裂液量范围 60000～80000m³ 的气井319 口，占比 11.9%；单井压裂液量范围 80000～100000m³ 的气井 208 口，占比 7.7%；单井压裂液量范围 100000～120000m³ 的气井 131 口，占比 4.9%；单井压裂液量范围120000～140000m³ 的气井 75 口，占比 2.8%；单井压裂液量范围 140000～160000m³ 的气

井 35 口，占比 1.3%；单井压裂液量范围 160000～180000m³ 的气井 20 口，占比 0.7%；单井压裂液量范围 180000～200000m³ 的气井 5 口，占比 0.2%；单井压裂液量范围 200000～220000m³ 的气井 1 口。单井压裂液量统计范围分布显示液量主体位于 80000m³ 以内。

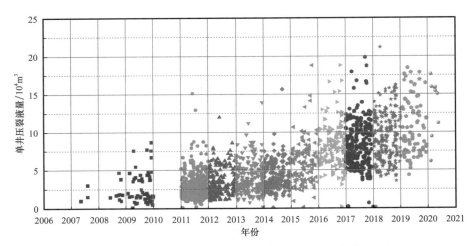

图 4-8　Haynesville 页岩气藏水平井单井压裂液量散点分布图

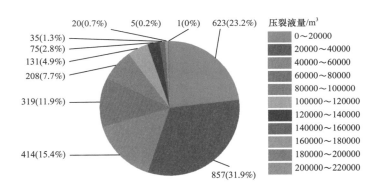

图 4-9　Haynesville 页岩气藏水平井单井压裂液量统计分布图

图 4-10 对 Haynesville 页岩气藏不同年度页岩气水平井单井压裂液量进行了分布统计。统计结果显示 2011 年以前统计气井 64 口，P25 单井压裂液量 $1.3 \times 10^4 m^3$、P50 单井压裂液量 $1.8 \times 10^4 m^3$、P75 单井压裂液量 $2.5 \times 10^4 m^3$；2011 年统计气井 683 口，P25 单井压裂液量 $1.7 \times 10^4 m^3$、P50 单井压裂液量 $2.1 \times 10^4 m^3$、P75 单井压裂液量 $2.7 \times 10^4 m^3$；2012 年统计气井 202 口，P25 单井压裂液量 $1.6 \times 10^4 m^3$、P50 单井压裂液量 $2.6 \times 10^4 m^3$、P75 单井压裂液量 $4.1 \times 10^4 m^3$；2013 年统计气井 218 口，P25 单井压裂液量 $2.3 \times 10^4 m^3$、P50 单井压裂液量 $3.2 \times 10^4 m^3$、P75 单井压裂液量 $5.2 \times 10^4 m^3$；2014 年统计气井 231 口，P25 单井压裂液量 $2.7 \times 10^4 m^3$、P50 单井压裂液量 $3.3 \times 10^4 m^3$、P75 单井压裂液量 $5.2 \times 10^4 m^3$；2015 年统计气井 129 口，P25 单井压裂液量 $3.8 \times 10^4 m^3$、P50 单井压裂液量 $5.9 \times 10^4 m^3$、

P75 单井压裂液量 7.4×10⁴m³；2016 年统计气井 164 口，P25 单井压裂液量 6.1×10⁴m³、
P50 单井压裂液量 7.9×10⁴m³、P75 单井压裂液量 9.3×10⁴m³；2017 年统计气井 263
口，P25 单井压裂液量 5.9×10⁴m³、P50 单井压裂液量 7.8×10⁴m³、P75 单井压裂液量
10.1×10⁴m³；2018 年统计气井 233 口，P25 单井压裂液量 6.4×10⁴m³、P50 单井压裂液量
8.7×10⁴m³、P75 单井压裂液量 11.3×10⁴m³；2019 年统计气井 95 口，P25 单井压裂液量
7.5×10⁴m³、P50 单井压裂液量 9.6×10⁴m³、P75 单井压裂液量 13.4×10⁴m³；2020 年统计
气井 9 口，P25 单井压裂液量 11.2×10⁴m³、P50 单井压裂液量 15.4×10⁴m³、P75 单井压裂
液量 15.9×10⁴m³。单井压裂液量呈逐年上升趋势。

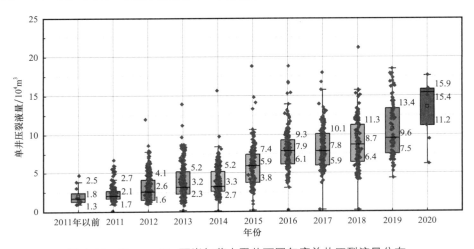

图 4-10　Haynesville 页岩气藏水平井不同年度单井压裂液量分布

4.2.1　中深层气井

将完钻垂深 3000～3500m 的中深层页岩气水平井单井压裂液量进行单独统计分
析，统计中深层气井共 666 口，单井压裂液量范围 1030～188104m³，平均单井压裂液量
58858m³，P25 单井压裂液量 25388m³、P50 单井压裂液量 46543m³、P75 单井压裂液量
83858m³、M50 单井压裂液量 48676m³。

图 4-11 给出了 Haynesville 页岩气藏不同年度中深层页岩气水平井单井压裂液量学习
曲线，学习曲线显示 2011 年以前统计气井 85 口，P25 单井压裂液量 1.3×10⁴m³、P50 单
井压裂液量 1.8×10⁴m³、P75 单井压裂液量 3.9×10⁴m³；2011 年统计气井 110 口，P25 单井
压裂液量 1.7×10⁴m³、P50 单井压裂液量 2.2×10⁴m³、P75 单井压裂液量 3.0×10⁴m³；2012
年统计气井 77 口，P25 单井压裂液量 1.6×10⁴m³、P50 单井压裂液量 2.6×10⁴m³、P75 单
井压裂液量 4.1×10⁴m³；2013 年统计气井 87 口，P25 单井压裂液量 2.3×10⁴m³、P50 单井
压裂液量 3.2×10⁴m³、P75 单井压裂液量 5.2×10⁴m³；2014 年统计气井 84 口，P25 单井压
裂液量 2.7×10⁴m³、P50 单井压裂液量 3.4×10⁴m³、P75 单井压裂液量 5.1×10⁴m³；2015 年
统计气井 25 口，P25 单井压裂液量 3.8×10⁴m³、P50 单井压裂液量 5.9×10⁴m³、P75 单井

压裂液量 $7.4 \times 10^4 m^3$；2016 年统计气井 15 口，P25 单井压裂液量 $6.1 \times 10^4 m^3$、P50 单井压裂液量 $7.9 \times 10^4 m^3$、P75 单井压裂液量 $9.3 \times 10^4 m^3$；2017 年统计气井 61 口，P25 单井压裂液量 $6.0 \times 10^4 m^3$、P50 单井压裂液量 $8.0 \times 10^4 m^3$、P75 单井压裂液量 $10.3 \times 10^4 m^3$；2018 年统计气井 77 口，P25 单井压裂液量 $6.5 \times 10^4 m^3$、P50 单井压裂液量 $8.9 \times 10^4 m^3$、P75 单井压裂液量 $11.8 \times 10^4 m^3$；2019 年统计气井 37 口，P25 单井压裂液量 $7.6 \times 10^4 m^3$、P50 单井压裂液量 $9.5 \times 10^4 m^3$、P75 单井压裂液量 $13.2 \times 10^4 m^3$；2020 年统计气井 8 口，P25 单井压裂液量 $11.2 \times 10^4 m^3$、P50 单井压裂液量 $15.4 \times 10^4 m^3$、P75 单井压裂液量 $15.9 \times 10^4 m^3$。不同年度 P50 单井压裂液量统计显示中深层气井压裂液量呈逐年上升趋势，年度增幅范围 $6.8\% \sim 55.5\%$，平均年度增幅为 25.0%。

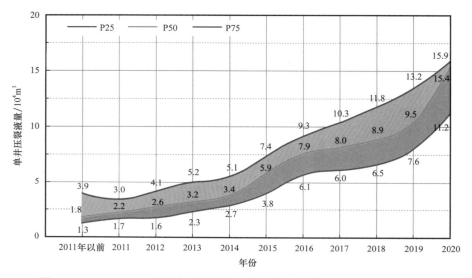

图 4-11 Haynesville 页岩气藏中深层页岩气水平井单井压裂液量学习曲线

将 Haynesville 页岩气藏中深层页岩气水平井单井压裂液量按照气井许可时间排序，统计单井压裂液量随井数变化趋势，即单井压裂液量随井数变化学习曲线。以每 100 口页岩气水平井为一个统计单位，统计单井压裂液量均值、P50 值和 M50 值。图 4-12 给出了 Haynesville 页岩气藏中深层页岩气水平井单井压裂液量井数学习曲线，单井压裂液量统计均值、P50 值和 M50 值基本重合，整体数据变化呈指数式规律。利用指数规律进行曲线拟合，拟合系数高达 0.99。统计结果显示 Haynesville 页岩气藏中深层页岩气水平井单井压裂液量随井数呈指数式增长趋势，每百口气井对应单井压裂液量相对增幅范围 $2.5\% \sim 66.0\%$，平均百口气井对应单井压裂液量相对增幅为 38.8%。

4.2.2 深层气井

将完钻垂深 $3500 \sim 4500m$ 深层页岩气水平井单井压裂液量进行单独统计分析，统计深层气井共 1974 口，单井压裂段数范围 $1030 \sim 211846 m^3$，平均单井压裂液量 $44114 m^3$、

P25 单井压裂液量 19647m³、P50 单井压裂液量 30829m³、P75 单井压裂液量 61772m³、M50 单井压裂液量 34938m³。

图 4-13 给出了 Haynesville 页岩气藏不同年度深层页岩气水平井单井压裂液量学习曲线，学习曲线显示 2011 年以前统计气井 373 口，P25 单井压裂液量 $1.8 \times 10^4 m^3$、P50 单井压裂液量 $2.2 \times 10^4 m^3$、P75 单井压裂液量 $2.8 \times 10^4 m^3$；2011 年统计气井 564 口，P25 单井压裂液量 $1.7 \times 10^4 m^3$、P50 单井压裂液量 $2.2 \times 10^4 m^3$、P75 单井压裂液量 $3.0 \times 10^4 m^3$；2012 年统计气井 125 口，P25 单井压裂液量 $1.3 \times 10^4 m^3$、P50 单井压裂液量 $2.1 \times 10^4 m^3$、P75 单井压裂液量 $3.7 \times 10^4 m^3$；2013 年统计气井 129 口，P25 单井压裂液量 $1.6 \times 10^4 m^3$、P50 单井压裂液量 $2.8 \times 10^4 m^3$、P75 单井压裂液量 $4.1 \times 10^4 m^3$；2014 年统计气井 146 口，P25 单井压裂液量 $2.3 \times 10^4 m^3$、P50 单井压裂液量 $3.1 \times 10^4 m^3$、P75 单井压裂液量

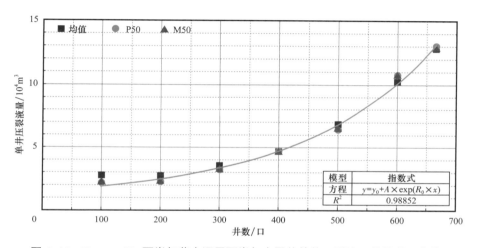

图 4-12 Haynesville 页岩气藏中深层页岩气水平井单井压裂液量井数学习曲线

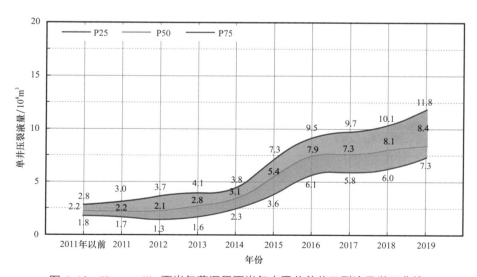

图 4-13 Haynesville 页岩气藏深层页岩气水平井单井压裂液量学习曲线

$3.8 \times 10^4 m^3$；2015 年统计气井 102 口，P25 单井压裂液量 $3.6 \times 10^4 m^3$、P50 单井压裂液量 $5.4 \times 10^4 m^3$、P75 单井压裂液量 $7.3 \times 10^4 m^3$；2016 年统计气井 146 口，P25 单井压裂液量 $6.1 \times 10^4 m^3$、P50 单井压裂液量 $7.9 \times 10^4 m^3$、P75 单井压裂液量 $9.5 \times 10^4 m^3$；2017 年统计气井 193 口，P25 单井压裂液量 $5.8 \times 10^4 m^3$、P50 单井压裂液量 $7.3 \times 10^4 m^3$、P75 单井压裂液量 $9.7 \times 10^4 m^3$；2018 年统计气井 142 口，P25 单井压裂液量 $6.0 \times 10^4 m^3$、P50 单井压裂液量 $8.1 \times 10^4 m^3$、P75 单井压裂液量 $10.1 \times 10^4 m^3$；2019 年统计气井 54 口，P25 单井压裂液量 $7.3 \times 10^4 m^3$、P50 单井压裂液量 $8.4 \times 10^4 m^3$、P75 单井压裂液量 $11.8 \times 10^4 m^3$。不同年度 P50 单井压裂液量统计显示深层气井压裂液量呈逐年上升趋势，平均年度增幅为 20.9%。

将 Haynesville 页岩气藏深层页岩气水平井单井压裂液量按照气井许可时间排序，统计单井压裂液量随井数变化趋势，即单井压裂液量随井数变化学习曲线。以每 100 口页岩气水平井为一个统计单位，统计单井压裂液量均值、P50 值和 M50 值。图 4-14 给出了 Haynesville 页岩气藏深层页岩气水平井单井压裂液量井数学习曲线，单井压裂液量统计均值、P50 值和 M50 值基本重合，整体数据变化呈两段式规律。井数低于 1200 口时，单井压裂液量统计结果稳定在 21000～25000m³。井数为 1200～1600 口时，单井压裂液量迎来迅速增长阶段，单井压裂液量快速上升至 70000m³ 以上。井数为 1600～1800 口时，单井压裂液量再次迎来稳定阶段，单井压裂液量稳定在 70000m³ 以上。井数超过 1800 口时，单井压裂液量超过 80000m³。结合深层页岩气水平井单井压裂液量时间学习曲线可知，2019 年单井压裂液量稳定在 80000m³ 以上，也代表了目前 Haynesville 页岩气藏深层页岩气水平井的典型单井压裂液用量。

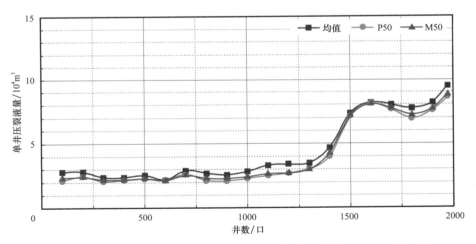

图 4-14　Haynesville 页岩气藏深层页岩气水平井单井压裂液量井数学习曲线

4.2.3　超深层气井

Haynesville 垂深超过 4500m 气井对应单井压裂液量统计井数为 27 口，图 4-15 给出了超深层页岩气水平井垂深与单井压裂液量分布图。统计超深层气井完钻垂深分布为

4501～5193m，单井压裂液量范围为 8810～93965m³，平均单井压裂液量为 52728m³。超深层完钻气井相对较少，单井压裂液量不存在明显趋势，超深层页岩气资源依然处于探索阶段。

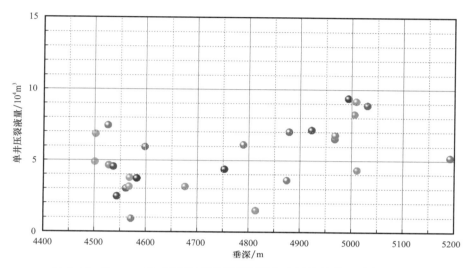

图 4-15　Haynesville 页岩气藏超深层页岩气水平井单井压裂液量分布

4.2.4　小结

Haynesville 页岩气藏目前完钻气井以深层为主，其次为中深层，超深层依然处于探索试验阶段。图 4-16 给出了中深层与深层完钻页岩气水平井单井压裂液量分布及学习曲线。单井压裂液量频率分布图显示中深层气井和深层气井主体压裂液量分布在 80000m³ 以内。除此之外，中深层气井在单井压裂液量为 10000～20000m³ 的频率明显高于深层气井。不同年度单井压裂液量学习曲线显示中深层气井 P50 单井压裂液量总体高于深层气井，主要是由于中深层气井完钻水平段长整体大于深层气井所致。

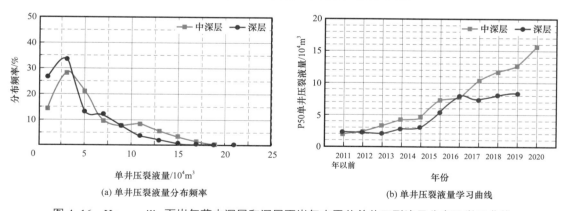

(a) 单井压裂液量分布频率　　　　　　　(b) 单井压裂液量学习曲线

图 4-16　Haynesville 页岩气藏中深层和深层页岩气水平井单井压裂液量分布及学习曲线

4.3 支撑剂量

支撑剂是指具有一定粒度和级配的天然砂或人造高强陶瓷颗粒，用于保持压裂后裂缝的开启状态，从而保持裂缝网络的导流能力，为页岩油气产出提供流动通道。页岩气水平井分段压裂施工中需要将大量支撑剂注入页岩储层实现裂缝支撑作用。单井支撑剂量受页岩储层物性、水平段长、压裂施工规模、压裂液携砂能力等多种因素影响。

对于滑溜水压裂液，通常采用小直径（40/70 目）支撑剂，对于天然裂缝发育的页岩地层需考虑更小粒径（100 目）支撑剂。这是因为在滑溜水中支撑剂的传送性能较差，采用小直径会在一定程度上改善悬浮性能，同时也能得到较高的裂缝导流能力。诱导裂缝中很大一部分得不到支撑，但由于页岩岩石脆性破碎、地层滑移和支撑剂的桥堵嵌入作用，裂缝体系内仍会形成"无限"导流区，这即是国外学者提出的"无支撑"裂缝导流能力。在早期减阻水压裂中，一些页岩气井实施不加砂压裂同样获得了很好的生产效果，因此对于压裂时是否必须加支撑剂，目前业界尚存在争议。但更普遍的认识是，加砂能提高地层导流能力，有助于提高增产效果。

图 4-17 给出了 Haynesville 页岩气藏水平井单井压裂支撑剂量散点分布，统计单井压裂支撑剂量范围 125～26906t。统计 Haynesville 页岩气藏不同年度单井压裂支撑剂量数据 2572 口井，其中包括中深层气井 654 口、深层气井 1872 口、超深层气井 26 口，单井压裂支撑剂量主体位于 10000t 以内，统计气井累计占比高达 81.3%。统计平均单井压裂支撑剂量 5991t，P25 单井压裂支撑剂量 2763t、P50 单井压裂支撑剂量 4217t、P75 单井压裂支撑剂量 8173t、M50 单井压裂支撑剂量 4657t。受水平井分段压裂规模及完钻水平段长增加影响，单井压裂支撑剂量整体呈逐年增加趋势。

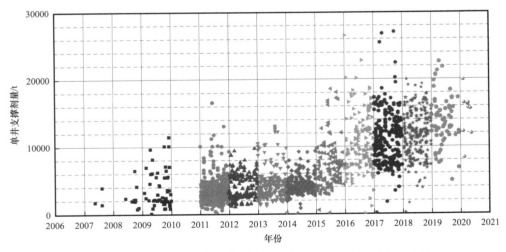

图 4-17　Haynesville 页岩气藏水平井单井压裂支撑剂量散点分布图

图 4-18 给出了 Haynesville 页岩气藏水平井单井压裂支撑剂量统计分布。2572 口页岩气水平井单井压裂支撑剂量统计结果显示单井压裂支撑剂量 0～2500t 的气井 483 口，占比 18.7%；单井压裂支撑剂量范围 2500～5000t 的气井 1005 口，占比 39.0%；单井压裂支撑剂量范围 5000～7500t 的气井 368 口，占比 14.3%；单井压裂支撑剂量范围 7500～10000t 的气井 234 口，占比 9.1%；单井压裂支撑剂量范围 10000～12500t 的气井 202 口，占比 7.9%；单井压裂支撑剂量范围 12500～15000t 的气井 132 口，占比 5.1%；单井压裂支撑剂量范围 15000～17500t 的气井 112 口，占比 4.4%；单井压裂支撑剂量范围 17500～20000t 的气井 22 口，占比 0.9%；单井压裂支撑剂量范围 20000～22500t 的气井 8 口，占比 0.3%；单井压裂支撑剂量范围 22500～25000t 的气井 2 口，占比 0.1%；单井压裂支撑剂量范围 25000～27500t 的气井 4 口，占比 0.2%。单井压裂支撑剂量统计范围分布显示支撑剂量主体位于 10000t 以内。

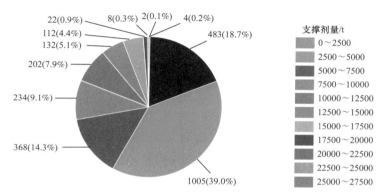

图 4-18　Haynesville 页岩气藏水平井单井压裂支撑剂量统计分布图

图 4-19 对 Haynesville 页岩气藏不同年度页岩气水平井单井压裂支撑剂量进行了分布统计。统计结果显示 2011 年以前统计气井 62 口，P25 单井压裂支撑剂量 2000t、P50 单井压裂支撑剂量 2497t、P75 单井压裂支撑剂量 5573t；2011 年统计气井 629 口，P25 单井压裂支撑剂量 2194t、P50 单井压裂支撑剂量 2865t、P75 单井压裂支撑剂量 3897t；2012 年统计气井 202 口，P25 单井压裂支撑剂量 1927t、P50 单井压裂支撑剂量 2868t、P75 单井压裂支撑剂量 5459t；2013 年统计气井 218 口，P25 单井压裂支撑剂量 2651t、P50 单井压裂支撑剂量 3579t、P75 单井压裂支撑剂量 4998t；2014 年统计气井 230 口，P25 单井压裂支撑剂量 3438t、P50 单井压裂支撑剂量 3795t、P75 单井压裂支撑剂量 4764t；2015 年统计气井 126 口，P25 单井压裂支撑剂量 4908t、P50 单井压裂支撑剂量 6690t、P75 单井压裂支撑剂量 9070t；2016 年统计气井 149 口，P25 单井压裂支撑剂量 7321t、P50 单井压裂支撑剂量 9500t、P75 单井压裂支撑剂量 12577t；2017 年统计气井 262 口，P25 单井压裂支撑剂量 7850t、P50 单井压裂支撑剂量 10563t、P75 单井压裂支撑剂量 13273t；2018 年统计气井 232 口，P25 单井压裂支撑剂量 9021t、P50 单井压裂支撑剂量 11746t、P75 单井压裂支撑剂量 14243t；2019 年统计气井 69 口，P25 单井压裂支撑剂量 11628t、P50 单

井压裂支撑剂量 13546t、P75 单井压裂支撑剂量 15834t；2020 年统计气井 9 口，P25 单井压裂支撑剂量 12162t、P50 单井压裂支撑剂量 15687t、P75 单井压裂支撑剂量 16356t。

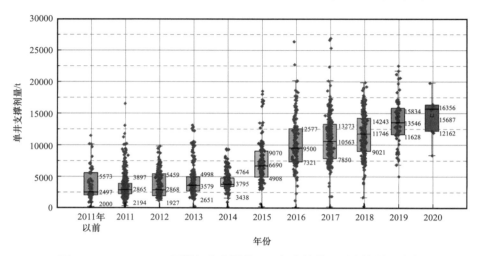

图 4-19　Haynesville 页岩气藏水平井不同年度单井压裂支撑剂量分布

4.3.1　中深层气井

将完钻垂深为 3000～3500m 的中深层页岩气水平井单井压裂支撑剂量进行单独统计分析，统计中深层气井共 654 口，单井压裂支撑剂量范围 151～25237t，平均单井压裂支撑剂量 6973t、P25 单井压裂支撑剂量 3203t、P50 单井压裂支撑剂量 4995t、P75 单井压裂支撑剂量 10265t、M50 单井压裂支撑剂量 5427t。

图 4-20 给出了 Haynesville 页岩气藏不同年度中深层页岩气水平井单井压裂支撑剂量学习曲线，学习曲线显示 2011 年以前统计气井 81 口，P25 单井压裂支撑剂量 2487t、P50 单井压裂支撑剂量 3284t、P75 单井压裂支撑剂量 4319t；2011 年统计气井 107 口，P25 单井压裂支撑剂量 2365t、P50 单井压裂支撑剂量 2935t、P75 单井压裂支撑剂量 3924t；2012 年统计气井 77 口，P25 单井压裂支撑剂量 3204t、P50 单井压裂支撑剂量 5507t、P75 单井压裂支撑剂量 6413t；2013 年统计气井 87 口，P25 单井压裂支撑剂量 3080t、P50 单井压裂支撑剂量 4225t、P75 单井压裂支撑剂量 5016t；2014 年统计气井 83 口，P25 单井压裂支撑剂量 3639t、P50 单井压裂支撑剂量 4543t、P75 单井压裂支撑剂量 5433t；2015 年统计气井 25 口，P25 单井压裂支撑剂量 4992t、P50 单井压裂支撑剂量 7375t、P75 单井压裂支撑剂量 10183t；2016 年统计气井 15 口，P25 单井压裂支撑剂量 8763t、P50 单井压裂支撑剂量 12153t、P75 单井压裂支撑剂量 14963t；2017 年统计气井 61 口，P25 单井压裂支撑剂量 10330t、P50 单井压裂支撑剂量 12582t、P75 单井压裂支撑剂量 15060t；2018 年统计气井 77 口，P25 单井压裂支撑剂量 11664t、P50 单井压裂支撑剂量 14055t、P75 单井压裂支撑剂量 16238t；2019 年统计气井 33 口，P25 单井压裂支撑剂量 12682t、P50 单井压裂支撑剂量 14397t、P75 单井压裂支撑剂量 16826t；2020 年统计气井 8 口，P25 单井

压裂支撑剂量 14634t、P50 单井压裂支撑剂量 15931t、P75 单井压裂支撑剂量 16367t。不同年度 P50 单井压裂支撑剂量统计显示中深层气井压裂支撑剂量呈逐年上升趋势，平均年度增幅为 25.3%。

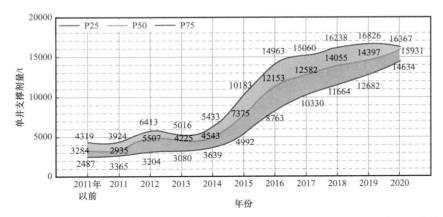

图 4-20　Haynesville 页岩气藏中深层页岩气水平井单井压裂支撑剂量年度学习曲线

将 Haynesville 页岩气藏中深层页岩气水平井单井压裂支撑剂量按照气井许可时间排序，统计单井压裂支撑剂量随井数变化趋势，即单井压裂支撑剂量随井数变化学习曲线。以每 100 口页岩气水平井为一个统计单位，统计单井压裂支撑剂量均值、P50 值和 M50 值。图 4-21 给出了 Haynesville 页岩气藏中深层页岩气水平井单井压裂支撑剂量井数学习曲线，单井压裂支撑剂量统计均值、P50 值和 M50 值基本重合，整体数据变化呈指数式规律。利用指数规律进行曲线拟合，拟合系数高达 0.97。统计结果显示 Haynesville 页岩气藏中深层页岩气水平井单井压裂支撑剂量随井数呈指数式增长趋势，每百口气井对应单井压裂支撑剂量相对增幅范围 0.9%～76.0%，平均百口气井对应单井压裂支撑剂量相对增幅为 33.3%。

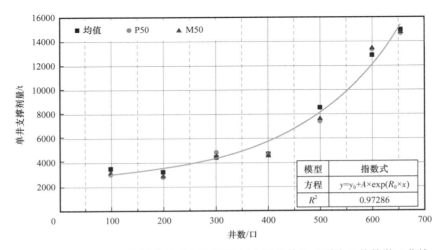

图 4-21　Haynesville 页岩气藏中深层页岩气水平井单井压裂液量井数学习曲线

4.3.2 深层气井

将完钻垂深 3500～4500m 深层页岩气水平井单井压裂支撑剂量进行单独统计分析，统计深层气井共 1872 口，单井压裂支撑剂量范围 125～26906t，平均单井压裂支撑剂量 5603t、P25 单井压裂支撑剂量 2671t、P50 单井压裂支撑剂量 3837t、P75 单井压裂支撑剂量 7639t、M50 单井压裂支撑剂量 4346t。

图 4-22 给出了 Haynesville 页岩气藏不同年度深层页岩气水平井单井压裂支撑剂量学习曲线，学习曲线显示 2011 年以前统计气井 363 口，P25 单井压裂支撑剂量 2470t、P50 单井压裂支撑剂量 2951t、P75 单井压裂支撑剂量 4130t；2011 年统计气井 513 口，P25 单井压裂支撑剂量 2174t、P50 单井压裂支撑剂量 2854t、P75 单井压裂支撑剂量 3889t；2012 年统计气井 125 口，P25 单井压裂支撑剂量 1635t、P50 单井压裂支撑剂量 2499t、P75 单井压裂支撑剂量 3017t；2013 年统计气井 129 口，P25 单井压裂支撑剂量 2215t、P50 单井压裂支撑剂量 3280t、P75 单井压裂支撑剂量 4623t；2014 年统计气井 146 口，P25 单井压裂支撑剂量 3381t、P50 单井压裂支撑剂量 3617t、P75 单井压裂支撑剂量 4216t；2015 年统计气井 99 口，P25 单井压裂支撑剂量 4762t、P50 单井压裂支撑剂量 6498t、P75 单井压裂支撑剂量 8697t；2016 年统计气井 131 口，P25 单井压裂支撑剂量 7322t、P50 单井压裂支撑剂量 9473t、P75 单井压裂支撑剂量 12427t；2017 年统计气井 192 口，P25 单井压裂支撑剂量 7570t、P50 单井压裂支撑剂量 10011t、P75 单井压裂支撑剂量 12569t；2018 年统计气井 141 口，P25 单井压裂支撑剂量 8515t、P50 单井压裂支撑剂量 10620t、P75 单井压裂支撑剂量 12453t；2019 年统计气井 33 口，P25 单井压裂支撑剂量 10720t、P50 单井压裂支撑剂量 12781t、P75 单井压裂支撑剂量 15234t。不同年度 P50 单井压裂支撑剂量统计显示深层气井压裂支撑剂量呈逐年上升趋势，平均年度增幅为 23.3%。

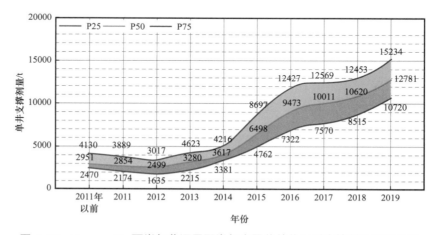

图 4-22　Haynesville 页岩气藏深层页岩气水平井单井压裂支撑剂量学习曲线

将 Haynesville 页岩气藏深层页岩气水平井单井压裂支撑剂量按照气井许可时间排序，统计单井压裂支撑剂量随井数变化趋势，即单井压裂支撑剂量随井数变化学习曲线。以每 100 口页岩气水平井为一个统计单位，统计单井压裂支撑剂量均值、P50 值和 M50 值。图 4-23 给出了 Haynesville 页岩气藏深层页岩气水平井单井压裂支撑剂量井数学习曲线，单井压裂支撑剂量统计均值、P50 值和 M50 值基本重合，整体数据变化呈指数式规律。利用指数规律进行曲线拟合，拟合系数高达 0.87。统计结果显示 Haynesville 页岩气藏深层页岩气水平井单井压裂支撑剂量随井数呈指数式增长趋势，平均百口气井对应单井压裂支撑剂量相对增幅为 9.5%。

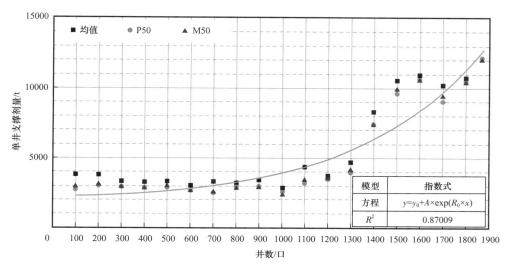

图 4-23　Haynesville 页岩气藏深层页岩气水平井单井压裂液量井数学习曲线

4.3.3　超深层气井

Haynesville 垂深超过 4500m 气井对应单井压裂支撑剂量统计井数为 26 口，图 4-24 给出了超深层页岩气水平井垂深与单井压裂支撑剂量分布图。统计超深层气井完钻垂深分布在 4501～5193m，单井压裂支撑剂量范围 1979～12195t，平均单井压裂支撑剂量 6664t。超深层完钻气井相对较少，单井压裂支撑剂量不存在明显趋势，超深层页岩气资源依然处于探索阶段。

4.3.4　小结

Haynesville 页岩气藏目前完钻气井以深层为主，其次为中深层，超深层依然处于探索试验阶段。图 4-25 给出了中深层与深层完钻页岩气水平井单井压裂支撑剂量分布及学习曲线。单井压裂支撑剂量频率分布图显示中深层气井和深层气井主体压裂支撑剂量分布在 10000t 以内。除此之外，中深层气井在单井压裂支撑剂量为 12500～17500t 频率明显高于深层气井。不同年度单井压裂支撑剂量学习曲线显示中深层气井 P50 单井压裂支撑剂量总体高于深层气井，主要是由于中深层气井完钻水平段长整体大于深层气井所致。

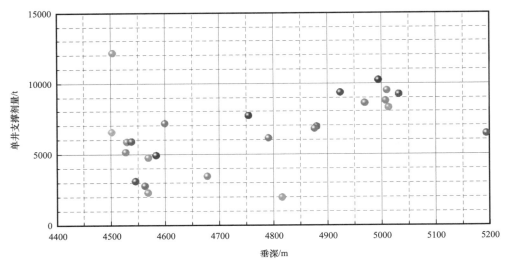

图 4-24 Haynesville 页岩气藏超深层页岩气水平井单井压裂液量分布

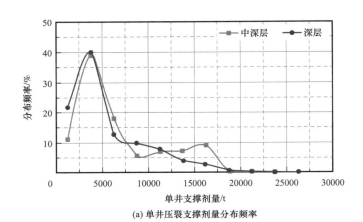

(a) 单井压裂支撑剂量分布频率

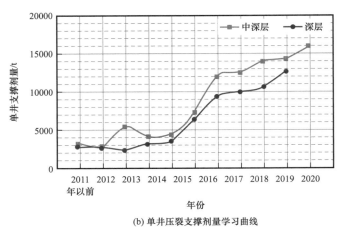

(b) 单井压裂支撑剂量学习曲线

图 4-25 Haynesville 页岩气藏中深层和深层页岩气水平井单井压裂支撑剂量分布及学习曲线

4.4　平均段间距

平均段间距是指页岩气水平井分段压裂过程中相邻段间的平均间距。页岩气水平井分段压裂能够根据页岩储层性质及施工条件构建多条相互独立的人工裂缝改善渗流条件，进而提高页岩气水平井产能。平均段间距主要受页岩储层物性和压裂施工条件影响，也直接影响气井产能及压裂成本。平均段间距为页岩气水平井分段压裂关键参数之一，该参数可供不同区块或井间进行横向对比。

图 4-26 给出了 Haynesville 页岩气藏水平井单井压裂段间距散点分布，统计单井压裂段间距范围 18.9～352.5m。统计 Haynesville 页岩气藏不同年度单井压裂段间距数据 3238 口井，其中包括中深层气井 516 口、深层气井 2673 口、超深层气井 14 口，单井压裂段间距主体位于 140m 以内，统计气井累计占比高达 97.3%。统计平均单井压裂段间距 89.6m，P25 单井压裂段间距 59.5m、P50 单井压裂段间距 95.2m、P75 单井压裂段间距 115.5m、M50 单井压裂段间距 92.4m。受北美页岩油气水平井分段压裂技术发展趋势影响，单井压裂段间距整体呈逐年减小趋势。

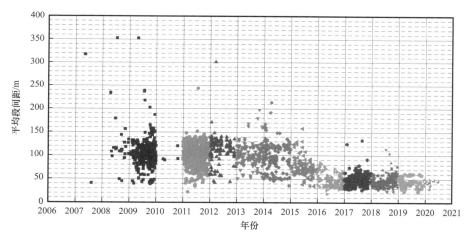

图 4-26　Haynesville 页岩气藏水平井单井压裂段间距散点分布图

图 4-27 给出了 Haynesville 页岩气藏水平井单井压裂段间距统计分布。3238 口页岩气水平井单井压裂段间距统计结果显示单井压裂段间距 0～20m 的气井 1 口；单井压裂段间距范围 20～40m 的气井 291 口，占比 9%；单井压裂段间距范围 40～60m 的气井 533 口，占比 16.5%；单井压裂段间距范围 60～80m 的气井 361 口，占比 11.1%；单井压裂段间距范围 80～100m 的气井 642 口，占比 19.8%；单井压裂段间距范围 100～120m 的气井 814 口，占比 25.2%；单井压裂段间距范围 120～140m 的气井 510 口，占比 15.8%；单井压裂段间距范围 140～160m 的气井 50 口，占比 1.5%；单井压裂段间距范围 160～180m 的气井 16 口，占比 0.5%；单井压裂段间距范围 180～200m 的气井 6 口，

占比 0.2%；单井压裂段间距范围超过 200m 的气井 14 口，占比 0.4%。

图 4-28 对 Haynesville 页岩气藏不同年度页岩气水平井单井压裂段间距进行了分布统计。统计结果显示 2011 年以前统计气井 368 口，P25 单井压裂段间距 91m、P50 单井压裂段间距 103m、P75 单井压裂段间距 119m；2011 年统计气井 607 口，P25 单井压裂段间距 88m、P50 单井压裂段间距 108m、P75 单井压裂段间距 120m；2012 年统计气井 119 口，P25 单井压裂段间距 103m、P50 单井压裂段间距 121m、P75 单井压裂段间距 131m；2013 年统计气井 152 口，P25 单井压裂段间距 84m、P50 单井压裂段间距 101m、P75 单井压裂段间距 118m；2014 年统计气井 165 口，P25 单井压裂段间距 66m、P50 单井压裂段间距 94m、P75 单井压裂段间距 119m；2015 年统计气井 118 口，P25 单井压裂段间距 64m、P50 单井压裂段间距 71m、P75 单井压裂段间距 83m；2016 年统计气井 148 口，P25 单井压裂段间距 37m、P50 单井压裂段间距 46m、P75 单井压裂段间距 53m；2017 年统计气井 267 口，P25 单井压裂段间距 38m、P50 单井压裂段间距 45m、P75 单井压裂段间距 55m；

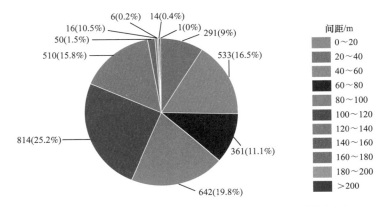

图 4-27　Haynesville 页岩气藏水平井单井压裂段间距统计分布图

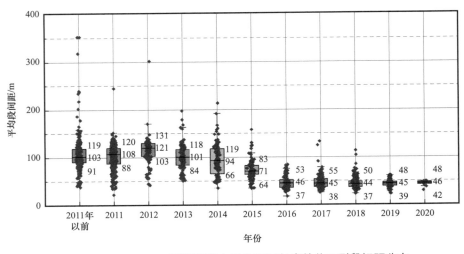

图 4-28　Haynesville 页岩气藏水平井不同年度单井压裂段间距分布

2018 年统计气井 249 口，P25 单井压裂段间距 37m、P50 单井压裂段间距 44m、P75 单井压裂段间距 50m；2019 年统计气井 83 口，P25 单井压裂段间距 39m、P50 单井压裂段间距 45m、P75 单井压裂段间距 48m；2020 年统计气井 10 口，P25 单井压裂段间距 42m、P50 单井压裂段间距 46m、P75 单井压裂段间距 48m。

4.4.1　中深层气井

将完钻垂深 3000～3500m 的中深层页岩气水平井单井压裂平均段间距进行单独统计分析，统计中深层气井共 516 口，单井压裂平均段间距范围 24.3～352.5m，平均单井压裂段间距 92m、P25 单井压裂平均段间距 54.4m、P50 单井压裂平均段间距 98.6m、P75 单井压裂平均段间距 117.2m、M50 单井压裂平均段间距 95.0m。

图 4-29 给出了 Haynesville 页岩气藏不同年度中深层页岩气水平井单井压裂平均段间距学习曲线，学习曲线显示 2011 年以前统计气井 222 口，P25 单井压裂平均段间距 97m、P50 单井压裂平均段间距 108m、P75 单井压裂平均段间距 121m；2011 年统计气井 80 口，P25 单井压裂平均段间距 103m、P50 单井压裂平均段间距 114m、P75 单井压裂平均段间距 124m；2012 年统计气井 12 口，P25 单井压裂平均段间距 102m、P50 单井压裂平均段间距 106m、P75 单井压裂平均段间距 116m；2013 年统计气井 26 口，P25 单井压裂平均段间距 94m、P50 单井压裂平均段间距 102m、P75 单井压裂平均段间距 113m；2014 年统计气井 28 口，P25 单井压裂平均段间距 52m、P50 单井压裂平均段间距 78m、P75 单井压裂平均段间距 93m；2015 年统计气井 16 口，P25 单井压裂平均段间距 73m、P50 单井压裂平均段间距 75m、P75 单井压裂平均段间距 102m；2016 年统计气井 17 口，P25 单井压裂平均段间距 50m、P50 单井压裂平均段间距 52m、P75 单井压裂平均段间距 61m；2017 年统计气井 46 口，P25 单井压裂平均段间距 44m、P50 单井压裂平均段间距 45m、P75 单井压裂平均段间距 54m；2018 年统计气井 51 口，P25 单井压裂平均段间距 39m、P50 单井压裂平均段间距 44m、P75 单井压裂平均段间距 48m；2019 年统计气井 18 口，P25 单井压裂平均段间距 44m、P50 单井压裂平均段间距 46m、P75 单井压裂平均段间距 49m。不同年度 P50 单井压裂平均段间距统计显示中深层气井压裂平均段间距呈逐年缩小趋势。

将 Haynesville 页岩气藏中深层页岩气水平井单井压裂平均段间距按照气井许可时间排序，统计单井压裂平均段间距随井数变化趋势，即单井压裂平均段间距随井数变化学习曲线。以每 100 口页岩气水平井为一个统计单位，统计单井压裂平均段间距均值、P50 值和 M50 值。图 4-30 给出了 Haynesville 页岩气藏中深层页岩气水平井单井压裂平均段间距井数学习曲线，单井压裂平均段间距统计均值、P50 值和 M50 值基本重合，整体数据变化呈指数式规律。利用指数规律进行曲线拟合，拟合系数高达 0.94。统计结果显示 Haynesville 页岩气藏中深层页岩气水平井单井压裂平均段间距随井数呈指数式缩小趋势。受北美页岩油气水平井大规模体积压裂技术发展趋势影响，平均段间距整体呈缩小趋势，目前平均段间距已缩小至 40～60m。

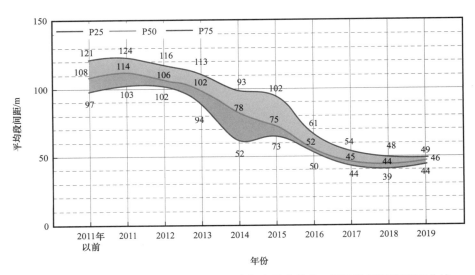

图 4-29　Haynesville 页岩气藏中深层页岩气水平井单井压裂平均段间距学习曲线

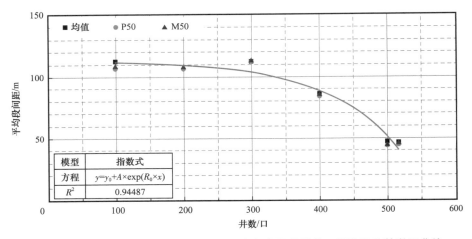

图 4-30　Haynesville 页岩气藏中深层页岩气水平井单井压裂液量井数学习曲线

4.4.2　深层气井

　　将完钻垂深 3500～4500m 的深层页岩气水平井单井压裂平均段间距进行单独统计分析，统计深层气井共 516 口，单井压裂平均段间距范围 24.3～352.5m，平均单井压裂段间距 92m、P25 单井压裂平均段间距 54.4m、P50 单井压裂平均段间距 98.6m、P75 单井压裂平均段间距 117.2m、M50 单井压裂平均段间距 95.0m。

　　图 4-31 给出了 Haynesville 页岩气藏不同年度深层页岩气水平井单井压裂平均段间距学习曲线，学习曲线显示 2011 年以前统计气井 1087 口，P25 单井压裂平均段间距 91m、P50 单井压裂平均段间距 104m、P75 单井压裂平均段间距 118m；2011 年统计气井 524 口，P25 单井压裂平均段间距 85m、P50 单井压裂平均段间距 105m、P75 单井压裂平均段间

距 120m；2012 年统计气井 107 口，P25 单井压裂平均段间距 104m、P50 单井压裂平均段间距 122m、P75 单井压裂平均段间距 131m；2013 年统计气井 124 口，P25 单井压裂平均段间距 84m、P50 单井压裂平均段间距 101m、P75 单井压裂平均段间距 118m；2014 年统计气井 137 口，P25 单井压裂平均段间距 85m、P50 单井压裂平均段间距 98m、P75 单井压裂平均段间距 121m；2015 年统计气井 101 口，P25 单井压裂平均段间距 64m、P50 单井压裂平均段间距 70m、P75 单井压裂平均段间距 83m；2016 年统计气井 131 口，P25 单井压裂平均段间距 36m、P50 单井压裂平均段间距 44m、P75 单井压裂平均段间距 53m；2017 年统计气井 217 口，P25 单井压裂平均段间距 38m、P50 单井压裂平均段间距 45m、P75 单井压裂平均段间距 55m；2018 年统计气井 196 口，P25 单井压裂平均段间距 37m、P50 单井压裂平均段间距 44m、P75 单井压裂平均段间距 50m；2019 年统计气井 48 口，P25 单井压裂平均段间距 39m、P50 单井压裂平均段间距 44m、P75 单井压裂平均段间距 48m；2020 年统计气井 1 口，平均单井压裂段间距 42m。不同年度 P50 单井压裂平均段间距统计显示深层气井压裂平均段间距呈逐年缩小趋势。

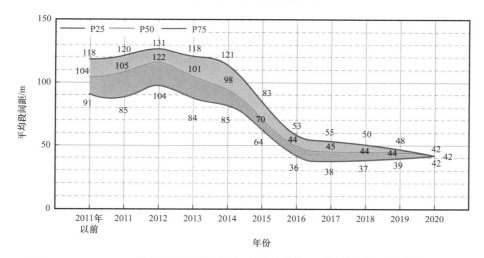

图 4-31　Haynesville 页岩气藏深层页岩气水平井单井压裂平均段间距年度学习曲线

将 Haynesville 页岩气藏深层页岩气水平井单井压裂平均段间距按照气井许可时间排序，统计单井压裂平均段间距随井数变化趋势，即单井压裂平均段间距随井数变化学习曲线。以每 100 口页岩气水平井为一个统计单位，统计单井压裂平均段间距均值、P50 值和 M50 值。图 4-32 给出了 Haynesville 页岩气藏深层页岩气水平井单井压裂平均段间距井数学习曲线，单井压裂平均段间距统计均值、P50 值和 M50 值基本重合，整体数据变化呈指数式规律。利用指数规律进行曲线拟合，拟合系数为 0.77。统计结果显示 Haynesville 页岩气藏深层页岩气水平井单井压裂平均段间距随井数呈指数式缩小趋势。受北美页岩油气水平井大规模体积压裂技术发展趋势影响，平均段间距整体呈缩小趋势，目前平均段间距已缩小至 40～60m。

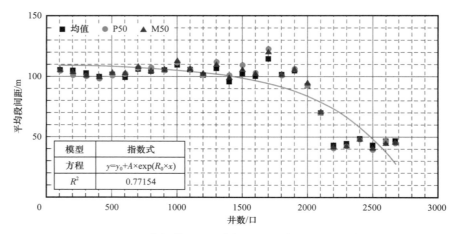

图 4-32　Haynesville 页岩气藏深层页岩气水平井单井压裂平均段间距学习曲线

4.4.3　超深层气井

　　Haynesville 垂深超过 4500m 气井对应单井压裂平均段间距统计井数为 14 口，图 4-33 给出了超深层页岩气水平井垂深与单井压裂平均段间距分布图。统计超深层气井完钻垂深分布在 4501～5193m，单井压裂平均段间距范围 37.7～120.7m，平均单井压裂段间距 71.0m。超深层完钻气井相对较少，单井压裂平均段间距不存在明显趋势，超深层页岩气资源依然处于探索阶段。

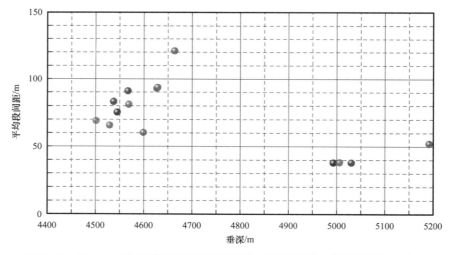

图 4-33　Haynesville 页岩气藏超深层页岩气水平井单井压裂平均段间距分布

4.4.4　小结

　　Haynesville 页岩气藏目前完钻气井以深层为主，其次为中深层，超深层依然处于探索试验阶段。图 4-34 给出了中深层与深层完钻页岩气水平井单井压裂平均段间距分布及学习曲线。不同年度单井压裂平均段间距学习曲线显示中深层气井 P50 单井压裂平均段间距与深层气井变化趋势相似，总体均由初期 100m 以上逐年缩小至目前的 40～50m。

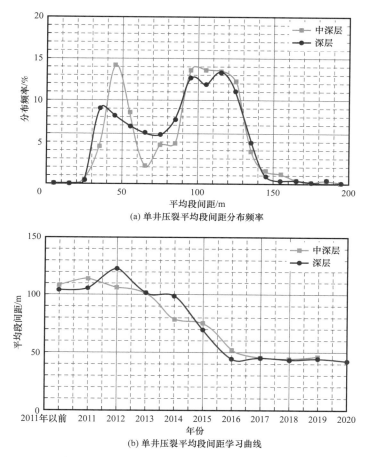

(a) 单井压裂平均段间距分布频率

(b) 单井压裂平均段间距学习曲线

图 4-34　Haynesville 页岩气藏中深层和深层页岩气水平井单井压裂平均段间距分布及学习曲线

4.5　用液强度

用液强度是指单位段长压裂用液量，一定程度上反映了水平井分段压裂强度。用液强度同样被视为页岩气水平井分段压裂关键参数之一，可供不同区块或井间对比分析。

图 4-35 给出了 Haynesville 页岩气藏水平井单井压裂用液强度散点分布，统计单井压裂用液强度范围 0.6～89.1m^3/m。统计 Haynesville 页岩气藏不同年度单井压裂用液强度数据 2658 口井，其中包括中深层气井 662 口、深层气井 1969 口、超深层气井 25 口。统计平均单井压裂用液强度 25.4m^3/m，P25 单井压裂用液强度 14.9m^3/m、P50 单井压裂用液强度 21.5m^3/m、P75 单井压裂用液强度 34.3m^3/m、M50 单井压裂用液强度 22.7m^3/m。受北美页岩油气水平井分段压裂技术发展趋势影响，单井压裂用液强度整体呈逐年上升趋势。

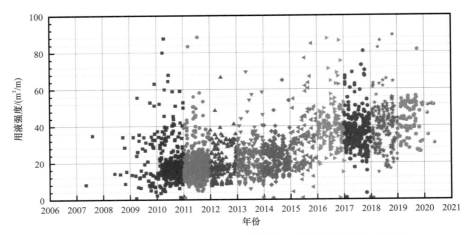

图 4-35　Haynesville 页岩气藏水平井单井压裂用液强度散点分布图

图 4-36 给出了 Haynesville 页岩气藏水平井单井压裂用液强度统计分布。2658 口页岩气水平井单井压裂用液强度统计结果显示单井压裂用液强度 0～10m³/m 的气井 183口，占比 6.9%；单井压裂用液强度范围 10～20m³/m 的气井 1041 口，占比 39.2%；单井压裂用液强度范围 20～30m³/m 的气井 583 口，占比 21.9%；单井压裂用液强度范围 30～40m³/m 的气井 441 口，占比 16.6%；单井压裂用液强度范围 40～50m³/m 的气井 259 口，占比 9.7%；单井压裂用液强度范围 50～60m³/m 的气井 99 口，占比 3.7%；单井压裂用液强度范围 60～70m³/m 的气井 35 口，占比 1.3%；单井压裂用液强度范围 70～80m³/m 的气井 5 口，占比 0.2%；单井压裂用液强度范围 80～90m³/m 的气井 12 口，占比 0.5%。

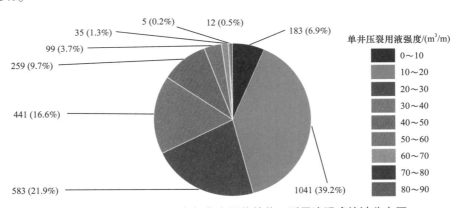

图 4-36　Haynesville 页岩气藏水平井单井压裂用液强度统计分布图

图 4-37 对 Haynesville 页岩气藏不同年度页岩气水平井单井压裂用液强度进行了分布统计。统计结果显示 2011 年以前统计气井 454 口，P25 单井压裂用液强度 12m³/m、P50单井压裂用液强度 16m³/m、P75 单井压裂用液强度 28m³/m；2011 年统计气井 679 口，P25单井压裂用液强度 14m³/m、P50 单井压裂用液强度 16m³/m、P75 单井压裂用液强度 20m³/m；

2012 年统计气井 202 口，P25 单井压裂用液强度 17m³/m、P50 单井压裂用液强度 18m³/m、P75 单井压裂用液强度 24m³/m；2013 年统计气井 218 口，P25 单井压裂用液强度 19m³/m、P50 单井压裂用液强度 25m³/m、P75 单井压裂用液强度 27m³/m；2014 年统计气井 232 口，P25 单井压裂用液强度 24m³/m、P50 单井压裂用液强度 26m³/m、P75 单井压裂用液强度 28m³/m；2015 年统计气井 128 口，P25 单井压裂用液强度 30m³/m、P50 单井压裂用液强度 32m³/m、P75 单井压裂用液强度 39m³/m；2016 年统计气井 164 口，P25 单井压裂用液强度 34m³/m、P50 单井压裂用液强度 37m³/m、P75 单井压裂用液强度 39m³/m；2017 年统计气井 260 口，P25 单井压裂用液强度 36m³/m、P50 单井压裂用液强度 40m³/m、P75 单井压裂用液强度 44m³/m；2018 年统计气井 222 口，P25 单井压裂用液强度 36m³/m、P50 单井压裂用液强度 44m³/m、P75 单井压裂用液强度 49m³/m；2019 年统计气井 92 口，P25 单井压裂用液强度 43m³/m、P50 单井压裂用液强度 50m³/m、P75 单井压裂用液强度 52m³/m；2020 年统计气井 8 口，P25 单井压裂用液强度 41m³/m、P50 单井压裂用液强度 51m³/m、P75 单井压裂用液强度 52m³/m。

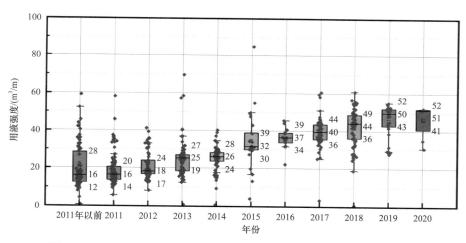

图 4-37　Haynesville 页岩气藏水平井不同年度单井压裂用液强度分布

4.5.1　中深层气井

将完钻垂深 3000～3500m 的中深层页岩气水平井单井压裂用液强度进行单独统计分析，统计中深层气井共 662 口，单井压裂用液强度范围 0.6～84.7m³/m，平均单井压裂用液强度 28.2m³/m、P25 单井压裂用液强度 17.2m³/m、P50 单井压裂用液强度 26.3m³/m、P75 单井压裂用液强度 37.1m³/m、M50 单井压裂用液强度 26.3m³/m。

图 4-38 给出了 Haynesville 页岩气藏不同年度中深层页岩气水平井单井压裂用液强度学习曲线，学习曲线显示 2011 年以前统计气井 81 口，P25 单井压裂用液强度 12.5m³/m、P50 单井压裂用液强度 16.1m³/m、P75 单井压裂用液强度 28.4m³/m；2011 年统计气井 110 口，P25 单井压裂用液强度 13.8m³/m、P50 单井压裂用液强度 16.5m³/m、P75

单井压裂用液强度 20.2m³/m；2012 年统计气井 77 口，P25 单井压裂用液强度 16.9m³/m、P50 单井压裂用液强度 18.3m³/m、P75 单井压裂用液强度 23.9m³/m；2013 年统计气井 87 口，P25 单井压裂用液强度 18.5m³/m、P50 单井压裂用液强度 25.3m³/m、P75 单井压裂用液强度 27.0m³/m；2014 年统计气井 84 口，P25 单井压裂用液强度 23.8m³/m、P50 单井压裂用液强度 26.1m³/m、P75 单井压裂用液强度 28.2m³/m；2015 年统计气井 25 口，P25 单井压裂用液强度 29.9m³/m、P50 单井压裂用液强度 31.7m³/m、P75 单井压裂用液强度 39.0m³/m；2016 年统计气井 15 口，P25 单井压裂用液强度 34.4m³/m、P50 单井压裂用液强度 36.6m³/m、P75 单井压裂用液强度 39.0m³/m；2017 年统计气井 61 口，P25 单井压裂用液强度 35.6m³/m、P50 单井压裂用液强度 39.7m³/m、P75 单井压裂用液强度 43.6m³/m；2018 年统计气井 77 口，P25 单井压裂用液强度 36.2m³/m、P50 单井压裂用液强度 44.3m³/m、P75 单井压裂用液强度 48.8m³/m；2019 年统计气井 37 口，P25 单井压裂用液强度 42.9m³/m、P50 单井压裂用液强度 49.7m³/m、P75 单井压裂用液强度 52.1m³/m；2020 年统计气井 8 口，P25 单井压裂用液强度 43.8m³/m、P50 单井压裂用液强度 51.3m³/m、P75 单井压裂用液强度 51.8m³/m。不同年度 P50 单井压裂用液强度统计显示中深层气井压裂用液强度呈逐年上升趋势。

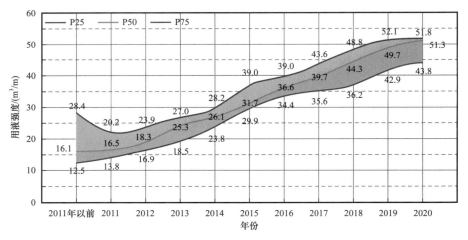

图 4-38　Haynesville 页岩气藏中深层页岩气水平井单井压裂用液强度学习曲线

将 Haynesville 页岩气藏中深层页岩气水平井单井压裂用液强度按照气井许可时间排序，统计单井压裂用液强度随井数变化趋势，即单井压裂用液强度随井数变化学习曲线。以每 100 口页岩气水平井为一个统计单位，统计单井压裂用液强度均值、P50 值和 M50 值。图 4-39 给出了 Haynesville 页岩气藏中深层页岩气水平井单井压裂用液强度井数学习曲线，单井压裂用液强度统计均值、P50 值和 M50 值基本重合，整体数据变化呈指数式规律。利用指数规律进行曲线拟合，拟合系数高达 0.96。统计结果显示 Haynesville 页岩气藏中深层页岩气水平井单井压裂用液强度随井数呈指数式增加趋势。受北美页岩油气水平井大规模体积压裂技术发展趋势影响，用液强度整体呈增加趋势。

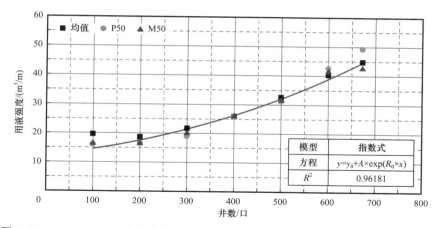

图 4-39 Haynesville 页岩气藏中深层页岩气水平井单井压裂用液强度井数学习曲线

4.5.2 深层气井

将完钻垂深 3500～4500m 深层页岩气水平井单井压裂用液强度进行单独统计分析，统计深层气井共 1968 口，单井压裂用液强度范围 0.7～89.1m³/m，平均单井压裂用液强度 24.4m³/m、P25 单井压裂用液强度 14.2m³/m、P50 单井压裂用液强度 20.0m³/m、P75 单井压裂用液强度 32.6m³/m、M50 单井压裂用液强度 21.3m³/m。

图 4-40 给出了 Haynesville 页岩气藏不同年度深层页岩气水平井单井压裂用液强度学习曲线，学习曲线显示 2011 年以前统计气井 371 口，P25 单井压裂用液强度 13.4m³/m、P50 单井压裂用液强度 16.2m³/m、P75 单井压裂用液强度 20.6m³/m；2011 年统计气井 563 口，P25 单井压裂用液强度 12.6m³/m、P50 单井压裂用液强度 15.5m³/m、P75 单井压裂用液强度 20.5m³/m；2012 年统计气井 125 口，P25 单井压裂用液强度 9.5m³/m、P50 单井压裂用液强度 14.8m³/m、P75 单井压裂用液强度 23.2m³/m；2013 年统计气井 129 口，P25 单井压裂用液强度 11.8m³/m、P50 单井压裂用液强度 18.3m³/m、P75 单井压裂用液强度 24.9m³/m；2014 年统计气井 146 口，P25 单井压裂用液强度 14.6m³/m、P50 单井压裂用液强度 18.4m³/m、P75 单井压裂用液强度 23.2m³/m；2015 年统计气井 101 口，P25 单井压裂用液强度 18.9m³/m、P50 单井压裂用液强度 27.7m³/m、P75 单井压裂用液强度 36.1m³/m；2016 年统计气井 146 口，P25 单井压裂用液强度 31.1m³/m、P50 单井压裂用液强度 39.1m³/m、P75 单井压裂用液强度 44.2m³/m；2017 年统计气井 193 口，P25 单井压裂用液强度 29.0m³/m、P50 单井压裂用液强度 35.4m³/m、P75 单井压裂用液强度 40.0m³/m；2018 年统计气井 142 口，P25 单井压裂用液强度 29.0m³/m、P50 单井压裂用液强度 38.5m³/m、P75 单井压裂用液强度 43.2m³/m；2019 年统计气井 52 口，P25 单井压裂用液强度 36.2m³/m、P50 单井压裂用液强度 43.2m³/m、P75 单井压裂用液强度 51.4m³/m。不同年度 P50 单井压裂用液强度统计显示深层气井压裂用液强度呈逐年上升趋势。

将 Haynesville 页岩气藏深层页岩气水平井单井压裂用液强度按照气井许可时间排序，

统计单井压裂用液强度随井数变化趋势，即单井压裂用液强度随井数变化学习曲线。以每 100 口页岩气水平井为一个统计单位，统计单井压裂用液强度均值、P50 值和 M50 值。图 4-41 给出了 Haynesville 页岩气藏深层页岩气水平井单井压裂用液强度井数学习曲线，单井压裂用液强度统计均值、P50 值和 M50 值基本重合，整体数据变化呈指数式规律。利用指数规律进行曲线拟合，拟合系数高达 0.83。统计结果显示 Haynesville 页岩气藏深层页岩气水平井单井压裂用液强度随井数呈指数式增加趋势。受北美页岩油气水平井大规模体积压裂技术发展趋势影响，用液强度整体呈增加趋势。

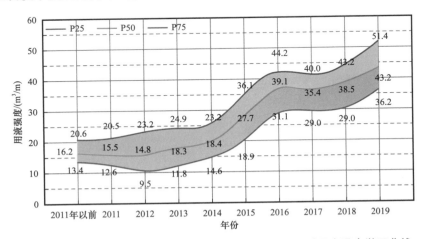

图 4-40　Haynesville 页岩气藏深层页岩气水平井单井压裂用液强度学习曲线

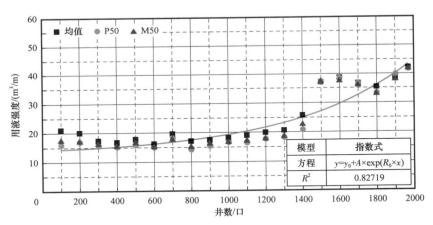

图 4-41　Haynesville 页岩气藏深层页岩气水平井单井压裂用液强度井数学习曲线

4.5.3　超深层气井

　　Haynesville 垂深超过 4500m 气井对应单井压裂平均用液强度统计井数为 24 口，图 4-42 给出了超深层页岩气水平井垂深与单井压裂平均用液强度分布图。统计超深层气井完钻垂深分布在 4501～5193m，单井压裂平均用液强度 6.1～67.2m³/m，平均单井压裂用液强度 31.3m³/m。超深层完钻气井相对较少，单井压裂用液强度不存在明显趋势，超深层页岩气资源依然处于探索阶段。

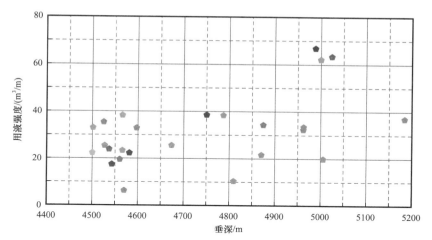

图 4-42　Haynesville 页岩气藏超深层页岩气水平井单井压裂用液强度分布

4.5.4　小结

Haynesville 页岩气藏目前完钻气井以深层为主，其次为中深层，超深层依然处于探索试验阶段。图 4-43 给出了中深层与深层完钻页岩气水平井单井压裂用液强度分布及学习曲线。不同年度单井压裂平均用液强度学习曲线显示中深层气井 P50 单井压裂平均用液强度与深层气井变化趋势相似。

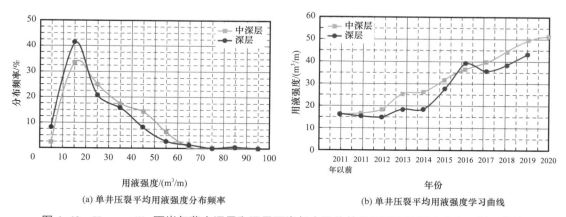

(a) 单井压裂平均用液强度分布频率　　　　(b) 单井压裂平均用液强度学习曲线

图 4-43　Haynesville 页岩气藏中深层和深层页岩气水平井单井压裂用液强度分布及学习曲线

4.6　加砂强度

加砂强度是指单位段长支撑剂量，一定程度上反映了水平井分段压裂强度。加砂强度是页岩气水平井分段压裂核心参数之一。目前较为普遍的认识是提高加砂强度能够有助于提高单井产量。加砂强度为单位标准参数，可供不同区块或井间对比分析。

图 4-44 给出了 Haynesville 页岩气藏水平井单井压裂加砂强度散点分布，统计单井压裂加砂强度范围 0.06～13.30t/m。统计 Haynesville 页岩气藏不同年度单井压裂加砂强度数据 2544 口井，其中包括中深层气井 650 口、深层气井 1868 口、超深层气井 24 口。统计平均单井压裂加砂强度 3.18t/m，P25 单井压裂加砂强度 1.91t/m、P50 单井压裂加砂强度 2.60t/m、P75 单井压裂加砂强度 4.34t/m、M50 单井压裂加砂强度 2.79t/m。受北美页岩油气水平井压裂技术发展趋势影响，单井压裂加砂强度整体呈逐年上升趋势。

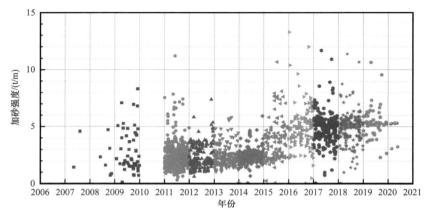

图 4-44　Haynesville 页岩气藏水平井单井压裂加砂强度散点分布图

图 4-45 给出了 Haynesville 页岩气藏水平井单井压裂加砂强度统计分布。2658 口页岩气水平井单井压裂加砂强度统计结果显示单井压裂加砂强度 0～1.0t/m 的气井 34 口，占比 1.3%；加砂强度 1.0～2.0t/m 的气井 691 口，占比 27.2%；加砂强度 2.0～3.0t/m 的气井 771 口，占比 30.4%；加砂强度 3.0～4.0t/m 的气井 295 口，占比 11.6%；加砂强度 4.0～5.0t/m 的气井 278 口，占比 10.9%；加砂强度 5.0～6.0t/m 的气井 345 口，占比 13.6%；加砂强度 6.0～7.0t/m 的气井 58 口，占比 2.3%；加砂强度 7.0～8.0t/m 的气井 46 口，占比 1.8%；加砂强度超过 8.0t/m 的气井 26 口，占比 1.0%。

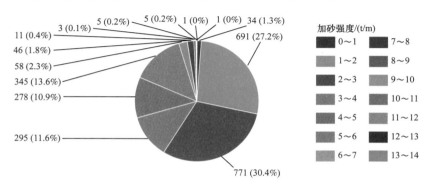

图 4-45　Haynesville 页岩气藏水平井单井压裂加砂强度统计分布图

图 4-46 对 Haynesville 页岩气藏不同年度页岩气水平井单井压裂加砂强度进行了分布统计。统计结果显示 2011 年以前统计气井 57 口，P25 单井压裂加砂强度 1.59t/m、P50 单井压裂加砂强度 2.19t/m、P75 单井压裂加砂强度 4.26t/m；2011 年统计气井 625 口，P25 单井压裂加砂强度 1.56/m、P50 单井压裂加砂强度 1.98t/m、P75 单井压裂加砂强度 2.64t/m；2012 年统计气井 202 口，P25 单井压裂加砂强度 1.40t/m、P50 单井压裂加砂强度 1.94t/m、P75 单井压裂加砂强度 3.14t/m；2013 年统计气井 218 口，P25 单井压裂加砂强度 1.77t/m、P50 单井压裂加砂强度 2.21t/m、P75 单井压裂加砂强度 2.67t/m；2014 年统计气井 230 口，P25 单井压裂加砂强度 2.09t/m、P50 单井压裂加砂强度 2.44t/m、P75 单井压裂加砂强度 2.64t/m；2015 年统计气井 125 口，P25 单井压裂加砂强度 2.37t/m、P50 单井压裂加砂强度 3.62t/m、P75 单井压裂加砂强度 4.69t/m；2016 年统计气井 149 口，P25 单井压裂加砂强度 4.01t/m、P50 单井压裂加砂强度 4.88t/m、P75 单井压裂加砂强度 5.48t/m；2017 年统计气井 259 口，P25 单井压裂加砂强度 4.25t/m、P50 单井压裂加砂强度 5.08t/m、P75 单井压裂加砂强度 5.51t/m；2018 年统计气井 221 口，P25 单井压裂加砂强度 4.22t/m、P50 单井压裂加砂强度 5.12t/m、P75 单井压裂加砂强度 5.47t/m；2019 年统计气井 67 口，P25 单井压裂加砂强度 5.13t/m、P50 单井压裂加砂强度 5.31t/m、P75 单井压裂加砂强度 5.95t/m；2020 年统计气井 8 口，P25 单井压裂加砂强度 4.25t/m、P50 单井压裂加砂强度 5.29t/m、P75 单井压裂加砂强度 5.31t/m。

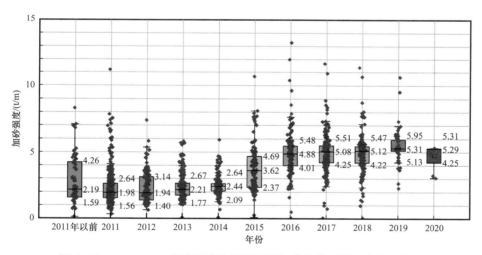

图 4-46 Haynesville 页岩气藏水平井不同年度单井压裂加砂强度分布

4.6.1 中深层气井

将完钻垂深 3000～3500m 中深层页岩气水平井单井压裂加砂强度进行单独统计分析，统计中深层气井共 650 口，单井压裂加砂强度范围 0.08～8.76t/m，平均单井压裂加砂强度 3.34t/m、P25 单井压裂加砂强度 2.07t/m、P50 单井压裂加砂强度 2.77t/m、P75 单井压裂加砂强度 4.87t/m、M50 单井压裂加砂强度 3.08t/m。

图 4-47 给出了 Haynesville 页岩气藏不同年度中深层页岩气水平井单井压裂加砂强度学习曲线，学习曲线显示 2011 年以前统计气井 77 口，P25 单井压裂加砂强度 1.90t/m、P50 单井压裂加砂强度 2.23t/m、P75 单井压裂加砂强度 3.32t/m；2011 年统计气井 107 口，P25 单井压裂加砂强度 1.75t/m、P50 单井压裂加砂强度 2.05t/m、P75 单井压裂加砂强度 2.42t/m；2012 年统计气井 77 口，P25 单井压裂加砂强度 1.97t/m、P50 单井压裂加砂强度 3.39t/m、P75 单井压裂加砂强度 3.65t/m；2013 年统计气井 87 口，P25 单井压裂加砂强度 1.85t/m、P50 单井压裂加砂强度 2.47t/m、P75 单井压裂加砂强度 2.61t/m；2014 年统计气井 83 口，P25 单井压裂加砂强度 2.39t/m、P50 单井压裂加砂强度 2.55t/m、P75 单井压裂加砂强度 2.64t/m；2015 年统计气井 25 口，P25 单井压裂加砂强度 2.75t/m、P50 单井压裂加砂强度 4.14t/m、P75 单井压裂加砂强度 4.48t/m；2016 年统计气井 15 口，P25 单井压裂加砂强度 4.81t/m、P50 单井压裂加砂强度 5.21t/m、P75 单井压裂加砂强度 6.16t/m；2017 年统计气井 61 口，P25 单井压裂加砂强度 4.54t/m、P50 单井压裂加砂强度 5.25t/m、P75 单井压裂加砂强度 5.66t/m；2018 年统计气井 77 口，P25 单井压裂加砂强度 4.99t/m、P50 单井压裂加砂强度 5.20t/m、P75 单井压裂加砂强度 5.38t/m；2019 年统计气井 33 口，P25 单井压裂加砂强度 5.18t/m、P50 单井压裂加砂强度 5.29t/m、P75 单井压裂加砂强度 5.39t/m；2020 年统计气井 8 口，P25 单井压裂加砂强度 4.75t/m、P50 单井压裂加砂强度 5.29t/m、P75 单井压裂加砂强度 5.31t/m。不同年度 P50 单井压裂加砂强度统计显示中深层气井压裂加砂强度呈逐年上升趋势。

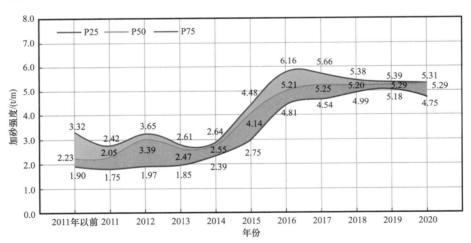

图 4-47　Haynesville 页岩气藏中深层页岩气水平井单井压裂加砂强度学习曲线

将 Haynesville 页岩气藏中深层页岩气水平井单井压裂加砂强度按照气井许可时间排序，统计单井压裂加砂强度随井数变化趋势，即单井压裂加砂强度随井数变化学习曲线。以每 100 口页岩气水平井为一个统计单位，统计单井压裂加砂强度均值、P50 值和 M50 值。图 4-48 给出了 Haynesville 页岩气藏中深层页岩气水平井单井压裂加砂强度井数学习曲线，单井压裂加砂强度统计均值、P50 值和 M50 值基本重合，整体数据变化呈指数式规律。利用指数规律进行曲线拟合，拟合系数高达 0.92。统计结果显示 Haynesville 页岩气藏中深层页岩气水平井单井压裂加砂强度随井数呈指数式增加趋势。受北美页岩油气水平井大规模体积压裂技术发展趋势影响，加砂强度整体呈增加趋势。

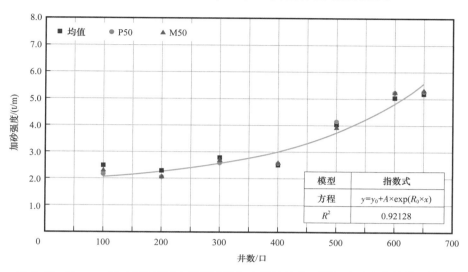

图 4-48　Haynesville 页岩气藏中深层页岩气水平井单井压裂加砂强度井数学习曲线

4.6.2　深层气井

　　将完钻垂深 3500～4500m 深层页岩气水平井单井压裂加砂强度进行单独统计分析，统计深层气井共 1868 口，单井压裂加砂强度范围 0.06～13.30t/m，平均单井压裂加砂强度 3.11t/m、P25 单井压裂加砂强度 1.85t/m、P50 单井压裂加砂强度 2.45t/m、P75 单井压裂加砂强度 4.22t/m、M50 单井压裂加砂强度 2.68t/m。

　　图 4-49 给出了 Haynesville 页岩气藏不同年度深层页岩气水平井单井压裂加砂强度学习曲线，学习曲线显示 2011 年以前统计气井 362 口，P25 单井压裂加砂强度 1.84t/m、P50 单井压裂加砂强度 2.21t/m、P75 单井压裂加砂强度 2.91t/m；2011 年统计气井 512 口，P25 单井压裂加砂强度 1.53t/m、P50 单井压裂加砂强度 1.97t/m、P75 单井压裂加砂强度 2.63t/m；2012 年统计气井 125 口，P25 单井压裂加砂强度 1.21t/m、P50 单井压裂加砂强度 1.67t/m、P75 单井压裂加砂强度 2.10t/m；2013 年统计气井 129 口，P25 单井压裂加砂强度 1.58t/m、P50 单井压裂加砂强度 2.05t/m、P75 单井压裂加砂强度 2.79t/m；2014 年统计气井 146 口，P25 单井压裂加砂强度 2.07t/m、P50 单井压裂加砂强度 2.29t/m、P75 单井压裂加砂强度 2.62t/m；2015 年统计气井 98 口，P25 单井压裂加砂强度 2.33t/m、P50 单井压裂加砂强度 3.40t/m、P75 单井压裂加砂强度 4.92t/m；2016 年统计气井 131 口，P25 单井压裂加砂强度 3.99t/m、P50 单井压裂加砂强度 4.87t/m、P75 单井压裂加砂强度 5.49t/m；2017 年统计气井 192 口，P25 单井压裂加砂强度 4.16t/m、P50 单井压裂加砂强度 4.92t/m、P75 单井压裂加砂强度 5.44t/m；2018 年统计气井 141 口，P25 单井压裂加砂强度 4.15t/m、P50 单井压

裂加砂强度 5.01t/m、P75 单井压裂加砂强度 5.50t/m；2019 年统计气井 32 口，P25 单井压裂加砂强度 4.58t/m、P50 单井压裂加砂强度 5.31t/m、P75 单井压裂加砂强度 6.10t/m。不同年度 P50 单井压裂加砂强度统计显示深层气井压裂加砂强度呈逐年上升趋势。

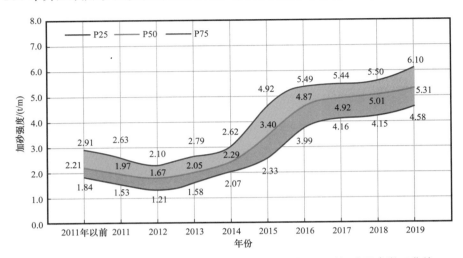

图 4-49　Haynesville 页岩气藏深层页岩气水平井单井压裂加砂强度学习曲线

　　将 Haynesville 页岩气藏深层页岩气水平井单井压裂加砂强度按照气井许可时间排序，统计单井压裂加砂强度随井数变化趋势，即单井压裂加砂强度随井数变化学习曲线。以每 100 口页岩气水平井为一个统计单位，统计单井压裂加砂强度均值、P50 值和 M50 值。图 4-50 给出了 Haynesville 页岩气藏深层页岩气水平井单井压裂加砂强度井数学习曲线，单井压裂加砂强度统计均值、P50 值和 M50 值基本重合，整体数据变化呈指数式规律。利用指数规律进行曲线拟合，拟合系数高达 0.80。统计结果显示 Haynesville 页岩气藏深层页岩气水平井单井压裂加砂强度随井数呈指数式增加趋势。受北美页岩油气水平井大规模体积压裂技术发展趋势影响，加砂强度整体呈增加趋势。

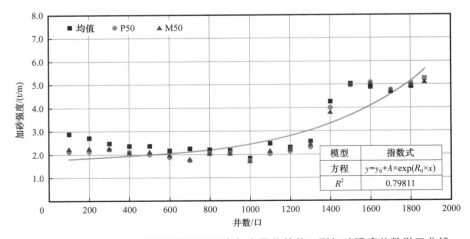

图 4-50　Haynesville 页岩气藏深层页岩气水平井单井压裂加砂强度井数学习曲线

4.6.3　超深层气井

Haynesville 垂深超过 4500m 气井对应单井压裂平均加砂强度统计井数为 24 口，图 4-51 给出了超深层页岩气水平井垂深与单井压裂平均加砂强度分布图。统计超深层气井完钻垂深分布在 4501～5193m，单井压裂平均加砂强度 1.35～7.35t/m，平均单井压裂加砂强度 3.93t/m。超深层完钻气井相对较少，单井压裂加砂强度不存在明显趋势，超深层页岩气资源依然处于探索阶段。

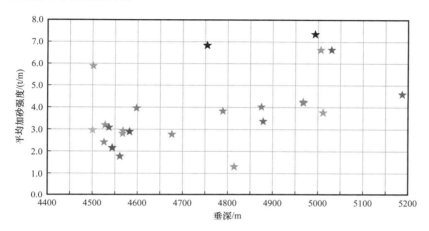

图 4-51　Haynesville 页岩气藏超深层页岩气水平井单井压裂平均加砂强度分布

4.6.4　小结

Haynesville 页岩气藏目前完钻气井以深层为主，其次为中深层，超深层依然处于探索试验阶段。图 4-52 给出了中深层与深层完钻页岩气水平井单井压裂加砂强度分布及学习曲线。中深层加砂强度 5.0～6.0t/m 气井分布频率显著高于深层气井。不同年度单井压裂平均加砂强度学习曲线显示中深层气井 P50 单井压裂平均加砂强度与深层气井变化趋势相似，中深层气井加砂强度略高于深层气井。

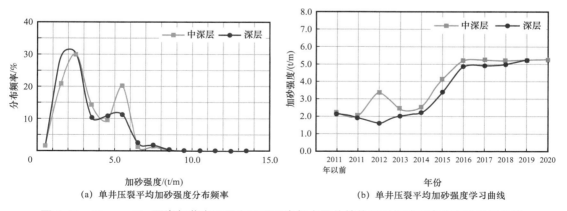

(a) 单井压裂平均加砂强度分布频率　　　　(b) 单井压裂平均加砂强度学习曲线

图 4-52　Haynesville 页岩气藏中深层和深层页岩气水平井单井压裂加砂强度分布及学习曲线

第5章 开发指标

页岩中含有大量的吸附气，且微孔和介孔发育，页岩气流动机理特殊。与常规气藏相比，页岩气藏气体赋存方式更为复杂、气体流动方式呈现多样化。页岩气井受储层人工裂缝、吸附气解吸及特殊流动机理影响，投产初期与中后期的产量递减趋势差异大，表现出初期递减指数变化较快、后期趋于稳定的特征。页岩气水平井关键开发指标包括首年日产气量、产量递减率、单井估算最终采收率（Estimated Ultimate Recovery，EUR）、百米段长 EUR、百吨砂量 EUR 和建井周期。

页岩气井产能评价方法不同于常规藏，页岩储层致密、基质渗透率一般为 100～1000mD，井间几乎不连通，需要进行大规模分段压裂才能使基质中的气体流入井筒，气藏开发整体呈现出"一井一藏"或"一台一藏"特征，基于以上特征，气井产能评价方法有其特殊性。通常将气井投产第一年平均日产气量作为气井产能关键指标，投产第一年气井经历了初期高峰排液阶段、峰值生产阶段、井口压力和产量快速下降阶段。由于投产初期页岩气井排液量为主导，产气量经历先增加后下降，故通常选取年产量递减率作为气井递减关键指标。年产量递减率是指气井本年度产量相对于上一年度产量的相对递减幅度。百米段长 EUR 和百吨砂量 EUR 是两项标准开发指标，表示单位水平段长和单位砂量能够获取的产气量，可用于区块和井间进行横向对比。因此，首年日产气量、产量递减率、单井 EUR、百米段长 EUR 和百吨砂量 EUR 均是反映页岩气井产量的关键开发指标。

除此之外，本节将建井周期作为开发指标之一。建井周期是指页岩气水平井从开钻至投产所需的周期，是钻井工程、分段压裂、地面工程及生产优化的综合效率指标，直接影响具体页岩气藏的建产速度和开发效益。因此，将建井周期作为一项反映综合开发效率的关键指标评价全流程施工作业效率。

5.1 首年日产气量

首年日产气量是指气井投产第一年的平均日产气量，可作为气井产能评价的关键指标。由于页岩气井普遍采用大规模水力压裂措施改造井筒周边储层，气井投产初期以返排液产出为主，该阶段也通常被称为排液阶段。井筒及近井较大尺寸裂缝内压裂液陆续返排至地表后，气井产气量逐渐上升。气井投产通常经历纯排液阶段、排液量下降产气量上升阶段、峰值产气阶段、产量和压力快速递减阶段后进入平稳生产阶段。不同气井峰值生产阶段存在差异，故通常选取首年日产气量近似表征气井整体产能特征。

图 5-1 给出了 Haynesville 页岩气藏水平井单井首年平均日产气散点分布，统计单井首年平均日产气为（0.04～157.12）×10⁴m³。统计 Haynesville 页岩气藏不同年度单井首年平均日产气数据 4571 口，其中包括中深层气井 1193 口、深层气井 3345 口、超深层气井 33 口。统计平均单井首年平均日产气 17.96×10⁴m³，P25 单井首年平均日产气 10.5×10⁴m³、P50 单井首年平均日产气 15.24×10⁴m³、P75 单井首年平均日产气 21.83×10⁴m³、M50 单井首年平均日产气 15.50×10⁴m³。受北美页岩油气水平井完钻水平段长不断增加和压裂技术发展趋势影响，单井首年平均日产气量整体呈逐年上升趋势。

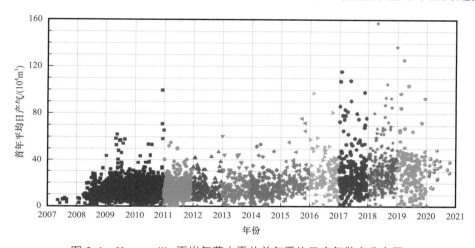

图 5-1　Haynesville 页岩气藏水平井首年平均日产气散点分布图

图 5-2 给出了 Haynesville 页岩气藏水平井单井首年平均日产气统计分布。4571 口页岩气水平井单井首年平均日产气统计结果显示单井首年平均日产气 0～10×10⁴m³ 的气井 1024 口，占比 22.4%；首年平均日产气（10～20）×10⁴m³ 的气井 2169 口，占比 47.5%；首年平均日产气（20～30）×10⁴m³ 的气井 844 口，占比 18.5%；首年平均日产气（30～40）×10⁴m³ 的气井 305 口，占比 6.7%；首年平均日产气（40～50）×10⁴m³ 的气井 122 口，占比 2.7%；首年平均日产气（50～60）×10⁴m³ 的气井 47 口，占比 1.0%；单井首年平均日产气量超过 60×10⁴m³ 的气井 60 口，占比 1.2%。

图 5-3 给出了 Haynesville 页岩气藏水平井首年平均日产气学习曲线，不同年度单井首年平均日产气量整体呈逐年上升趋势。统计结果显示 2011 年以前气井 P25 首年平均日产气量 9.7×10⁴m³、P50 首年平均日产气量 13.6×10⁴m³、P75 首年平均日产气量 17.7×10⁴m³；2011 年统计气井 755 口，P25 首年平均日产气量 10.3×10⁴m³、P50 首年平均日产气量 13.5×10⁴m³、P75 首年平均日产气量 18.3×10⁴m³；2012 年统计气井 208 口，P25 首年平均日产气量 8.7×10⁴m³、P50 首年平均日产气量 13.3×10⁴m³、P75 首年平均日产气量 18.8×10⁴m³；2013 年统计气井 219 口，P25 首年平均日产气量 9.6×10⁴m³、P50 首年平均日产气量 14.2×10⁴m³、P75 首年平均日产气量 21.7×10⁴m³；2014 年统计气井 230

口，P25 首年平均日产气量 9.4×10⁴m³、P50 首年平均日产气量 14.1×10⁴m³、P75 首年平均日产气量 19.2×10⁴m³；2015 年统计气井 145 口，P25 首年平均日产气量 14.6×10⁴m³、P50 首年平均日产气量 19.3×10⁴m³、P75 首年平均日产气量 24.6×10⁴m³；2016 年统计气井 176 口，P25 首年平均日产气量 17.3×10⁴m³、P50 首年平均日产气量 23.7×10⁴m³、P75 首年平均日产气量 31.7×10⁴m³；2017 年统计气井 335 口，P25 首年平均日产气量 15.1×10⁴m³、P50 首年平均日产气量 21.9×10⁴m³、P75 首年平均日产气量 32.9×10⁴m³；2018 年统计气井 324 口，P25 首年平均日产气量 20.1×10⁴m³、P50 首年平均日产气量 27.1×10⁴m³、P75 首年平均日产气量 38.2×10⁴m³；2019 年统计气井 176 口，P25 首年平均日产气量 15.6×10⁴m³、P50 首年平均日产气量 28.1×10⁴m³、P75 首年平均日产气量 38.3×10⁴m³；2020 年统计气井 25 口，P25 首年平均日产气量 28.2×10⁴m³、P50 首年平均日产气量 32.7×10⁴m³、P75 首年平均日产气量 37.9×10⁴m³。Haynesville 页岩气藏单井首

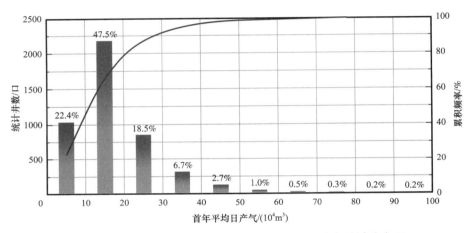

图 5-2　Haynesville 页岩气藏水平井首年平均日产气统计分布图

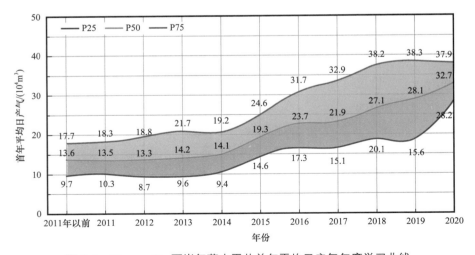

图 5-3　Haynesville 页岩气藏水平井首年平均日产气年度学习曲线

年平均日产气量呈逐年上升趋势，主要是源于水平井钻完井和分段压裂技术的持续进步，单井完钻水平段长大幅增加，分段体积压裂效果显著增加等。

5.1.1 中深层气井

将完钻垂深 3000～3500m 页岩气井首年平均日产气量进行单独统计分析，统计中深层气井共 1193 口，平均单井首年日产气量 $16.0 \times 10^4 \mathrm{m}^3$、P25 单井首年平均日产气量 $8.7 \times 10^4 \mathrm{m}^3$、P50 单井首年平均日产气量 $12.2 \times 10^4 \mathrm{m}^3$、P75 单井首年平均日产气量 $18.8 \times 10^4 \mathrm{m}^3$、M50 单井首年平均日产气量 $15.5 \times 10^4 \mathrm{m}^3$。

图 5-4 给出了 Haynesville 页岩气藏中深层页岩气水平井首年平均日产气量统计分布。其中，首年平均日产气量 $0 \sim 5 \times 10^4 \mathrm{m}^3$ 的气井 79 口，占比 6.6%；首年平均日产气量（$5 \sim 10$）$\times 10^4 \mathrm{m}^3$ 的气井 341 口，占比 28.4%；首年平均日产气量（$10 \sim 15$）$\times 10^4 \mathrm{m}^3$ 的气井 331 口，占比 27.5%；首年平均日产气量（$15 \sim 20$）$\times 10^4 \mathrm{m}^3$ 的气井 175 口，占比 14.5%；首年平均日产气量（$20 \sim 25$）$\times 10^4 \mathrm{m}^3$ 的气井 77 口，占比 6.4%；首年平均日产气量（$25 \sim 30$）$\times 10^4 \mathrm{m}^3$ 的气井 52 口，占比 4.3%；首年平均日产气量（$30 \sim 35$）$\times 10^4 \mathrm{m}^3$ 的气井 41 口，占比 3.4%；首年平均日产气量（$35 \sim 40$）$\times 10^4 \mathrm{m}^3$ 的气井 37 口，占比 3.1%；首年平均日产气量（$40 \sim 45$）$\times 10^4 \mathrm{m}^3$ 的气井 29 口，占比 2.4%；首年平均日产气量（$45 \sim 50$）$\times 10^4 \mathrm{m}^3$ 的气井 9 口，占比 0.7%；首年平均日产气量（$50 \sim 55$）$\times 10^4 \mathrm{m}^3$ 的气井 7 口，占比 0.6%；首年平均日产气量（$55 \sim 60$）$\times 10^4 \mathrm{m}^3$ 的气井 2 口，占比 0.2%；首年平均日产气量超过 $60 \times 10^4 \mathrm{m}^3$ 的气井 23 口，占比 1.9%。Haynesville 页岩气藏中深层气井首年平均日产气量主体分布在（$5 \sim 20$）$\times 10^4 \mathrm{m}^3$ 区间。

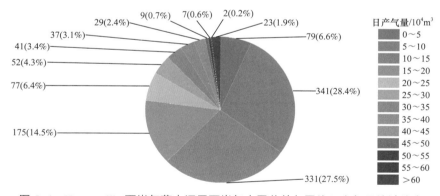

图 5-4 Haynesville 页岩气藏中深层页岩气水平井首年平均日产气量统计分布

图 5-5 给出了 Haynesville 页岩气藏中深层页岩气水平井不同年度首年平均日产气学习曲线。统计结果显示，2011 年以前统计气井 476 口，P25 单井首年平均日产气 $7.7 \times 10^4 \mathrm{m}^3$、P50 单井首年平均日产气 $10.4 \times 10^4 \mathrm{m}^3$、P75 单井首年平均日产气 $14.1 \times 10^4 \mathrm{m}^3$。2011 年统计气井 127 口，P25 单井首年平均日产气 $7.9 \times 10^4 \mathrm{m}^3$、P50 单井首年平均日产气 $10.9 \times 10^4 \mathrm{m}^3$、P75 单井首年平均日产气 $13.9 \times 10^4 \mathrm{m}^3$。2012 年统计气井 78 口，P25 单井

首年平均日产气 $7.9 \times 10^4 m^3$、P50 单井首年平均日产气 $9.2 \times 10^4 m^3$、P75 单井首年平均日产气 $11.2 \times 10^4 m^3$。2013 年统计气井 86 口，P25 单井首年平均日产气 $7.3 \times 10^4 m^3$、P50 单井首年平均日产气 $10.0 \times 10^4 m^3$、P75 单井首年平均日产气 $13.4 \times 10^4 m^3$。2014 年统计气井 86 口，P25 单井首年平均日产气 $8.5 \times 10^4 m^3$、P50 单井首年平均日产气 $10.9 \times 10^4 m^3$、P75 单井首年平均日产气 $13.4 \times 10^4 m^3$。2015 年统计气井 29 口，P25 单井首年平均日产气 $13.7 \times 10^4 m^3$、P50 单井首年平均日产气 $17.3 \times 10^4 m^3$、P75 单井首年平均日产气 $19.3 \times 10^4 m^3$。2016 年统计气井 20 口，P25 单井首年平均日产气 $17.8 \times 10^4 m^3$、P50 单井首年平均日产气 $21.5 \times 10^4 m^3$、P75 单井首年平均日产气 $31.7 \times 10^4 m^3$。2017 年统计气井 82 口，P25 单井首年平均日产气 $15.9 \times 10^4 m^3$、P50 单井首年平均日产气 $19.8 \times 10^4 m^3$、P75 单井首年平均日产气 $27.4 \times 10^4 m^3$。2018 年统计气井 113 口，P25 单井首年平均日产气 $19.1 \times 10^4 m^3$、P50 单井首年平均日产气 $26.7 \times 10^4 m^3$、P75 单井首年平均日产气 $38.4 \times 10^4 m^3$。2019 年统计气井 75 口，P25 单井首年平均日产气 $17.5 \times 10^4 m^3$、P50 单井首年平均日产气 $31.0 \times 10^4 m^3$、P75 单井首年平均日产气 $39.6 \times 10^4 m^3$。2020 年统计气井 21 口，P25 单井首年平均日产气 $28.9 \times 10^4 m^3$、P50 单井首年平均日产气 $32.8 \times 10^4 m^3$、P75 单井首年平均日产气 $37.9 \times 10^4 m^3$。

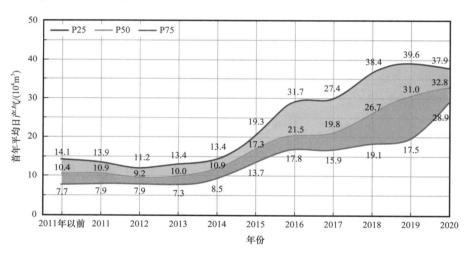

图 5-5　Haynesville 页岩气藏中深层水平井首年平均日产气年度学习曲线

Haynesville 页岩气藏中深层气井不同年度单井首年平均日产气整体呈逐年增加趋势。2014 年前，单井首年平均日产气量保持稳定。2015 年后，单井首年平均日产气量逐年显著增加，主要是源于水平井钻完井和分段压裂技术进步，完钻气井水平段长大幅增加等因素。P50 单井首年平均日产气由初期 $10.4 \times 10^4 m^3$ 逐年增加至 2020 年的 $32.8 \times 10^4 m^3$，平均年相对增幅 14.9%。

将 Haynesville 页岩气藏中深层页岩气水平井单井首年平均日产气按照气井许可时间排序，统计单井首年平均日产气随井数变化趋势，即单井首年平均日产气随井数变化学习曲线。以每 100 口页岩气水平井为一个统计单位，统计单井首年平均日产气均值、P50

值和 M50 值。图 5-6 给出了 Haynesville 页岩气藏中深层页岩气水平井单井首年平均日产气井数学习曲线，单井首年平均日产气统计均值、P50 值和 M50 值基本重合，整体数据变化呈指数规律。利用指数规律进行曲线拟合，拟合系数高达 0.91。统计结果显示 Haynesville 页岩气藏中深层页岩气水平井单井首年平均日产气随井数呈指数式增加趋势。受北美页岩油气水平井钻完井和大规模体积压裂技术进步影响，完钻气井水平段长逐年增加，体积压裂规模逐年加大，最终致使单井首年平均日产气量呈增加趋势。

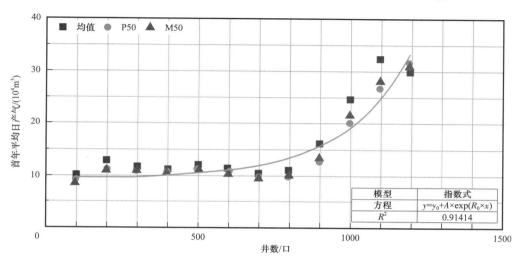

图 5-6　Haynesville 页岩气藏中深层页岩气水平井单井首年平均日产气井数学习曲线

5.1.2　深层气井

将完钻垂深 3500～4500m 页岩气井首年平均日产气量进行单独统计分析，统计深层气井共 3345 口，平均单井首年日产气量 $18.6×10^4m^3$、P25 单井首年平均日产气量 $11.6×10^4m^3$、P50 单井首年平均日产气量 $16.1×10^4m^3$、P75 单井首年平均日产气量 $22.3×10^4m^3$、M50 单井首年平均日产气量 $16.4×10^4m^3$。

图 5-7 给出了 Haynesville 页岩气藏深层页岩气水平井首年平均日产气量统计分布。其中，首年平均日产气量 $0～5×10^4m^3$ 的气井 146 口，占比 4.4%；首年平均日产气量 $（5～10）×10^4m^3$ 的气井 452 口，占比 13.5%；首年平均日产气量 $（10～15）×10^4m^3$ 的气井 856 口，占比 25.5%；首年平均日产气量 $（15～20）×10^4m^3$ 的气井 799 口，占比 23.9%；首年平均日产气量 $（20～25）×10^4m^3$ 的气井 483 口，占比 14.4%；首年平均日产气量 $（25～30）×10^4m^3$ 的气井 223 口，占比 6.7%；首年平均日产气量 $（30～35）×10^4m^3$ 的气井 149 口，占比 4.5%；首年平均日产气量 $（35～40）×10^4m^3$ 的气井 73 口，占比 2.2%；首年平均日产气量 $（40～45）×10^4m^3$ 的气井 53 口，占比 1.6%；首年平均日产气量 $（45～50）×10^4m^3$ 的气井 29 口，占比 0.9%；首年平均日产气量 $（50～55）×10^4m^3$ 的气井 22 口，占比 0.7%；首年平均日产气量 $（55～60）×10^4m^3$ 的气井 15 口，占

比 0.4%；首年平均日产气量超过 $60 \times 10^4 m^3$ 的气井 45 口，占比 1.3%。Haynesville 页岩气藏深层气井首年平均日产气量主体分布在（0～25）$\times 10^4 m^3$ 区间。

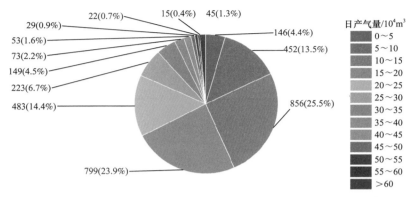

图 5-7　Haynesville 页岩气藏深层页岩气水平井首年平均日产气量统计分布

图 5-8 给出了 Haynesville 页岩气藏深层页岩气水平井不同年度首年平均日产气学习曲线。统计结果显示，2011 年以前统计气井 1498 口，P25 单井首年平均日产气 $10.7 \times 10^4 m^3$、P50 单井首年平均日产气 $14.4 \times 10^4 m^3$、P75 单井首年平均日产气 $18.6 \times 10^4 m^3$。2011 年统计气井 621 口，P25 单井首年平均日产气 $10.8 \times 10^4 m^3$、P50 单井首年平均日产气 $14.2 \times 10^4 m^3$、P75 单井首年平均日产气 $19.0 \times 10^4 m^3$。2012 年统计气井 130 口，P25 单井首年平均日产气 $11.8 \times 10^4 m^3$、P50 单井首年平均日产气 $16.7 \times 10^4 m^3$、P75 单井首年平均日产气 $23.7 \times 10^4 m^3$。2013 年统计气井 131 口，P25 单井首年平均日产气 $12.4 \times 10^4 m^3$、P50 单井首年平均日产气 $18.4 \times 10^4 m^3$、P75 单井首年平均日产气 $25.8 \times 10^4 m^3$。2014 年统计气井 143 口，P25 单井首年平均日产气 $12.0 \times 10^4 m^3$、P50 单井

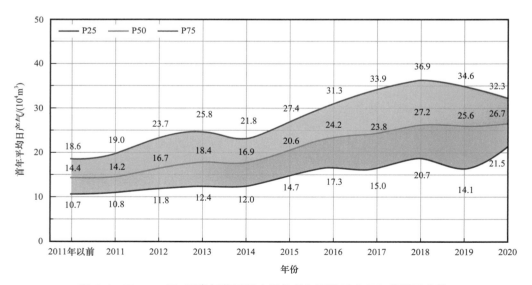

图 5-8　Haynesville 页岩气藏深层水平井首年平均日产气年度学习曲线

首年平均日产气 16.9×10⁴m³、P75 单井首年平均日产气 21.8×10⁴m³。2015 年统计气井
114 口，P25 单井首年平均日产气 14.7×10⁴m³、P50 单井首年平均日产气 20.6×10⁴m³、
P75 单井首年平均日产气 27.4×10⁴m³。2016 年统计气井 150 口，P25 单井首年平均日
产气 17.3×10⁴m³、P50 单井首年平均日产气 24.2×10⁴m³、P75 单井首年平均日产气
31.3×10⁴m³。2017 年统计气井 246 口，P25 单井首年平均日产气 15.0×10⁴m³、P50 单井
首年平均日产气 23.8×10⁴m³、P75 单井首年平均日产气 33.9×10⁴m³。2018 年统计气井
210 口，P25 单井首年平均日产气 20.7×10⁴m³、P50 单井首年平均日产气 27.2×10⁴m³、
P75 单井首年平均日产气 36.9×10⁴m³。2019 年统计气井 98 口，P25 单井首年平均日
产气 14.1×10⁴m³、P50 单井首年平均日产气 25.6×10⁴m³、P75 单井首年平均日产气
34.6×10⁴m³。2020 年统计气井 4 口，P25 单井首年平均日产气 21.5×10⁴m³、P50 单井首
年平均日产气 26.7×10⁴m³、P75 单井首年平均日产气 32.3×10⁴m³。

　　Haynesville 页岩气藏深层气井不同年度单井首年平均日产气整体呈逐年增加趋势。
2011 年前，单井首年平均日产气量保持稳定。2011 年后，单井首年平均日产气量逐年显
著增加，主要是源于水平井钻完井和分段压裂技术进步，完钻气井水平段长大幅增加等
因素。P50 单井首年平均日产气由初期 14.4×10⁴m³ 逐年增加至 2020 年的 26.7×10⁴m³，
平均年相对增幅 7.8%。

　　将 Haynesville 页岩气藏深层页岩气水平井单井首年平均日产气按照气井许可时间排
序，统计单井首年平均日产气随井数变化趋势，即单井首年平均日产气随井数变化学习
曲线。以每 100 口页岩气水平井为一个统计单位，统计单井首年平均日产气均值、P50 值
和 M50 值。图 5-9 给出了 Haynesville 页岩气藏深层页岩气水平井单井首年平均日产气井
数学习曲线，单井首年平均日产气统计均值、P50 值和 M50 值基本重合，整体数据变化
呈指数规律。利用指数规律进行曲线拟合，拟合系数高达 0.81。统计结果显示 Haynesville

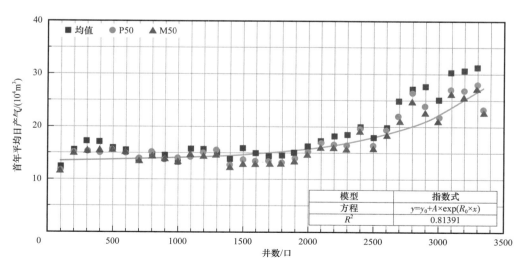

图 5-9　Haynesville 页岩气藏深层页岩气水平井单井首年平均日产气井数学习曲线

页岩气藏深层页岩气水平井单井首年平均日产气随井数呈指数式增加趋势。受北美页岩油气水平井钻完井和大规模体积压裂技术进步影响，完钻气井水平段长逐年增加，体积压裂规模逐年加大，最终致使单井首年平均日产气量呈增加趋势。

5.1.3 超深层气井

Haynesville 页岩气藏垂深过 4500m 区域完钻气井较少，图 5-10 给出了 Haynesville 页岩气藏超深层水平井首年平均日产气量分布图，统计垂深超过 4500m 统计气井 32 口，气井完钻垂深范围 4501～5193m，平均完钻垂深 4711m。统计所有超深层页岩气水平井平均单井首年日产气量为 $25.4 \times 10^4 m^3$、P25 单井首年平均日产气量 $12.9 \times 10^4 m^3$、P50 单井首年平均日产气量 $21.7 \times 10^4 m^3$、P75 单井首年平均日产气量 $33.5 \times 10^4 m^3$、M50 单井首年平均日产气量 $22.6 \times 10^4 m^3$。Haynesville 页岩气藏超深层页岩气资源目前依然处于探索阶段。

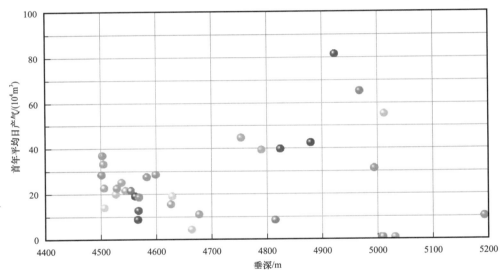

图 5-10　Haynesville 页岩气藏超深层页岩气水平井首年平均日产气量散点分布图

5.1.4 小结

Haynesville 页岩气藏目前完钻气井以深层为主，其次为中深层，超深层依然处于探索试验阶段。图 5-11 给出了中深层与深层完钻页岩气水平井单井首年平均日产气分布及年度学习曲线。单井首年平均日产气频率分布图显示中深层气井和深层气井主体压裂段数分布在 $0～25 \times 10^4 m^3/d$ 区间。除此之外，深层气井在单井首年平均日产气 $12.5 \times 10^4 ～ 35.0 \times 10^4 m^3$ 区间分布频率明显高于中深层气井。不同年度单井首年平均日产气学习曲线显示中深层气井 P50 单井压裂段数自 2018 年开始显著高于深层气井，主要是由于中深层气井完钻水平段长整体大幅超过深层气井完钻水平段长所致。

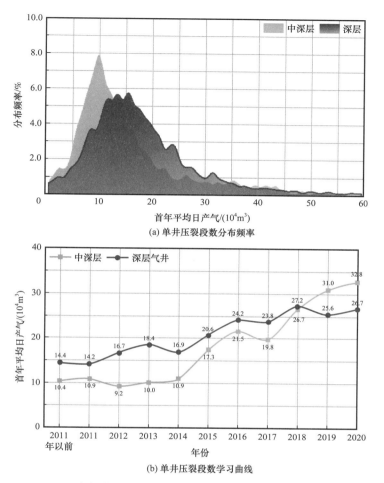

(a) 单井压裂段数分布频率

(b) 单井压裂段数学习曲线

图 5-11　Haynesville 页岩气藏中深层和深层页岩气水平井首年平均日产气分布及学习曲线

5.2　产量递减率

　　除首年日产气量外，产量递减率是表征气井后续产量的另一关键开发指标。由于页岩气井投产初期经历高液量排液阶段、峰值产量阶段、产量和压力快速递减阶段，通常选取年产量递减率描述气井不同年度的生产规律。本文对 Haynesville 页岩气藏页岩气水平井递减规律进行了综合全面分析。

　　图 5-12 给出了 Haynesville 页岩气藏水平井年产量递减率散点分布。统计结果显示，生产时间超 2 年气井 3481 口，统计平均第二年产量递减率为 48%、P25 第二年产量递减率为 37%、P50 第二年产量递减率 49%、P75 第二年产量递减率 61%、M50 第二年产量递减率 49%。生产时间超 3 年气井 3481 口，统计平均第三年产量递减率为 47%、P25 第三年产量递减率为 39%、P50 第三年产量递减率 48%、P75 第三年产量递减率 55%、M50

第三年产量递减率 47%。生产时间超 4 年气井 3270 口，统计平均第四年产量递减率为 37%、P25 第四年产量递减率为 30%、P50 第四年产量递减率 36%、P75 第四年产量递减率 43%、M50 第四年产量递减率 36%。生产时间超 5 年气井 3049 口，统计平均第五年产量递减率为 30%、P25 第五年产量递减率为 24%、P50 第五年产量递减率 29%、P75 第五年产量递减率 35%、M50 第五年产量递减率 29%。生产时间超 6 年气井 2776 口，统计平均第六年产量递减率为 27%、P25 第六年产量递减率为 20%、P50 第六年产量递减率 24%、P75 第六年产量递减率 30%、M50 第六年产量递减率 24%。生产时间超 7 年气井 2343 口，统计平均第七年产量递减率为 26%、P25 第七年产量递减率为 17%、P50 第七年产量递减率 23%、P75 第七年产量递减率 30%、M50 第七年产量递减率 23%。生产时间超 8 年气井 1992 口，统计平均第八年产量递减率为 26%、P25 第八年产量递减率为 16%、P50 第八年产量递减率 22%、P75 第八年产量递减率 32%、M50 第八年产量递减率 23%。生产时间超 9 年气井 1442 口，统计平均第九年产量递减率为 28%、P25 第九年产量递减率为 14%、P50 第九年产量递减率 21%、P75 第九年产量递减率 37%、M50 第九年产量递减率 23%。

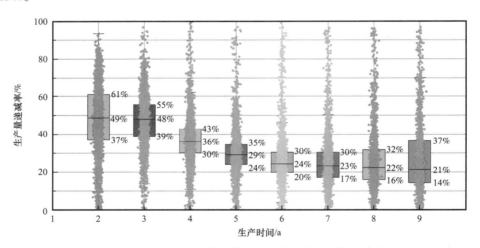

图 5-12　Haynesville 页岩气藏水平井年产量递减率统计分布

图 5-13 和图 5-14 分别给出了 Haynesville 页岩气藏水平井年产量递减率学习曲线和无量纲产量曲线。页岩气水平井整体表现为初期快速递减，随生产时间递减逐渐减缓的趋势。以 P50 年产量递减率为例，气井投产前三年对应年产量递减率分别为 49% 和 48%，第四年产量递减率下降至 36%，第五年后年产量递减率下降至 30% 以下。

5.2.1　中深层气井

将完钻垂深 3000～3500m 页岩气井年产量递减率进行单独统计分析，图 5-15 给出了 Haynesville 页岩气藏中深层水平井年产量递减率统计分布。统计结果显示，生产时间超 2 年气井 843 口，统计平均第二年产量递减率为 45%、P25 第二年产量递减率为 37%、P50

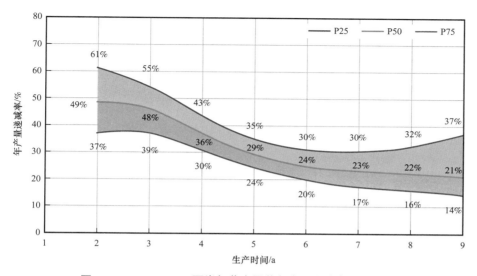

图 5-13　Haynesville 页岩气藏水平井年产量递减率学习曲线

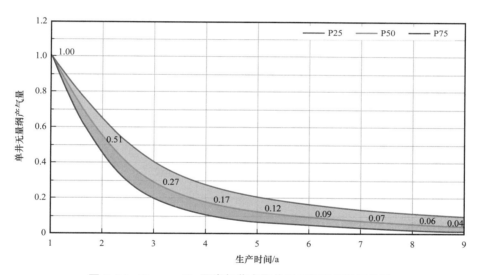

图 5-14　Haynesville 页岩气藏水平井无量纲产量学习曲线

第二年产量递减率 47%、P75 第二年产量递减率 55%、M50 第二年产量递减率 46%。生产时间超 3 年气井 843 口，统计平均第三年产量递减率为 39%、P25 第三年产量递减率为 33%、P50 第二年产量递减率 40%、P75 第三年产量递减率 45%、M50 第三年产量递减率 40%。生产时间超 4 年气井 824 口，统计平均第四年产量递减率为 32%、P25 第四年产量递减率为 27%、P50 第四年产量递减率 32%、P75 第四年产量递减率 37%、M50 第四年产量递减率 32%。生产时间超 5 年气井 782 口，统计平均第五年产量递减率为 28%、P25第五年产量递减率为 22%、P50 第五年产量递减率 27%、P75 第五年产量递减率 32%、M50 第五年产量递减率 27%。生产时间超 6 年气井 731 口，统计平均第六年产量递减率为 25%、P25 第六年产量递减率为 19%、P50 第六年产量递减率 23%、P75 第六年产量递减率 28%、M50 第六年产量递减率 23%。生产时间超 7 年气井 572 口，统计平均第七年产量递减率为 22%、P25 第七年产量递减率为 16%、P50 第七年产量递减率 20%、P75 第七年产量递减率 26%、M50 第七年产量递减率 23%。生产时间超 8 年气井 454 口，统计平均第八年产量递减率为 24%、P25 第八年产量递减率为 14%、P50 第八年产量递减率 19%、P75 第八年产量递减率 27%、M50 第八年产量递减率 20%。生产时间超 9 年气井 351 口，统计平均第九年产量递减率为 27%、P25 第九年产量递减率为 13%、P50 第九年产量递减率 19%、P75 第九年产量递减率 34%、M50 第九年产量递减率 21%。

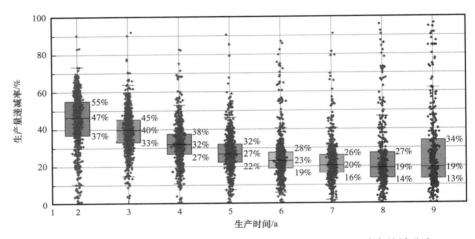

图 5-15　Haynesville 页岩气藏中深层页岩气水平井年产量递减率统计分布

Haynesville 页岩气藏中深层页岩气水平井年产量递减率表现为初期快速递减，后期递减逐渐减缓趋势，符合典型页岩气藏开发特征。气井投产初期，P50 第二年产量递减率为 47%，第三年产量递减率下降至 40%，第四年产量递减率下降至 32%。第五至第七年 P50 年产量递减率低于 30%，第八年后 P50 年产量递减率低于 20%。根据递减率计算气井第九年平均产量约为首年平均产量的 5%～6%。Haynesville 页岩气藏中深层页岩气井整体表现为相对较快的产量递减规律。

5.2.2　深层气井

将完钻垂深 3500～4500m 页岩气井年产量递减率进行单独统计分析，图 5-16 给出了 Haynesville 页岩气藏深层水平井年产量递减率统计分布。统计结果显示，生产时间超 2 年气井 2620 口，统计平均第二年产量递减率为 49%、P25 第二年产量递减率为 37%、P50 第二年产量递减率 49%、P75 第二年产量递减率 63%、M50 第二年产量递减率 50%。生产时间超 3 年气井 2620 口，统计平均第三年产量递减率为 49%、P25 第三年产量递减率为 42%、P50 第二年产量递减率 51%、P75 第三年产量递减率 57%、M50 第三年产量递减率 50%。生产时间超 4 年气井 2430 口，统计平均第四年产量递减率为 38%、P25 第四年产量递减率为 31%、P50 第四年产量递减率 37%、P75 第四年产量递减率 44%、M50 第四年产量递减率 38%。生产时间超 5 年气井 2256 口,统计平均第五年产量递减率为 31%、P25 第五年产量递减率为 25%、P50 第五年产量递减率 30%、P75 第五年产量递减率 35%、M50 第五年产量递减率 30%。生产时间超 6 年气井 2037 口,统计平均第六年产量递减率为 28%、P25 第六年产量递减率为 20%、P50 第六年产量递减率 25%、P75 第六年产量递减率 31%、M50 第六年产量递减率 25%。生产时间超 7 年气井 1765 口,统计平均第七年产量递减率为 27%、P25 第七年产量递减率为 17%、P50 第七年产量递减率 24%、P75 第七年产量递减率 32%、M50 第七年产量递减率 24%。生产时间超 8 年气井 1533 口,统计平均第八年产量递减率为 27%、P25 第八年产量递减率为 17%、P50 第八年产量递减率 23%、P75 第八年产量递减率 33%、M50 第八年产量递减率 24%。生产时间超 9 年气井 1088 口,统计平均第九年产量递减率为 28%、P25 第九年产量递减率为 15%、P50 第九年产量递减率 22%、P75 第九年产量递减率 38%、M50 第九年产量递减率 25%。

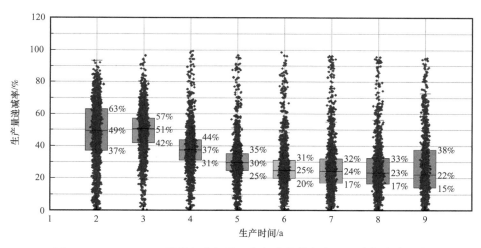

图 5-16　Haynesville 页岩气藏深层页岩气水平井年产量递减率统计分布

Haynesville 页岩气藏深层页岩气水平井年产量递减率表现为初期快速递减,后期递减呈现逐渐减缓趋势,符合典型页岩气藏开发特征。气井投产初期,P50 第二年产量递减率为 49%,第三年产量递减率下降至 51%,第四年产量递减率下降至 37%。第五年至第九年 P50 年产量递减率低于 30%。根据递减率计算气井第九年平均产量约为首年平均产量的 3%～4%。Haynesville 页岩气藏深层页岩气井整体表现为相对较快的产量递减规律。

5.2.3　超深层气井

将 Haynesville 页岩气藏完钻垂深超过 4500m 的超深层水平井产量递减率进行单独统计分析,图 5-17 给出了超深层水平井年产量递减率统计分布。Haynesville 页岩气藏超深层完钻水平井数相对较少,统计 P50 第二年和第三年产量递减率分别为 51% 和 50%。第四年产量递减率下降至 41%,第五年开始产量递减率下降至 33%,因超深层完钻水平井整体数量较少，第五年后对应年产量递减率代表性不强。超深层气井产量递减率总体显示为初期产量递减率略高于中深层和深层气井。

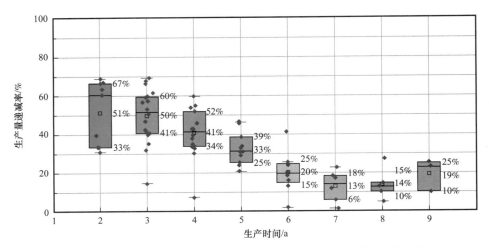

图 5-17　Haynesville 页岩气藏超深层页岩气水平井年产量递减率统计分布

5.2.4　影响因素分析

页岩气水平井产量递减率是综合开发特征的重要表征参数，也是气藏开发方案中的关键指标之一。产量递减率受气藏地质特征、开发技术政策、钻完井及体积压裂等工程技术实施效果、采气工艺技术等多重因素控制。气井产量递减率受多个因素控制，需要针对多重因素开展主成分分析。

相关系数是研究变量之间线性相关程度的量，反映变量之间相关关系密切程度的统计指标。选取主流的皮尔逊相关系数分析不同因素与产量递减率的关联程度。选取许可日期、水平井完钻垂深、水平井测深、水平段长、钻井周期、水垂比、压裂段数、压裂液量、支撑剂量、平均段间距、用液强度、加砂强度、单井总成本、首年平均日产气和百米段长 EUR 共 15 项参数与气井第二年至第九年产量递减率进行相关系数分析。其中钻井许可日期引入相关性分析用于表征钻完井工程技术经验进步对开发效果的影响。由于缺乏井点详细地质参数，将垂深视为一项地质参数。水平井测深、水平段长、钻井周期和水垂比为水平井钻完井工程参数。水平井分段压裂参数包括单井压裂段数、压裂液量、支撑剂量、平均段间距、用液强度、加砂强度。单井总成本、首年平均日产气和百米段长 EUR 作为成本和开发指标参数。

图 5-18 给出了 Haynesville 页岩气藏所有气井不同参数与不同年度产量递减率相关系数矩阵。相关系数范围为 -1.0～1.0，相关系数趋向于 -1.0 表示线性相关程度低，相关系数趋向 1.0 表示线性相关程度高。第二年产量递减率与不同参数相关系数分析显示，主要影响因素包括首年平均日产气、垂深、测深、百米段长 EUR、平均段间距、单井支撑剂用量、水平段长、单井总成本、加砂强度、钻井周期。钻井许可日期、水垂比、压裂段

数、压裂液量和用液强度与产量递减率不相关。第二年产量递减率高相关系数影响因素包括首年平均日产气、垂深和测深，相关系数分别为 1.00、0.99 和 0.92。首年平均日产气量一定程度上反映了气井初期生产制度。其他条件相同时，气井首年平均日产气量越高说明气井初期放压生产程度越大。因此，高首年平均日产气量气井通常对应较高的第二年产量递减率。气井完钻垂深反映了地质条件及气藏原始压力信息，随垂深增加，绝对原始地层压力呈近似线性增加趋势，导致气井第二年产量递减率同样呈增加趋势。水平井测深参数同时涵盖了垂深及水平段长信息，随水平井完钻测深增加，钻完井和体积压裂工程作业效率呈下降趋势，第二年产量递减率呈增加趋势。

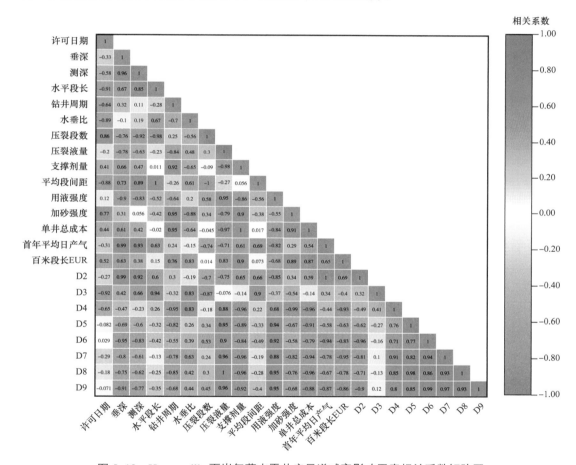

图 5-18　Haynesville 页岩气藏水平井产量递减率影响因素相关系数矩阵图

第三年产量递减率影响因素包括水平段长、平均段间距、水垂比、测深、垂深和首年平均日产气。单井压裂液量、支撑剂量、单井总成本、钻井周期、用液强度、百米段长 EUR、加砂强度、压裂段数和许可日期与第三年产量递减率线性不相关。第三年产量递减率高相关系数影响因素包括水平段长、平均段间距和水垂比，线性相关系数分别为 0.94、0.90 和 0.83。

第四年至第九年产量递减率影响因素主要包括压裂液量、水垂比、用液强度、水平段长和平均段间距。压裂段数、测深、首年平均日产气、垂深、许可日期、百米段长 EUR、钻井周期、单井总成本、支撑剂量和加砂强度与第四年至第九年产量递减率线性不相关。单井压裂液量和用液强度属于类似参数，均表示压裂液强度。因此，影响第四年至第九年产量递减率的主要因素为用液强度和水垂比。

5.2.5　小结

图 5-19 给出了 Haynesville 页岩气藏中深层与深层水平井产量递减率和无量纲含量曲线，产量递减率整体呈现为初期快速递减，后期逐渐变缓的生产特征。不同年度 P50 年产量递减率统计结果显示深层气井整体高于中深层气井。中深层气井 P50 第二年产量递减率 47%，深层气井 P50 第二年产量递减率 49%。中深层气井 P50 第三年产量递减率 40%，深层气井 P50 第三年产量递减率 51%。中深层气井进入第八年后，产量递减率下降至 20% 以下，深层气井产量递减率始终保持在 20% 以上。

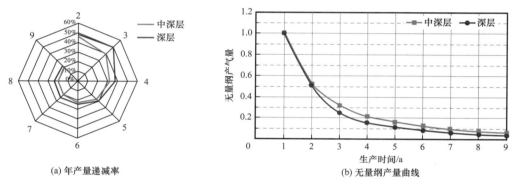

(a) 年产量递减率　　　　　　　　　　　　　　(b) 无量纲产量曲线

图 5-19　Haynesville 页岩气藏中深层与深层水平井产量递减率和无量纲产量对比曲线

产量递减率受气藏地质特征、开发技术政策、钻完井及体积压裂等工程技术实施效果、采气工艺技术等多重因素控制。不同年度产量递减率受多种不同因素影响。第二年产量递减率高相关系数影响因素包括首年平均日产气、垂深和测深，相关系数分别为 1.00、0.99 和 0.92。第三年产量递减率高相关系数影响因素包括水平段长、平均段间距和水垂比，线性相关系数分别为 0.94、0.90 和 0.83。第四年至第九年产量递减率影响因素主要包括压裂液量、水垂比、用液强度、水平段长和平均段间距。

5.3　单井最终可采储量

单井最终可采储量（EUR）是页岩气井最为关键的开发指标，是指预计在整个生产周期内从单井（区块、盆地）可经济采出的天然气或石油总量。准确评价 EUR 能够了解单井（区块或盆地）开采潜力，为开发方案编制、经济评价、开发调整和加密钻井提供可采储量依据。

图 5-20 给出了 Haynesville 页岩气藏水平井单井 EUR 散点分布，统计单井 EUR 范围（28～62184）× 10^4m^3。统计 Haynesville 页岩气藏 4533 口年度气井 EUR 数据，其中包括中深层气井 1139 口、深层气井 3119 口、超深层气井 28 口。统计平均单井 EUR 为 17393 × 10^4m^3，P25 单井 EUR 为 9515 × 10^4m^3，P50 单井 EUR 为 14300 × 10^4m^3、P75 单井 EUR 为 22229 × 10^4m^3，M50 单井 EUR 为 14778 × 10^4m^3。受北美页岩油气水平井完钻水平段长不断增加和压裂技术发展趋势影响，单井 EUR 总体呈逐年上升趋势。

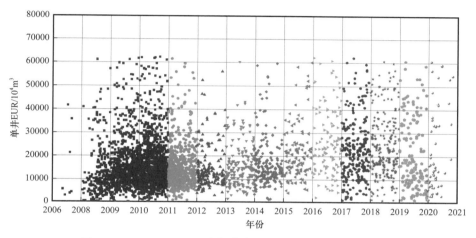

图 5-20　Haynesville 页岩气藏水平井单井 EUR 散点分布图

图 5-21 给出了 Haynesville 页岩气藏所有气井单井 EUR 统计分布图，统计结果显示单井 EUR 小于 10000 × 10^4m^3 气井 1250 口，统计占比 27.6%。单井 EUR 为（10000～20000）× 10^4m^3 的气井 1924 口，统计占比 42.5%。单井 EUR 为（20000～30000）× 10^4m^3 的气井 763 口，统计占比 16.8%。单井 EUR 为（30000～40000）× 10^4m^3 的气井 328 口，统计占比 7.2%。单井 EUR 为（40000～50000）× 10^4m^3 的气井 160 口，统计占比 3.5%。单井 EUR 为（50000～60000）× 10^4m^3 的气井 90 口，统计占比 2.0%。单井 EUR 超过 60000 × 10^4m^3 的气井 18 口，统计占比 0.4%。统计分布显示 Haynesville 页岩气藏单井 EUR 主体分布于 30000 × 10^4m^3 以下，累计气井占比高达 86.8%。图 5-22 给出了不同 Haynesville 页岩气藏所有水平井不同年度单井 EUR 统计分布，不同年度 P50 单井 EUR 范围（12077～23107）× 10^4m^3，2016 年 P50 单井 EUR 到达峰值 23107 × 10^4m^3。2020 年，P50 单井 EUR 为 12856 × 10^4m^3。

5.3.1　中深层气井

将完钻垂深 3000～3500m 页岩气水平井单井 EUR 进行单独统计分析，图 5-23 给出了 Haynesville 页岩气藏中深层水平井单井 EUR 统计分布。统计中深层页岩气水平井 1139 口，平均单井 EUR 为 17769 × 10^4m^3、P25 单井 EUR 为 9557 × 10^4m^3、P50 单井 EUR 为 13649 × 10^4m^3、P75 单井 EUR 为 22512 × 10^4m^3、M50 单井 EUR 为 14460 × 10^4m^3。

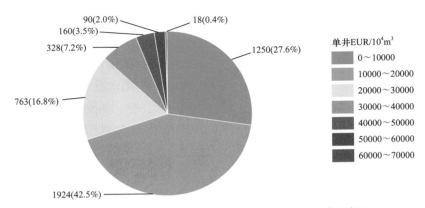

图 5-21　Haynesville 页岩气藏水平井单井 EUR 统计分布图

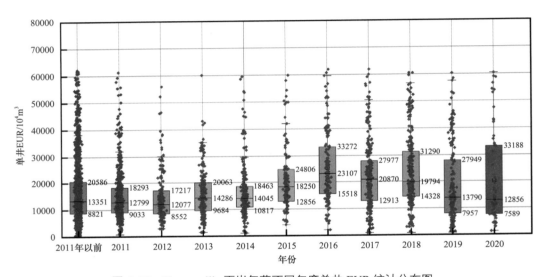

图 5-22　Haynesville 页岩气藏不同年度单井 EUR 统计分布图

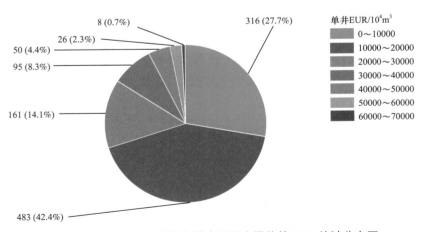

图 5-23　Haynesville 页岩气藏中深层水平井单 EUR 统计分布图

单井 EUR 统计分布显示单井 EUR 小于 $10000 \times 10^4 m^3$ 的气井 316 口，统计占比 27.7%。单井 EUR 为（$10000 \sim 20000$）$\times 10^4 m^3$ 的气井 483 口，统计占比 42.4%。单井 EUR 为（$20000 \sim 30000$）$\times 10^4 m^3$ 的气井 161 口，统计占比 14.1%。单井 EUR 为（$30000 \sim 40000$）$\times 10^4 m^3$ 的气井 95 口，统计占比 8.3%。单井 EUR 为（$40000 \sim 50000$）$\times 10^4 m^3$ 的气井 50 口，统计占比 4.4%。单井 EUR 为（$50000 \sim 60000$）$\times 10^4 m^3$ 的气井 26 口，统计占比 2.3%。单井 EUR 超过 $60000 \times 10^4 m^3$ 的气井 8 口，统计占比 0.7%。统计分布显示 Haynesville 页岩气藏中深层页岩气水平井单井 EUR 主体分布于 $30000 \times 10^4 m^3$ 以下，累计气井占比高达 84.3%。

图 5-24 给出了 Haynesville 页岩气藏中深层页岩气水平井不同年度单井 EUR 学习曲线。2011 年以前中深层统计气井 453 口，P25 单井 EUR 为 $8778 \times 10^4 m^3$、P50 单井 EUR 为 $12431 \times 10^4 m^3$、P75 单井 EUR 为 $18321 \times 10^4 m^3$。2011 年统计气井 125 口，P25 单井 EUR 为 $8665 \times 10^4 m^3$、P50 单井 EUR 为 $11978 \times 10^4 m^3$、P75 单井 EUR 为 $14725 \times 10^4 m^3$。2012 年统计气井 78 口，P25 单井 EUR 为 $8488 \times 10^4 m^3$、P50 单井 EUR 为 $10364 \times 10^4 m^3$、P75 单井 EUR 为 $13458 \times 10^4 m^3$。2013 年统计气井 86 口，P25 单井 EUR 为 $8127 \times 10^4 m^3$、P50 单井 EUR 为 $11822 \times 10^4 m^3$、P75 单井 EUR 为 $16452 \times 10^4 m^3$。2014 年统计气井 85 口，P25 单井 EUR 为 $10336 \times 10^4 m^3$、P50 单井 EUR 为 $12375 \times 10^4 m^3$、P75 单井 EUR 为 $18463 \times 10^4 m^3$。2015 年统计气井 28 口，P25 单井 EUR 为 $14980 \times 10^4 m^3$、P50 单井 EUR 为 $21266 \times 10^4 m^3$、P75 单井 EUR 为 $30306 \times 10^4 m^3$。2016 年统计气井 14 口，P25 单井 EUR 为 $18774 \times 10^4 m^3$、P50 单井 EUR 为 $22116 \times 10^4 m^3$、P75 单井 EUR 为 $30448 \times 10^4 m^3$。2017 年统计气井 72 口，P25 单井 EUR 为 $17252 \times 10^4 m^3$、P50 单井 EUR 为 $25457 \times 10^4 m^3$、P75 单井 EUR 为 $32791 \times 10^4 m^3$。2018 年统计气井 96 口，P25 单井 EUR 为 $18852 \times 10^4 m^3$、P50 单井 EUR 为 $26561 \times 10^4 m^3$、P75 单井 EUR 为 $36501 \times 10^4 m^3$。2019 年统计气井 74 口，P25 单井 EUR 为 $10583 \times 10^4 m^3$、P50 单井 EUR 为 $25443 \times 10^4 m^3$、P75 单井 EUR 为

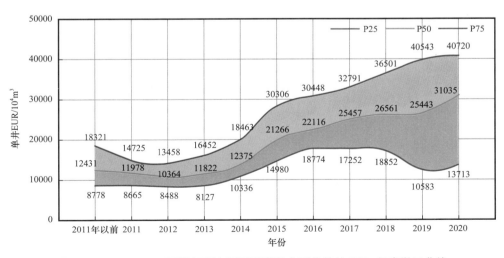

图 5-24　Haynesville 页岩气藏中深层页岩气水平井单井 EUR 年度学习曲线

$40543 \times 10^4 m^3$。2020 年统计气井 28 口，P25 单井 EUR 为 $13713 \times 10^4 m^3$、P50 单井 EUR 为 $31035 \times 10^4 m^3$、P75 单井 EUR 为 $40720 \times 10^4 m^3$。

Haynesville 页岩气藏中深层页岩气水平井不同年度单井 EUR 统计结果显示，2014 年以前该气藏单井 EUR 保持稳定。自 2014 年开始单井 EUR 整体呈逐年上升趋势，2015 年后 P50 单井 EUR 保持在 $20000 \times 10^4 m^3$ 以上。2020 年 P50 单井 EUR 达到 $31035 \times 10^4 m^3$。单井 EUR 变化趋势与气井完钻水平段长趋势相同，钻完井技术进步致使完钻气井水平段长大幅增加是单井 EUR 增加的主要因素。

将 Haynesville 页岩气藏中深层页岩气水平井单井 EUR 按照气井许可时间排序，统计单井 EUR 随井数变化趋势，即单井 EUR 随井数变化学习曲线。以每 100 口页岩气水平井为一个统计单位，统计单井 EUR 均值、P50 值和 M50 值。图 5-25 给出了 Haynesville 页岩气藏中深层页岩气水平井单井 EUR 井数学习曲线，显示单井 EUR 统计均值、P50 值和 M50 值基本重合，整体数据变化呈指数式规律。利用指数规律进行曲线拟合，拟合系数高达 0.90。统计结果显示 Haynesville 页岩气藏中深层页岩气水平井单井 EUR 随井数呈指数式上升趋势。受北美页岩油气水平井长水平段钻完井技术和大规模体积压裂技术发展趋势影响，单井 EUR 整体随井数呈上升趋势。

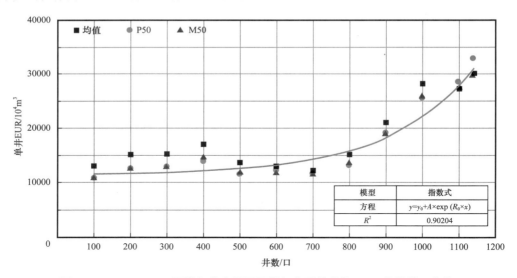

图 5-25　Haynesville 页岩气藏中深层页岩气水平井单井 EUR 井数学习曲线

5.3.2　深层气井

将完钻垂深 3500～4500m 页岩气水平井单井 EUR 进行单独统计分析，图 5-26 给出了 Haynesville 页岩气藏深层水平井单井 EUR 统计分布。统计深层页岩气水平井 3119 口，平均单井 EUR 为 $17817 \times 10^4 m^3$，P25 单井 EUR 为 $10081 \times 10^4 m^3$、P50 单井 EUR 为 $15065 \times 10^4 m^3$、P75 单井 EUR 为 $22654 \times 10^4 m^3$、M50 单井 EUR 为 $15466 \times 10^4 m^3$。

深层页岩气水平井单井 EUR 统计分布显示单井 EUR 小于 $10000 \times 10^4 m^3$ 气井 770

口，统计占比 24.7%。单井 EUR 为（10000～20000）×10⁴m³ 的气井 1357 口，统计占比 43.5%。单井 EUR 为（20000～30000）×10⁴m³ 的气井 594 口，统计占比 19.0%。单井 EUR 为（30000～40000）×10⁴m³ 的气井 224 口，统计占比 7.2%。单井 EUR 为（40000～50000）×10⁴m³ 的气井 106 口，统计占比 3.4%。单井 EUR 为（50000～60000）×10⁴m³ 的气井 60 口，统计占比 1.9%。单井 EUR 超过 60000×10⁴m³ 的气井 8 口，统计占比 0.3%。统计分布显示 Haynesville 页岩气藏深层页岩气水平井单井 EUR 主体分布于 30000×10⁴m³ 以下，累计气井占比高达 87.2%。

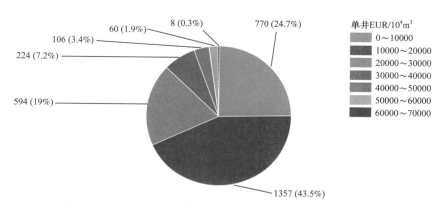

图 5-26　Haynesville 页岩气藏深层水平井单 EUR 统计分布图

图 5-27 给出了 Haynesville 页岩气藏深层页岩气水平井不同年度单井 EUR 学习曲线。2011 年以前深层统计气井 1402 口，P25 单井 EUR 为 9854×10⁴m³、P50 单井 EUR 为 14895×10⁴m³、P75 单井 EUR 为 22257×10⁴m³。2011 年统计气井 598 口，P25 单井 EUR 为 9182×10⁴m³、P50 单井 EUR 为 13337×10⁴m³、P75 单井 EUR 为 18802×10⁴m³。2012 年统计气井 126 口，P25 单井 EUR 为 8856×10⁴m³、P50 单井 EUR 为 13224×10⁴m³、P75 单井 EUR 为 23999×10⁴m³。2013 年统计气井 128 口，P25 单井 EUR 为 11348×10⁴m³、P50 单井 EUR 为 15348×10⁴m³、P75 单井 EUR 为 22314×10⁴m³。2014 年统计气井 143 口，P25 单井 EUR 为 11553×10⁴m³、P50 单井 EUR 为 14555×10⁴m³、P75 单井 EUR 为 18264×10⁴m³。2015 年统计气井 109 口，P25 单井 EUR 为 12516×10⁴m³、P50 单井 EUR 为 17203×10⁴m³、P75 单井 EUR 为 23305×10⁴m³。2016 年统计气井 135 口，P25 单井 EUR 为 15489×10⁴m³、P50 单井 EUR 为 22866×10⁴m³、P75 单井 EUR 为 32395×10⁴m³。2017 年统计气井 214 口，P25 单井 EUR 为 11674×10⁴m³、P50 单井 EUR 为 18406×10⁴m³、P75 单井 EUR 为 25436×10⁴m³。2018 年统计气井 174 口，P25 单井 EUR 为 12318×10⁴m³、P50 单井 EUR 为 17472×10⁴m³、P75 单井 EUR 为 25995×10⁴m³。2019 年统计气井 86 口，P25 单井 EUR 为 7915×10⁴m³、P50 单井 EUR 为 11752×10⁴m³、P75 单井 EUR 为 17372×10⁴m³。

Haynesville 页岩气藏深层页岩气水平井不同年度单井 EUR 统计结果显示，2014 年以前该气藏单井 EUR 保持稳定。自 2014 年开始单井 EUR 整体呈逐年上升趋势，2016 年以后 P50 单井 EUR 达到峰值 $22866 \times 10^4 \mathrm{m}^3$，然后 P50 单井 EUR 呈下降趋势。2020 年 P50 单井 EUR 下降至 $11752 \times 10^4 \mathrm{m}^3$。

将 Haynesville 页岩气藏深层页岩气水平井单井 EUR 按照气井许可时间排序，统计单井 EUR 随井数变化趋势，即单井 EUR 随数变化学习曲线。以每 100 口页岩气水平井为一个统计单位，统计单井 EUR 均值、P50 值和 M50 值。图 5-28 给出了 Haynesville 页岩气藏深层页岩气水平井单井 EUR 井数学习曲线单井，显示单井 EUR 对应 P50 值和 M50 值基本重合，单井 EUR 随井数呈相对稳定波动趋势。

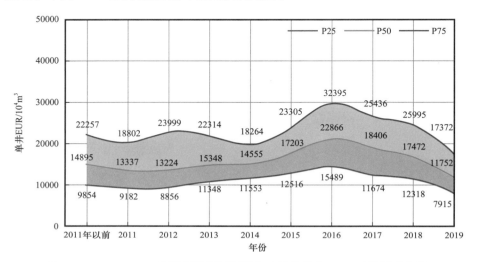

图 5-27　Haynesville 页岩气藏深层页岩气水平井单井 EUR 时间学习曲线

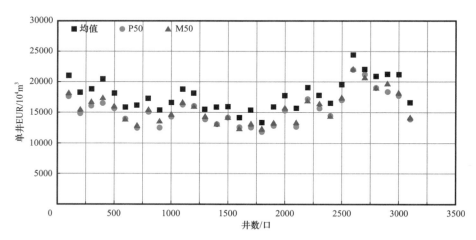

图 5-28　Haynesville 页岩气藏深层页岩气水平井单井 EUR 井数学习曲线

5.3.3　超深层气井

Haynesville 页岩气藏垂深过 4500m 区域完钻气井较少，统计垂深超过 4500m 统计气井 28 口，气井完钻垂深范围 4501～5193m，平均完钻垂深 4711m。图 5-29 给出了 Haynesville 页岩气藏超深层页岩气水平井垂深与单井 EUR 散点分布图。统计所有超深层页岩气水平井 EUR 分布显示，单井 EUR 小于 $10000 \times 10^4 m^3$ 气井 6 口，单井 EUR 为 $(10000～20000) \times 10^4 m^3$ 的气井 8 口，单井 EUR 为 $(20000～30000) \times 10^4 m^3$ 的气井 4 口，单井 EUR 为 $(30000～40000) \times 10^4 m^3$ 的气井 6 口，单井 EUR 为 $(40000～50000) \times 10^4 m^3$ 的气井 1 口，单井 EUR 为 $(50000～60000) \times 10^4 m^3$ 的气井 1 口，单井 EUR 超过 $60000 \times 10^4 m^3$ 的气井 2 口。统计所有超深层页岩气水平井平均单井 EUR 为 $23473 \times 10^4 m^3$、P25 单井 EUR 为 $12522 \times 10^4 m^3$、P50 单井 EUR 为 $19482 \times 10^4 m^3$、P75 单井 EUR 为 $32083 \times 10^4 m^3$、M50 单井 EUR 为 $21810 \times 10^4 m^3$。

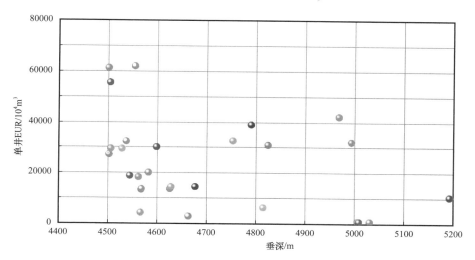

图 5-29　Haynesville 页岩气藏超深层页岩气水平井单井 EUR 散点分布图

5.3.4　影响因素分析

页岩气水平井单井 EUR 受气藏地质特征、开发技术政策、钻完井及体积压裂等工程技术实施效果、采气工艺技术等多重因素控制。相关系数是研究变量之间线性相关程度的量，反映变量之间相关关系密切程度的统计指标。选取主流的皮尔逊相关系数分析不同因素与单井最终可采储量的关联程度。选取许可日期、水平井完钻垂深、水平井测深、水平段长、钻井周期、水垂比、压裂段数、压裂液量、支撑剂量、平均段间距、用液强度、加砂强度、单井总成本、建井周期和第二年产量递减率共 15 项参数与单井 EUR 进行相关系数分析。其中，钻井许可日期引入相关性分析用于表征钻完井工程技术经验进步对开发效果的影响。由于缺乏井点详细地质参数，将垂深视为一项地质参数。水平井测深、水平段长、钻井周期和水垂比为水平井钻完井工程参数。水平井分段压裂参数包括单井压裂段数、压裂液量、支撑剂量、平均段间距、用液强度、加砂强度。单井总成本、建井周期和第二年产量递减率作为成本和开发指标参数。

图 5-30 给出了 Haynesville 页岩气藏所有气井不同参数与单井 EUR 相关系数矩阵。相关系数范围为 –1.0～1.0，相关系数趋向于 –1.0 表示线性相关程度低，相关系数趋向 1.0 表示线性相关程度高。单井 EUR 与不同参数相关系数分析显示，主要影响因素包括加砂强度、支撑剂量、用液强度、压裂段数、许可日期、水垂比、水平段长和测深。垂深、钻井周期、平均段间距、单井总成本、建井周期和第二年产量递减率与单井 EUR 不相关。相关性分析显示，加砂强度是影响单井 EUR 的首要因素。

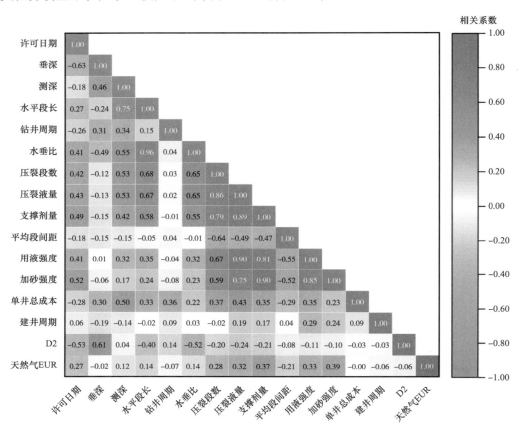

图 5-30　Haynesville 页岩气藏水平井单井 EUR 影响因素相关系数矩阵图

5.3.5　小结

图 5-31 给出了 Haynesville 页岩气藏中深层与深层水平井单井 EUR 频率分布及年度 P50 单井 EUR 分布，单井 EUR 低于 $15000 \times 10^4 \mathrm{m}^3$ 时，中深层气井分布频率显著高于深层气井。单井 EUR 高于 $15000 \times 10^4 \mathrm{m}^3$ 时，深层气井单井 EUR 分布频率略高于中深层气井。不同年度 P50 单井 EUR 显示中深层气井单井 EUR 呈总体逐年上升趋势。深层页岩气水平井 P50 单井 EUR 在 2016 年达到峰值 $23078 \times 10^4 \mathrm{m}^3$，后续呈下降趋势。2015 年后中深层水平井单井 EUR 显著高于深层水平井，主要原因是中深层气井完钻水平段长显著高

于深层水平井。相同水平井钻完井技术条件和测深条件下，中深层页岩气水平井能够实现更长的水平段长，而深层页岩气井水平段长受限。

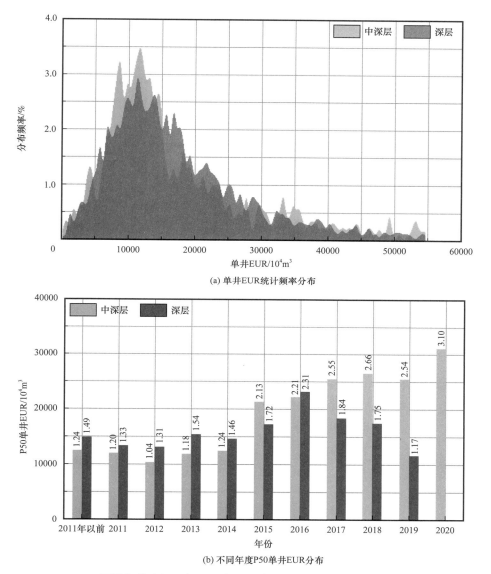

(a) 单井EUR统计频率分布

(b) 不同年度P50单井EUR分布

图 5-31　Haynesville 页岩气藏中深层与深层水平井单井 EUR 频率分布及年度 P50 单井 EUR 分布

5.4　百米段长可采储量

页岩气井完钻水平段长是影响单井 EUR 的核心要素之一，不同水平段长气井单井最终可采储量差异显著，无法进行横向对比分析。引入百米段长可采储量（百米段长 EUR）作为关键开发技术指标，对不同区块和井间进行横向对比分析。百米段长 EUR 是指百米水平段长能够获取的 EUR。通过百米段长 EUR 可横向对比不同区块或井间的开发效果。

图 5-32 给出了 Haynesville 页岩气藏水平井百米段长 EUR 散点分布图，统计 4358 口页岩气水平井百米段长 EUR 范围（19.1～4940）×10⁴m³/100m，平均百米段长 EUR 为 $1121 \times 10^4 \mathrm{m}^3/100\mathrm{m}$、P25 百米段长 EUR 为 $627 \times 10^4 \mathrm{m}^3/100\mathrm{m}$、P50 百米段长 EUR 为 $934 \times 10^4 \mathrm{m}^3/100\mathrm{m}$、P75 百米段长 EUR 为 $1423 \times 10^4 \mathrm{m}^3/100\mathrm{m}$、M50 百米段长 EUR 为 $962 \times 10^4 \mathrm{m}^3/100\mathrm{m}$。不同年度百米段长 EUR 呈零散分布状，主体分布在 $2000 \times 10^4 \mathrm{m}^3/100\mathrm{m}$ 以内。

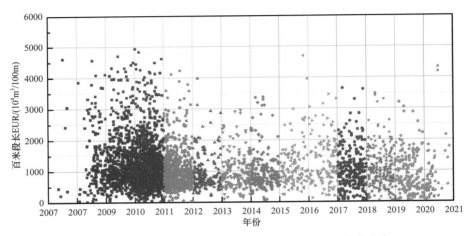

图 5-32　Haynesville 页岩气藏水平井百米段长 EUR 散点分布图

图 5-33 给出了 Haynesville 页岩气藏水平井百米段长 EUR 统计分布，统计所有水平井百米段长 EUR 主体分布在 $2000 \times 10^4 \mathrm{m}^3/100\mathrm{m}$ 以内。百米段长 EUR 低于 $500 \times 10^4 \mathrm{m}^3/100\mathrm{m}$ 的气井 684 口，统计占比 15.7%。百米段长 EUR 为（500～1000）$\times 10^4 \mathrm{m}^3/100\mathrm{m}$ 的气井 1687 口，统计占比 38.7%。百米段长 EUR 为（1000～1500）$\times 10^4 \mathrm{m}^3/100\mathrm{m}$ 的气井 1000 口，统计占比 22.9%。百米段长 EUR 为（1500～2000）$\times 10^4 \mathrm{m}^3/100\mathrm{m}$ 的气井 498 口，统计占比 11.4%。百米段长 EUR 为（2000～2500）$\times 10^4 \mathrm{m}^3/100\mathrm{m}$ 的气井 239 口，统计占比 5.5%。百米段长 EUR 为（2500～3000）$\times 10^4 \mathrm{m}^3/100\mathrm{m}$ 的气井 116 口，统计占比 2.7%。百米段长 EUR 为（3000～3500）$\times 10^4 \mathrm{m}^3/100\mathrm{m}$ 的气井 69 口，统计占比 1.6%。百米段长 EUR 为（3500～4000）$\times 10^4 \mathrm{m}^3/100\mathrm{m}$ 的气井 35 口，统计占比 0.8%。百米段长 EUR 为（4000～4500）$\times 10^4 \mathrm{m}^3/100\mathrm{m}$ 的气井 23 口，统计占比 0.5%。百米段长 EUR 为（4500～5000）$\times 10^4 \mathrm{m}^3/100\mathrm{m}$ 的气井 7 口，统计占比 0.2%。

图 5-34 给出了 Haynesville 页岩气藏水平井不同年度百米段长 EUR 分布图。统计显示 2011 年以前统计气井 1863 口，P50 百米段长 EUR 为 $1255 \times 10^4 \mathrm{m}^3/100\mathrm{m}$。2011 年统计气井 729 口，P50 百米段长 EUR 为 $1047 \times 10^4 \mathrm{m}^3/100\mathrm{m}$。2012 年统计气井 204 口，P50 百米段长 EUR 为 $936 \times 10^4 \mathrm{m}^3/100\mathrm{m}$。2013 年统计气井 216 口，P50 百米段长 EUR 为 $980 \times 10^4 \mathrm{m}^3/100\mathrm{m}$。2014 年统计气井 229 口，P50 百米段长 EUR 为 $982 \times 10^4 \mathrm{m}^3/100\mathrm{m}$。

2015 年统计气井 138 口，P50 百米段长 EUR 为 $1127 \times 10^4 m^3/100m$。2016 年统计气井 153 口，P50 百米段长 EUR 为 $1281 \times 10^4 m^3/100m$。2017 年统计气井 291 口，P50 百米段长 EUR 为 $1046 \times 10^4 m^3/100m$。2018 年统计气井 273 口，P50 百米段长 EUR 为 $1036 \times 10^4 m^3/100m$。2019 年统计气井 198 口，P50 百米段长 EUR 为 $838 \times 10^4 m^3/100m$。2020 年统计气井 64 口，P50 百米段长 EUR 为 $817 \times 10^4 m^3/100m$。

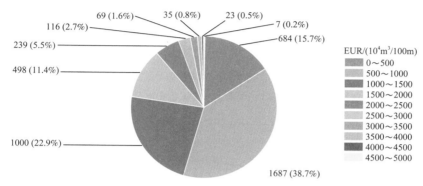

图 5-33　Haynesville 页岩气藏水平井百米段长 EUR 统计分布图

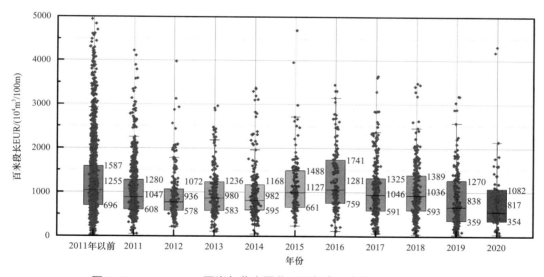

图 5-34　Haynesville 页岩气藏水平井不同年度百米段长 EUR 分布图

5.4.1　中深层气井

将完钻垂深 3000～3500m 页岩气水平井百米段长 EUR 进行单独统计分析。统计中深层页岩气水平井 1133 口，平均百米段长 EUR 为 $1001 \times 10^4 m^3/100m$、P25 百米段长 EUR 为 $601 \times 10^4 m^3/100m$、P50 百米段长 EUR 为 $847 \times 10^4 m^3/100m$、P75 百米段长 EUR 为 $1247 \times 10^4 m^3/100m$、M50 百米段长 EUR 为 $872 \times 10^4 m^3/100m$。

图 5-35 给出了 Haynesville 页岩气藏中深层水平井百米段长 EUR 的统计分布。统

计结果显示百米段长 EUR 低于 $500 \times 10^4 m^3/100m$ 的气井 180 口，统计占比 16%。百米段长 EUR 为（$500\sim1000$）$\times 10^4 m^3/100m$ 的气井 522 口，统计占比 46%。百米段长 EUR 为（$1000\sim1500$）$\times 10^4 m^3/100m$ 的气井 250 口，统计占比 22%。百米段长 EUR 为（$1500\sim2000$）$\times 10^4 m^3/100m$ 的气井 100 口，统计占比 9%。百米段长 EUR 为（$2000\sim2500$）$\times 10^4 m^3/100m$ 的气井 45 口，统计占比 4%。百米段长 EUR 为（$2500\sim3000$）$\times 10^4 m^3/100m$ 的气井 17 口，统计占比 2%。百米段长 EUR 为（$3000\sim3500$）$\times 10^4 m^3/100m$ 的气井 9 口，统计占比 1%。百米段长 EUR 为（$3500\sim4000$）$\times 10^4 m^3/100m$ 的气井 5 口。百米段长 EUR 为（$4000\sim4500$）$\times 10^4 m^3/100m$ 的气井 4 口。百米段长 EUR 为（$4500\sim5000$）$\times 10^4 m^3/100m$ 的气井 1 口。Haynesville 页岩气藏中深层水平井百米段长 EUR 集中分布在 $2000 \times 10^4 m^3/100m$ 以内，累计气井占比高达 93%。

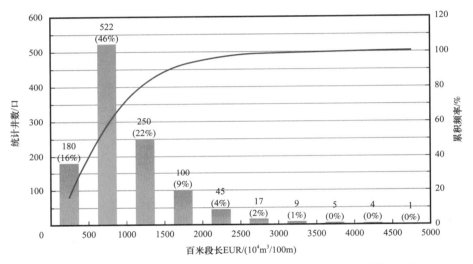

图 5-35　Haynesville 页岩气藏中深层水平井百米段长 EUR 统计分布图

图 5-36 给出了 Haynesville 页岩气藏中深层水平井不同年度百米段长 EUR 学习曲线。2011 年以前统计气井 448 口，P25 百米段长 EUR 为 $657 \times 10^4 m^3/100m$、P50 百米段长 EUR 为 $886 \times 10^4 m^3/100m$、P75 百米段长 EUR 为 $1276 \times 10^4 m^3/100m$。2011 年统计气井 125 口，P25 百米段长 EUR 为 $635 \times 10^4 m^3/100m$、P50 百米段长 EUR 为 $858 \times 10^4 m^3/100m$、P75 百米段长 EUR 为 $1074 \times 10^4 m^3/100m$。2012 年统计气井 78 口，P25 百米段长 EUR 为 $517 \times 10^4 m^3/100m$、P50 百米段长 EUR 为 $660 \times 10^4 m^3/100m$、P75 百米段长 EUR 为 $766 \times 10^4 m^3/100m$。2013 年统计气井 86 口，P25 百米段长 EUR 为 $496 \times 10^4 m^3/100m$、P50 百米段长 EUR 为 $696 \times 10^4 m^3/100m$、P75 百米段长 EUR 为 $889 \times 10^4 m^3/100m$。2014 年统计气井 85 口，P25 百米段长 EUR 为 $549 \times 10^4 m^3/100m$、P50 百米段长 EUR 为 $797 \times 10^4 m^3/100m$、P75 百米段长 EUR 为 $1006 \times 10^4 m^3/100m$。2015 年统计气井 28 口，P25 百米段长 EUR 为 $944 \times 10^4 m^3/100m$、P50 百米段长 EUR 为 $1132 \times 10^4 m^3/100m$、P75 百米段长 EUR 为 $1365 \times 10^4 m^3/100m$。2016 年统计气井 14 口，P25 百米段长 EUR 为

760×10⁴m³/100m、P50 百 米 段 长 EUR 为 1245×10⁴m³/100m、P75 百 米 段 长 EUR 为 1470×10⁴m³/100m。2017 年 统 计 气 井 72 口，P25 百 米 段 长 EUR 为 737×10⁴m³/100m、P50 百 米 段 长 EUR 为 1125×10⁴m³/100m、P75 百 米 段 长 EUR 为 1380×10⁴m³/100m。2018 年 统 计 气 井 96 口，P25 百 米 段 长 EUR 为 761×10⁴m³/100m、P50 百 米 段 长 EUR 为 1066×10⁴m³/100m、P75 百 米 段 长 EUR 为 1462×10⁴m³/100m。2019 年 统 计 气 井 74 口，P25 百 米 段 长 EUR 为 697×10⁴m³/100m、P50 百 米 段 长 EUR 为 1066×10⁴m³/100m、P75 百 米 段 长 EUR 为 1479×10⁴m³/100m。2020 年 统 计 气 井 27 口，P25 百 米 段 长 EUR 为 658×10⁴m³/100m、P50 百 米 段 长 EUR 为 1013×10⁴m³/100m、P75 百 米 段 长 EUR 为 1415×10⁴m³/100m。

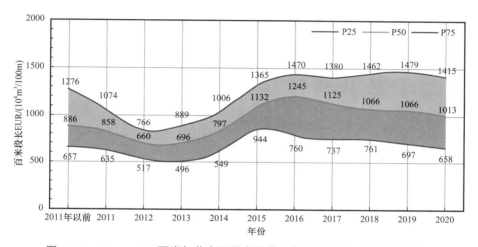

图 5-36　Haynesville 页岩气藏中深层水平井百米段长 EUR 时间学习曲线

Haynesville 页岩气藏中深层水平井不同年度百米段长 EUR 总体呈平稳—上升—平稳变化趋势。2014 年以前，中深层气井 P50 百米段长 EUR 呈相对稳定变化趋势，P50 百米段长 EUR 范围（660~886）×10⁴m³/100m。2014—2016 年，百米段长 EUR 呈快速上升趋势。2015 年后，中深层水平井 P50 百米段长 EUR 超过 1000×10⁴m³/100m。2016 年后，气井百米段长 EUR 呈稳定小幅下降趋势，2020 年 P50 百米段长 EUR 为 1013×10⁴m³/100m。

5.4.2　深层气井

将完钻垂深 3500~4500m 页岩气水平井百米段长 EUR 进行单独统计分析统计。深层页岩气水平井 3113 口，平均百米段长 EUR 为 1175×10⁴m³/100m，P25 百米段长 EUR 为 651×10⁴m³/100m、P50 百 米 段 长 EUR 为 980×10⁴m³/100m、P75 百 米 段 长 EUR 为 1510×10⁴m³/100m、M50 百米段长 EUR 为 1010×10⁴m³/100m。

图 5-37 给出了 Haynesville 页岩气藏深层水平井百米段长 EUR 统计分布。统计结果显示百米段长 EUR 低于 500×10⁴m³/100m 的气井 453 口，统计占比 14.6%。百米段长 EUR 为（500~1000）×10⁴m³/100m 的气井 1140 口，统计占比 36.5%。百米段长 EUR 为

（1000～1500）×10^{4}m^3/100m 的气井 734 口，统计占比 23.6%。百米段长 EUR 为（1500～2000）×10^{4}m^3/100m 的气井 389 口，统计占比 12.5%。百米段长 EUR 为（2000～2500）×10^{4}m^3/100m 的气井 190 口，统计占比 6.1%。百米段长 EUR 为（2500～3000）×10^{4}m^3/100m 的气井 96 口，统计占比 3.1%。百米段长 EUR 为（3000～3500）×10^{4}m^3/100m 的气井 58 口，统计占比 1.9%。百米段长 EUR 为（3500～4000）×10^{4}m^3/100m 的气井 30 口，统计占比 1%。百米段长 EUR 为（4000～4500）×10^{4}m^3/100m 的气井 17 口，统计占比 0.5%。百米段长 EUR 为（4500～5000）×10^{4}m^3/100m 的气井 6 口，统计占比 0.2%。Haynesville 页岩气藏深层水平井百米段长 EUR 集中分布在 2000×10^{4}m^3/100m 以内，累计气井占比高达87.3%。

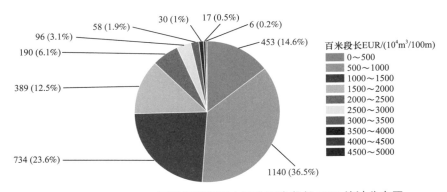

图 5-37　Haynesville 页岩气藏深层水平井百米段长 EUR 统计分布图

图 5-38 给出了 Haynesville 页岩气藏深层水平井不同年度百米段长 EUR 学习曲线。2011 年以前统计气井 1397 口，P25 百米段长 EUR 为 725×10^{4}m^3/100m、P50 百米段长 EUR 为 1110×10^{4}m^3/100m、P75 百米段长 EUR 为 1643×10^{4}m^3/100m。2011 年统计气井596 口，P25 百米段长 EUR 为 606×10^{4}m^3/100m、P50 百米段长 EUR 为 894×10^{4}m^3/100m、P75 百米段长 EUR 为 1322×10^{4}m^3/100m。2012 年统计气井 125 口，P25 百米段长 EUR 为 599×10^{4}m^3/100m、P50 百米段长 EUR 为 941×10^{4}m^3/100m、P75 百米段长 EUR 为1495×10^{4}m^3/100m。2013 年统计气井 127 口，P25 百米段长 EUR 为 663×10^{4}m^3/100m、P50 百米段长 EUR 为 1038×10^{4}m^3/100m、P75 百米段长 EUR 为 1341×10^{4}m^3/100m。2014 年统计气井 142 口，P25 百米段长 EUR 为 689×10^{4}m^3/100m、P50 百米段长 EUR 为 913×10^{4}m^3/100m、P75 百米段长 EUR 为 1183×10^{4}m^3/100m。2015 年统计气井 108口，P25 百米段长 EUR 为 632×10^{4}m^3/100m、P50 百米段长 EUR 为 950×10^{4}m^3/100m、P75 百米段长 EUR 为 1501×10^{4}m^3/100m。2016 年统计气井 134 口，P25 百米段长 EUR为 751×10^{4}m^3/100m、P50 百米段长 EUR 为 1044×10^{4}m^3/100m、P75 百米段长 EUR 为1675×10^{4}m^3/100m。2017 年统计气井 213 口，P25 百米段长 EUR 为 553×10^{4}m^3/100m、P50 百米段长 EUR 为 868×10^{4}m^3/100m、P75 百米段长 EUR 为 1250×10^{4}m^3/100m。2018年统计气井 173 口，P25 百米段长 EUR 为 536×10^{4}m^3/100m、P50 百米段长 EUR 为812×10^{4}m^3/100m、P75 百米段长 EUR 为 1335×10^{4}m^3/100m。2019 年统计气井 84 口，P25

百米段长 EUR 为 $357 \times 10^4 \text{m}^3/100\text{m}$、P50 百米段长 EUR 为 $588 \times 10^4 \text{m}^3/100\text{m}$、P75 百米段长 EUR 为 $912 \times 10^4 \text{m}^3/100\text{m}$。

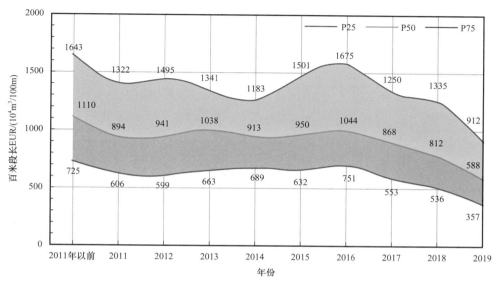

图 5-38　Haynesville 页岩气藏深层水平井百米段长 EUR 时间学习曲线

Haynesville 页岩气藏深层水平井不同年度百米段长 EUR 总体呈平稳—下降变化趋势。2016 年以前，深层气井 P50 百米段长 EUR 呈相对稳定变化趋势，P50 百米段长 EUR 范围（$894 \sim 1110$）$\times 10^4 \text{m}^3/100\text{m}$。2016 年后，深层水平井 P50 百米段长 EUR 呈下降趋势，2020 年 P50 百米段长 EUR 为 $588 \times 10^4 \text{m}^3/100\text{m}$。

5.4.3　超深层气井

Haynesville 页岩气藏垂深过 4500m 区域完钻气井较少，统计垂深超过 4500m 气井 27 口，气井完钻垂深范围 $4501 \sim 5193\text{m}$，平均完钻垂深 4711m。图 5-39 给出了 Haynesville 页岩气藏超深层页岩气水平井百米段长 EUR 散点分布图，统计所有超深层页岩气水平井平均百米段长 EUR 为 $1461 \times 10^4 \text{m}^3/100\text{m}$、P25 百米段长 EUR 为 $909 \times 10^4 \text{m}^3/100\text{m}$、P50 百米段长 EUR 为 $1324 \times 10^4 \text{m}^3/100\text{m}$、P75 百米段长 EUR 为 $2065 \times 10^4 \text{m}^3/100\text{m}$、M50 百米段长 EUR 为 $1428 \times 10^4 \text{m}^3/100\text{m}$。

5.4.4　影响因素分析

页岩气水平井百米段长 EUR 受气藏地质特征、开发技术政策、钻完井及体积压裂等工程技术实施效果、采气工艺技术等多重因素控制。相关系数是研究变量之间线性相关程度的量，反映变量之间相关关系密切程度的统计指标。选取主流的皮尔逊相关系数分析不同因素与百米段长可采储量的关联程度。选取许可日期、水平井完钻垂深、水平井测深、水平段长、钻井周期、水垂比、压裂段数、压裂液量、支撑剂量、平均段间距、用液强度、加砂强度、单井总成本和建井周期共 14 项参数与百米段长 EUR 进行相关系数分析。其中钻井许可日期引入相关性分析用于表征钻完井工程技术经验进步对开发效果的影响。由于缺乏井点详细地质参数，将垂深视为一项地质参数。水平井测深、水平段长、钻井周期和水垂比为水平井钻完井工程参数。水平井分段压裂参数包括单井压裂段数、压裂液量、支撑剂量、平均段间距、用液强度、加砂强度。单井总成本和建井周期作为成本和开发指标参数。

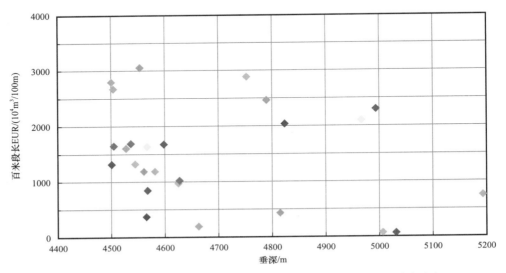

图 5-39　Haynesville 页岩气藏超深层页岩气水平井百米段长 EUR 散点分布图

图 5-40 给出了 Haynesville 页岩气藏所有气井不同参数与百米段长 EUR 相关系数矩阵。相关系数范围为 −1.0～1.0，相关系数趋向于 −1.0 表示线性相关程度低，相关系数趋向 1.0 表示线性相关程度高。百米段长 EUR 与不同参数相关系数分析显示，其主要影响因素包括加砂强度、用液强度、许可日期、支撑剂量。测深、钻井周期、水垂比、平均段间距、单井总成本和建井周期与百米段长 EUR 不相关。相关性分析显示，加砂强度是影响百米段长 EUR 的首要因素。

5.4.5　小结

图 5-41 给出了 Haynesville 页岩气藏中深层与深层页岩气水平井对应百米段长 EUR 统计频率分布图。中深层与深层页岩气水平井百米段长 EUR 统计频率相似，主要差异在（500～1200）×10^4m³/100m 范围内，中深层气井统计频率显著高于深层气井。百米段长 EUR 超过 1200×10^4m³/100m 时，深层页岩气水平井统计频率整体略高于中深层页岩气水平井。

图 5-42 给出了 Haynesville 页岩气藏中深层与深层页岩气水平井不同年度 P50 百米段长 EUR 统计对比图。不同年度中深层与深层页岩气水平井对应 P50 百米段长 EUR 以 2015 年为分界点。2015 年以前，深层页岩气水平井 P50 百米段长 EUR 整体高于中深层页

岩气水平井。自 2015 年开始，中深层页岩气水平井 P50 百米段长 EUR 超越深层页岩气水平井，且中深层页岩气水平井 P50 百米段长 EUR 保持在 $1000 \times 10^4 \text{m}^3/100\text{m}$ 以上。

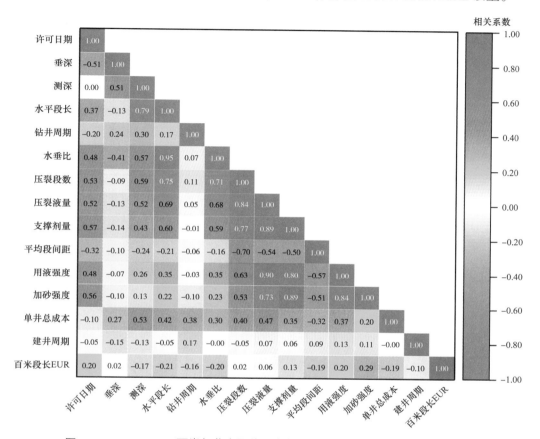

图 5-40　Haynesville 页岩气藏水平井百米段长 EUR 影响因素相关系数矩阵图

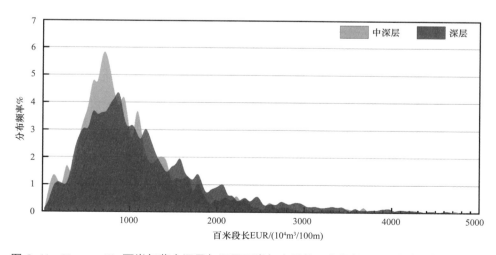

图 5-41　Haynesville 页岩气藏中深层与深层页岩气水平井百米段长 EUR 统计频率分布图

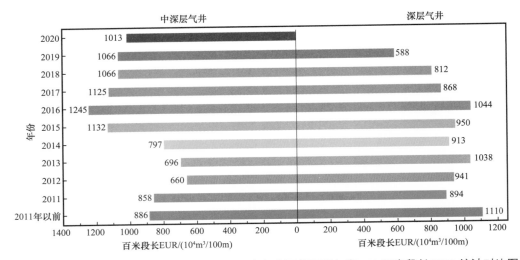

图 5-42　Haynesville 页岩气藏中深层与深层页岩气水平井不同年度 P50 百米段长 EUR 统计对比图

5.5　百吨砂量可采储量

加砂强度一直是页岩气水平井分段压裂的关键指标之一，一定程度上反映了分段压裂的规模或强度。加砂强度逐年呈上升趋势，普遍认为提高加砂强度是提高气井生产效果的重要途径。因此，引入百吨砂量 EUR 量化单位砂量产气量。

图 5-43 给出了 Haynesville 页岩气藏水平井百吨砂量 EUR 散点分布图，统计 2349 口页岩气水平井百吨砂量 EUR 范围（9.2～4380.8）×10^4m^3/100t，平均百吨砂量 EUR 为 438×10^4m^3/100t、P25 百吨砂量 EUR 为 208×10^4m^3/100t、P50 百吨砂量 EUR 为 330×10^4m^3/100t、P75 百吨砂量 EUR 为 523×10^4m^3/100t、M50 百吨砂量 EUR 为 342×10^4m^3/100t。不同年度百吨砂量 EUR 呈零散分布状，主体分布在 1000×10^4m^3/100t 以内。

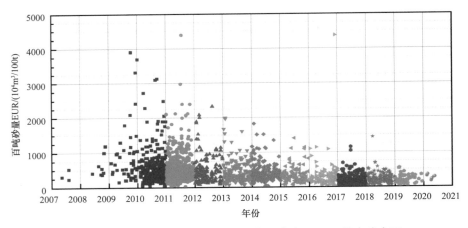

图 5-43　Haynesville 页岩气藏水平井百吨砂量 EUR 散点分布图

图 5-44 给出了 Haynesville 页岩气藏水平井百吨砂量 EUR 统计分布，统计所有水平井百吨砂量 EUR 主体分布在 $1000 \times 10^4 m^3/100t$ 以内。百吨砂量 EUR 低于 $100 \times 10^4 m^3/100t$ 的气井 144 口，统计占比 6.1%。百吨砂量 EUR 为（100～200）$\times 10^4 m^3/100t$ 的气井 405 口，统计占比 17.2%。百吨砂量 EUR 为（200～300）$\times 10^4 m^3/100t$ 的气井 476 口，统计占比 20.3%。百吨砂量 EUR 为（300～400）$\times 10^4 m^3/100t$ 的气井 428 口，统计占比 18.2%。百吨砂量 EUR 为（400～500）$\times 10^4 m^3/100t$ 的气井 265 口，统计占比 11.3%。百吨砂量 EUR 为（500～600）$\times 10^4 m^3/100t$ 的气井 166 口，统计占比 7.1%。百吨砂量 EUR 为（600～700）$\times 10^4 m^3/100t$ 的气井 117 口，统计占比 5%。百吨砂量 EUR 为（700～800）$\times 10^4 m^3/100t$ 的气井 84 口，统计占比 3.6%。百吨砂量 EUR 为（800～900）$\times 10^4 m^3/100t$ 的气井 57 口，统计占比 2.4%。百吨砂量 EUR 为（900～1000）$\times 10^4 m^3/100t$ 的气井 30 口，统计占比 1.3%。百吨砂量 EUR 超过 $1000 \times 10^4 m^3/100t$ 的气井 177 口，统计占比 7.5%。

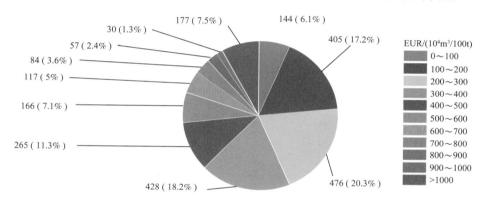

图 5-44　Haynesville 页岩气藏水平井百吨砂量 EUR 统计分布图

图 5-45 给出了 Haynesville 页岩气藏水平井不同年度百吨砂量 EUR 统计分布，统计结果显示不同年度百吨砂量整体呈逐年下降趋势。2011 年以前，气井 P50 百吨砂量 EUR 整体位于 $400 \times 10^4 m^3/100t$ 以上。2012—2014 年，气井 P50 百吨砂量 EUR 保持在 $300 \times 10^4 m^3/100t$ 以上。2015—2016 年，气井 P50 百吨砂量 EUR 保持在 $200 \times 10^4 m^3/100t$ 以上。2017 年开始，气井 P50 百吨砂量 EUR 下降至 $200 \times 10^4 m^3/100t$ 以下。2020 年统计气井仅 7 口，P50 百吨砂量 EUR 不具备较强代表性。

5.5.1　中深层气井

将完钻垂深 3000～3500m 页岩气水平井百吨砂量 EUR 进行单独统计分析，统计中深层页岩气水平井 617 口，平均百吨砂量 EUR 为 $329 \times 10^4 m^3/100t$、P25 百吨砂量 EUR 为 $192 \times 10^4 m^3/100t$、P50 百吨砂量 EUR 为 $280 \times 10^4 m^3/100t$、P75 百吨砂量 EUR 为 $399 \times 10^4 m^3/100t$、M50 百吨砂量 EUR 为 $288 \times 10^4 m^3/100t$。

图 5-46 给出了 Haynesville 页岩气藏中深层页岩气水平井对应百吨砂量 EUR 统计分布图，统计结果显示百吨砂量 EUR 小于 $100 \times 10^4 m^3/100t$ 的气井 37 口，统计占比 6.0%。

百吨砂量 EUR 为（100～200）×10^{4}m^3/100t 的气井 128 口，统计占比 20.8%。百吨砂量 EUR 为（200～300）×10^{4}m^3/100t 的气井 184 口，统计占比 29.9%。百吨砂量 EUR 为（300～400）×10^{4}m^3/100t 的气井 118 口，统计占比 19.1%。百吨砂量 EUR 为（400～500）×10^{4}m^3/100t 的气井 64 口，统计占比 10.4%。百吨砂量 EUR 为（500～600）×10^{4}m^3/100t 的气井 36 口，统计占比 5.8%。百吨砂量 EUR 为（600～700）×10^{4}m^3/100t 的气井 16 口，统计占比 2.6%。百吨砂量 EUR 为（700～800）×10^{4}m^3/100t 的气井 6 口，统计占比 1.0%。百吨砂量 EUR 为（800～900）×10^{4}m^3/100t 的气井 7 口，统计占比 1.1%。百吨砂量 EUR 为（900～1000）×10^{4}m^3/100t 的气井 6 口，统计占比 1.0%。百吨砂量 EUR 为（1000～1100）×10^{4}m^3/100t 的气井 2 口。百吨砂量 EUR 为（1100～1200）×10^{4}m^3/100t 的气井 6 口。百吨砂量 EUR 为（1200～1300）×10^{4}m^3/100t 的气井 3 口。百吨砂量 EUR 为（1300～1400）×10^{4}m^3/100t 的气井 3 口。Haynesville 页岩气藏中深层页岩气水平井百吨砂量 EUR 主体分布在（100～400）×10^{4}m^3/100t，统计气井累计占比高达 80%。

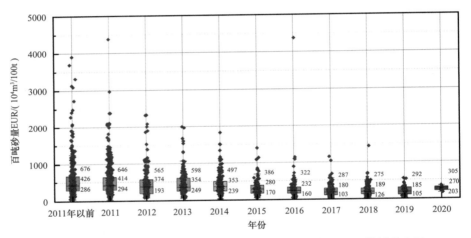

图 5-45　Haynesville 页岩气藏水平井不同年度百吨砂量 EUR 统计分布图

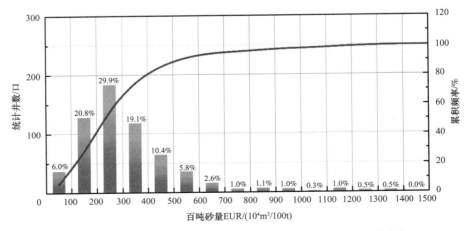

图 5-46　Haynesville 页岩气藏中深层水平井百吨砂量 EUR 统计分布图

图 5-47 给出了 Haynesville 页岩气藏中深层水平井不同年度对应百吨砂量 EUR 时间学习曲线。2011 年以前统计气井 78 口，P25 百吨砂量 EUR 为 $271\times10^4\mathrm{m}^3/100\mathrm{t}$、P50 百吨砂量 EUR 为 $342\times10^4\mathrm{m}^3/100\mathrm{t}$、P75 百吨砂量 EUR 为 $504\times10^4\mathrm{m}^3/100\mathrm{t}$。2011 年统计气井 107 口，P25 百吨砂量 EUR 为 $292\times10^4\mathrm{m}^3/100\mathrm{t}$、P50 百吨砂量 EUR 为 $399\times10^4\mathrm{m}^3/100\mathrm{t}$、P75 百吨砂量 EUR 为 $519\times10^4\mathrm{m}^3/100\mathrm{t}$。2012 年统计气井 78 口，P25 百吨砂量 EUR 为 $153\times10^4\mathrm{m}^3/100\mathrm{t}$、P50 百吨砂量 EUR 为 $189\times10^4\mathrm{m}^3/100\mathrm{t}$、P75 百吨砂量 EUR 为 $345\times10^4\mathrm{m}^3/100\mathrm{t}$。2013 年统计气井 87 口，P25 百吨砂量 EUR 为 $221\times10^4\mathrm{m}^3/100\mathrm{t}$、P50 百吨砂量 EUR 为 $287\times10^4\mathrm{m}^3/100\mathrm{t}$、P75 百吨砂量 EUR 为 $369\times10^4\mathrm{m}^3/100\mathrm{t}$。2014 年统计气井 81 口，P25 百吨砂量 EUR 为 $221\times10^4\mathrm{m}^3/100\mathrm{t}$、P50 百吨砂量 EUR 为 $270\times10^4\mathrm{m}^3/100\mathrm{t}$、P75 百吨砂量 EUR 为 $444\times10^4\mathrm{m}^3/100\mathrm{t}$。2015 年统计气井 24 口，P25 百吨砂量 EUR 为 $284\times10^4\mathrm{m}^3/100\mathrm{t}$、P50 百吨砂量 EUR 为 $308\times10^4\mathrm{m}^3/100\mathrm{t}$、P75 百吨砂量 EUR 为 $363\times10^4\mathrm{m}^3/100\mathrm{t}$。2016 年统计气井 12 口，P25 百吨砂量 EUR 为 $150\times10^4\mathrm{m}^3/100\mathrm{t}$、P50 百吨砂量 EUR 为 $319\times10^4\mathrm{m}^3/100\mathrm{t}$、P75 百吨砂量 EUR 为 $371\times10^4\mathrm{m}^3/100\mathrm{t}$。2017 年统计气井 55 口，P25 百吨砂量 EUR 为 $123\times10^4\mathrm{m}^3/100\mathrm{t}$、P50 百吨砂量 EUR 为 $216\times10^4\mathrm{m}^3/100\mathrm{t}$、P75 百吨砂量 EUR 为 $311\times10^4\mathrm{m}^3/100\mathrm{t}$。2018 年统计气井 66 口，P25 百吨砂量 EUR 为 $166\times10^4\mathrm{m}^3/100\mathrm{t}$、P50 百吨砂量 EUR 为 $213\times10^4\mathrm{m}^3/100\mathrm{t}$、P75 百吨砂量 EUR 为 $287\times10^4\mathrm{m}^3/100\mathrm{t}$。2019 年统计气井 31 口，P25 百吨砂量 EUR 为 $161\times10^4\mathrm{m}^3/100\mathrm{t}$、P50 百吨砂量 EUR 为 $240\times10^4\mathrm{m}^3/100\mathrm{t}$、P75 百吨砂量 EUR 为 $291\times10^4\mathrm{m}^3/100\mathrm{t}$。2020 年统计气井 8 口，P25 百吨砂量 EUR 为 $208\times10^4\mathrm{m}^3/100\mathrm{t}$、P50 百吨砂量 EUR 为 $275\times10^4\mathrm{m}^3/100\mathrm{t}$、P75 百吨砂量 EUR 为 $315\times10^4\mathrm{m}^3/100\mathrm{t}$。

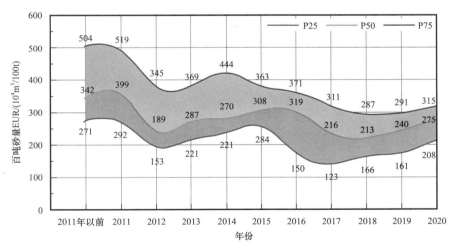

图 5-47　Haynesville 页岩气藏中深层水平井百吨砂量 EUR 时间学习曲线

5.5.2　深层气井

将完钻垂深 3500～4500m 页岩气水平井百吨砂量 EUR 进行单独统计分析，统计深层页岩气水平井 1702 口，平均百吨砂量 EUR 为 $478 \times 10^4 m^3/100t$、P25 百吨砂量 EUR 为 $218 \times 10^4 m^3/100t$、P50 百吨砂量 EUR 为 $360 \times 10^4 m^3/100t$、P75 百吨砂量 EUR 为 $589 \times 10^4 m^3/100t$、M50 百吨砂量 EUR 为 $372 \times 10^4 m^3/100t$。

图 5-48 给出了 Haynesville 页岩气藏深层页岩气水平井对应百吨砂量 EUR 统计分布图，统计结果显示百吨砂量 EUR 小于 $100 \times 10^4 m^3/100t$ 的气井 104 口，统计占比 6.3%。百吨砂量 EUR 为（100~200）$\times 10^4 m^3/100t$ 的气井 275 口，统计占比 16.7%。百吨砂量 EUR 为（200~300）$\times 10^4 m^3/100t$ 的气井 288 口，统计占比 17.5%。百吨砂量 EUR 为（300~400）$\times 10^4 m^3/100t$ 的气井 304 口，统计占比 18.4%。百吨砂量 EUR 为（400~500）$\times 10^4 m^3/100t$ 的气井 194 口，统计占比 11.8%。百吨砂量 EUR 为（500~600）$\times 10^4 m^3/100t$ 的气井 127 口，统计占比 7.7%。百吨砂量 EUR 为（600~700）$\times 10^4 m^3/100t$ 的气井 98 口，统计占比 5.9%。百吨砂量 EUR 为（700~800）$\times 10^4 m^3/100t$ 的气井 78 口，统计占比 4.7%。百吨砂量 EUR 为（800~900）$\times 10^4 m^3/100t$ 的气井 49 口，统计占比 3.0%。百吨砂量 EUR 为（900~1000）$\times 10^4 m^3/100t$ 的气井 23 口，统计占比 1.4%。百吨砂量 EUR 为（1000~1100）$\times 10^4 m^3/100t$ 的气井 33 口，统计占比 2.2%。百吨砂量 EUR 为（1100~1200）$\times 10^4 m^3/100t$ 的气井 33 口，统计占比 2.0%。百吨砂量 EUR 为（1200~1300）$\times 10^4 m^3/100t$ 的气井 19 口，统计占比 1.1%。百吨砂量 EUR 为（1300~1400）$\times 10^4 m^3/100t$ 的气井 12 口，统计占比 0.7%。百吨砂量 EUR 为（1400~1500）$\times 10^4 m^3/100t$ 的气井 10 口，统计占比 0.6%。Haynesville 页岩气藏深层页岩气水平井百吨砂量 EUR 主体分布在（100~500）$\times 10^4 m^3/100t$，统计气井累计占比高达 62%。

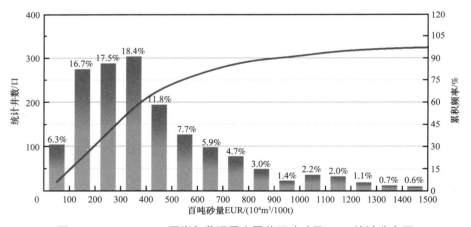

图 5-48　Haynesville 页岩气藏深层水平井百吨砂量 EUR 统计分布图

图 5-49 给出了 Haynesville 页岩气藏深层水平井不同年度对应百吨砂量 EUR 时间学习曲线。2011 年以前统计气井 338 口，P25 百吨砂量 EUR 为 $300 \times 10^4 m^3/100t$、P50 百吨砂量 EUR 为 $453 \times 10^4 m^3/100t$、P75 百吨砂量 EUR 为 $710 \times 10^4 m^3/100t$。2011 年统计气井 485 口，P25 百吨砂量 EUR 为 $301 \times 10^4 m^3/100t$、P50 百吨砂量 EUR 为 $431 \times 10^4 m^3/100t$、P75 百吨砂量 EUR 为 $703 \times 10^4 m^3/100t$。2012 年统计气井 113 口，P25 百吨砂量 EUR

为 $351 \times 10^4 \mathrm{m}^3/100\mathrm{t}$、P50 百吨砂量 EUR 为 $496 \times 10^4 \mathrm{m}^3/100\mathrm{t}$、P75 百吨砂量 EUR 为 $836 \times 10^4 \mathrm{m}^3/100\mathrm{t}$。2013 年统计气井 124 口，P25 百吨砂量 EUR 为 $307 \times 10^4 \mathrm{m}^3/100\mathrm{t}$、P50 百吨砂量 EUR 为 $430 \times 10^4 \mathrm{m}^3/100\mathrm{t}$、P75 百吨砂量 EUR 为 $668 \times 10^4 \mathrm{m}^3/100\mathrm{t}$。2014 年统计气井 141 口，P25 百吨砂量 EUR 为 $282 \times 10^4 \mathrm{m}^3/100\mathrm{t}$、P50 百吨砂量 EUR 为 $372 \times 10^4 \mathrm{m}^3/100\mathrm{t}$、P75 百吨砂量 EUR 为 $509 \times 10^4 \mathrm{m}^3/100\mathrm{t}$。2015 年统计气井 92 口，P25 百吨砂量 EUR 为 $156 \times 10^4 \mathrm{m}^3/100\mathrm{t}$、P50 百吨砂量 EUR 为 $241 \times 10^4 \mathrm{m}^3/100\mathrm{t}$、P75 百吨砂量 EUR 为 $404 \times 10^4 \mathrm{m}^3/100\mathrm{t}$。2016 年统计气井 110 口，P25 百吨砂量 EUR 为 $161 \times 10^4 \mathrm{m}^3/100\mathrm{t}$、P50 百吨砂量 EUR 为 $223 \times 10^4 \mathrm{m}^3/100\mathrm{t}$、P75 百吨砂量 EUR 为 $310 \times 10^4 \mathrm{m}^3/100\mathrm{t}$。2017 年统计气井 154 口，P25 百吨砂量 EUR 为 $93 \times 10^4 \mathrm{m}^3/100\mathrm{t}$、P50 百吨砂量 EUR 为 $170 \times 10^4 \mathrm{m}^3/100\mathrm{t}$、P75 百吨砂量 EUR 为 $284 \times 10^4 \mathrm{m}^3/100\mathrm{t}$。2018 年统计气井 110 口，P25 百吨砂量 EUR 为 $114 \times 10^4 \mathrm{m}^3/100\mathrm{t}$、P50 百吨砂量 EUR 为 $167 \times 10^4 \mathrm{m}^3/100\mathrm{t}$、P75 百吨砂量 EUR 为 $232 \times 10^4 \mathrm{m}^3/100\mathrm{t}$。2019 年统计气井 25 口，P25 百吨砂量 EUR 为 $86 \times 10^4 \mathrm{m}^3/100\mathrm{t}$、P50 百吨砂量 EUR 为 $162 \times 10^4 \mathrm{m}^3/100\mathrm{t}$、P75 百吨砂量 EUR 为 $292 \times 10^4 \mathrm{m}^3/100\mathrm{t}$。

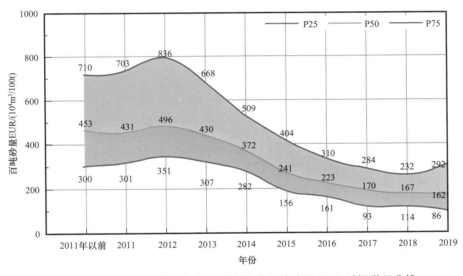

图 5-49　Haynesville 页岩气藏深层水平井百吨砂量 EUR 时间学习曲线

5.5.3　超深层气井

Haynesville 页岩气藏垂深过 4500m 区域完钻气井较少，统计垂深超过 4500m 统计气井 20 口，气井完钻垂深范围 4501~5193m，平均完钻垂深 4711m。图 5-50 给出了 Haynesville 页岩气藏超深层页岩气水平井百吨砂量 EUR 散点分布图，统计所有超深层页岩气水平井平均百吨砂量 EUR 为 $396 \times 10^4 \mathrm{m}^3/100\mathrm{t}$、P25 百吨砂量 EUR 为 $269 \times 10^4 \mathrm{m}^3/100\mathrm{t}$、P50 百吨砂量 EUR 为 $417 \times 10^4 \mathrm{m}^3/100\mathrm{t}$、P75 百吨砂量 EUR 为 $552 \times 10^4 \mathrm{m}^3/100\mathrm{t}$、M50 百吨砂量 EUR 为 $412 \times 10^4 \mathrm{m}^3/100\mathrm{t}$。

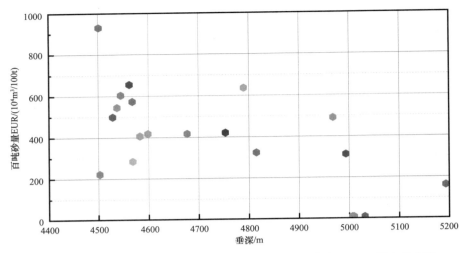

图 5-50　Haynesville 页岩气藏超深层页岩气水平井百吨砂量 EUR 散点分布图

5.5.4　影响因素分析

页岩气水平井百吨砂量 EUR 受气藏地质特征、开发技术政策、钻完井及体积压裂等工程技术实施效果、采气工艺技术等多重因素控制。相关系数是研究变量之间线性相关程度的量，反映变量之间相关关系密切程度的统计指标。选取主流的皮尔逊相关系数分析不同因素与百吨砂量可采储量的关联程度。选取许可日期、水平井完钻垂深、水平井测深、水平段长、钻井周期、水垂比、钻速、压裂段数、压裂液量、支撑剂量、平均段间距、用液强度、加砂强度和单井总成本共 14 项参数与百吨砂量 EUR 进行相关系数分析。其中，钻井许可日期引入相关性分析用于表征钻完井工程技术经验进步对开发效果的影响。由于缺乏井点详细地质参数，将垂深视为一项地质参数。水平井测深、水平段长、钻井周期、水垂比和钻速为水平井钻完井工程参数。水平井分段压裂参数包括单井压裂段数、压裂液量、支撑剂量、平均段间距、用液强度、加砂强度。单井总成本作为成本参数。

图 5-51 给出了 Haynesville 页岩气藏所有气井不同参数与百吨砂量 EUR 相关系数矩阵。相关系数范围为 −1.0～1.0，相关系数趋向于 −1.0 表示线性相关程度低，相关系数趋向 1.0 表示线性相关程度高。百吨砂量 EUR 与不同参数相关系数分析显示，其主要受平均段间距影响。除平均段间距外，其他所有因素均与百吨砂量 EUR 不相关。相关性分析显示，平均段间距是影响百吨砂量 EUR 的主要因素。

5.5.5　小结

图 5-52 给出了 Haynesville 页岩气藏中深层与深层页岩气水平井对应百吨砂量 EUR 统计频率分布图。百吨砂量 EUR 在（100～350）× 10^4m^3/100t 范围内，中深层气井统计频率显著高于深层气井。百吨砂量 EUR 超过 450 × 10^4m^3/100t 时，深层页岩气水平井统计频率整体略高于中深层页岩气水平井。

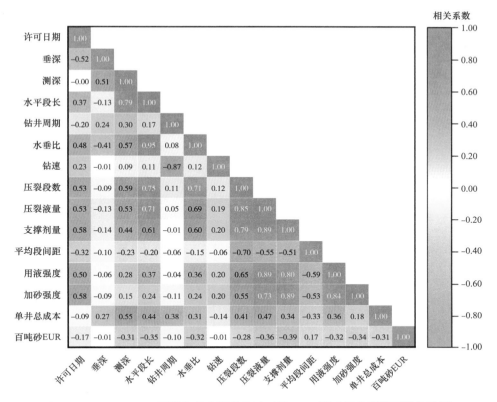

图 5-51　Haynesville 页岩气藏水平井百吨砂量 EUR 影响因素相关系数矩阵图

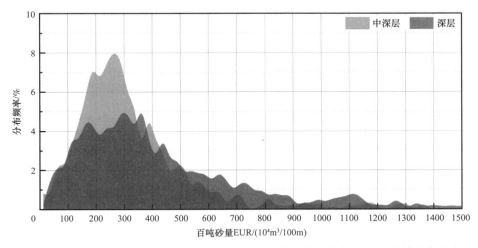

图 5-52　Haynesville 页岩气藏中深层与深层页岩气水平井百吨砂量 EUR 统计频率分布图

图 5-53 给出了 Haynesville 页岩气藏中深层与深层页岩气水平井不同年度 P50 百吨砂量 EUR 统计对比图。不同年度中深层与深层页岩气水平井对应 P50 百吨砂量 EUR 以 2015 年为分界点。2015 年以前，深层页岩气水平井 P50 百吨砂量 EUR 整体高于中深层页岩气水平井。自 2015 年开始，中深层页岩气水平井 P50 百吨砂量 EUR 超越深层页岩气水平井。

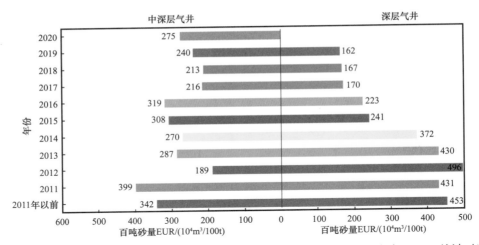

图 5-53　Haynesville 页岩气藏中深层与深层页岩气水平井不同年度 P50 百吨砂量 EUR 统计对比图

5.6　建井周期

建井周期是指一口井由开钻到投产所需的时间，主要受钻井周期、待压裂周期、压裂周期、设备利用率、地面工程建设、组织管理效率等多种因素影响。建井周期直接影响一口气井下达投资后实现产量的周期，直接影响气藏或区块建产速度和开发效益。由于建井周期是钻完井、压裂和地面工程建设等综合效率的体现，故将建井周期划分到开发指标序列。

图 5-54 给出了 Haynesville 页岩气藏水平井建井周期散点分布图，建井周期统计气井4945 口，建井周期主体位于 360d 以内，平均单井建井周期为 186d。所有气井统计 P25建井周期为 120d、P50 建井周期为 166d、P75 建井周期为 222d、M50 建井周期 168d。由于不同年度完钻水平井测深、水平段长、水垂比、钻井周期、待压裂和压裂周期均存在

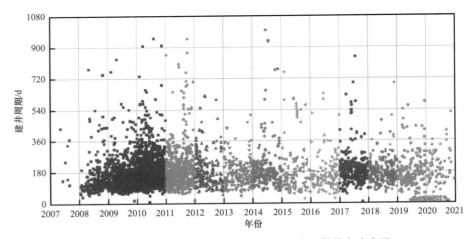

图 5-54　Haynesville 页岩气藏水平井建井周期散点分布图

不同程度差异，不同年度水平井建井周期无明显变化趋势。

图 5-55 给出 Haynesville 页岩气藏水平井建井周期统计分布图，统计结果显示建井周期小于 90d 的气井 469 口，统计占比 9.5%。水平井建井周期为 90～180d 的气井 2329 口，统计占比 47.1%。水平井建井周期为 180～270d 的气井 1444 口，统计占比 29.2%。水平井建井周期为 270～360d 的气井 430 口，统计占比 8.7%。水平井建井周期为 360～450d 的气井 127 口，统计占比 2.6%。水平井建井周期为 450～540d 的气井 64 口，统计占比 1.3%。水平井建井周期为 540～630d 的气井 46 口，统计占比 0.9%。水平井建井周期为 630～720d 的气井 14 口，统计占比 0.3%。水平井建井周期超过 720d 的气井 22 口，统计占比 0.4%。水平井建井周期统计分布显示建井周期主体位于 270d 以内。

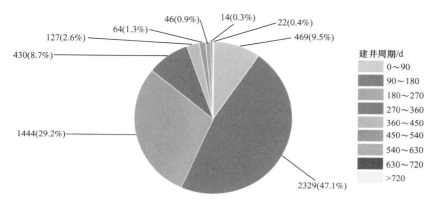

图 5-55　Haynesville 页岩气藏水平井建井周期统计分布图

图 5-56 给出了 Haynesville 页岩气藏不同年度水平井建井周期统计分布图，水平井建井周期总体呈相对稳定趋势。不同年度水平井 P50 建井周期分布在 135～195d。2017 年 P50 建井周期为历年峰值，2019—2020 年 P50 建井周期总体低于其他年度。

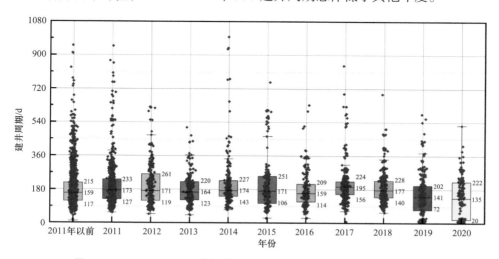

图 5-56　Haynesville 页岩气藏不同年度水平井建井周期统计分布图

建井周期与水平井测深存在一定相关性，相同钻井技术条件下，随测深增加钻井周期及压裂施工周期总体呈增加趋势。图 5-57 给出了 Haynesville 页岩气藏不同测深范围水平井对应建井周期统计分布图。统计结果显示测深范围 4500～5000m 的气井 989 口，P25 建井周期 111d、P50 建井周期 151d、P75 建井周期 207d。测深范围 5000～5500m 的气井 2166 口，P25 建井周期 128d、P50 建井周期 172d、P75 建井周期 230d。测深范围 5500～6000m 的气井 630 口，P25 建井周期 130d、P50 建井周期 168d、P75 建井周期 223d。测深范围 6000～6500m 的气井 2166 口，P25 建井周期 141d、P50 建井周期 185d、P75 建井周期 238d。测深范围 6500～7000m 的气井 630 口，P25 建井周期 151d、P50 建井周期 196d、P75 建井周期 237d。测深超过 7000m 的气井 103 口，P25 建井周期 143d、P50 建井周期 184d、P75 建井周期 245d。不同测深范围水平井建井周期统计结果显示，随水平井垂深增加，建井周期整体呈增加趋势。

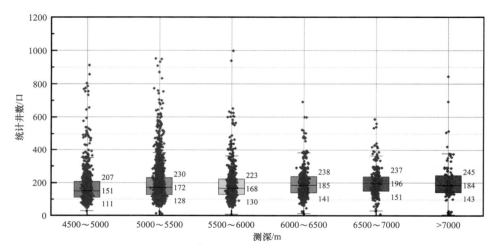

图 5-57　Haynesville 页岩气藏不同测深范围水平井建井周期统计分布图

5.6.1　中深层气井

将完钻垂深 3000～3500m 页岩气水平井建井周期进行单独统计分析，统计中深层页岩气水平井 1242 口，平均建井周期 175d、P25 建井周期 114d、P50 建井周期 153d、P75 建井周期 212d、M50 建井周期 157d。

图 5-58 给出了 Haynesville 页岩气藏中深层水平井建井周期范围统计分布图，统计结果显示建井周期低于 90d 的气井 138 口，统计井数占比 11.1%。建井周期为 90～180d 的气井 639 口，统计井数占比 51.4%。建井周期为 180～270d 的气井 334 口，统计井数占比 26.9%。建井周期为 270～360d 的气井 78 口，统计井数占比 6.3%。建井周期为 360～450d 的气井 28 口，统计井数占比 2.3%。建井周期为 450～540d 的气井 13 口，统计井数占比 1.0%。建井周期为 540～630d 的气井 4 口，统计井数占比 0.3%。建井周期为 630～720d 的气井 1 口，统计井数占比 0.1%。建井周期超过 720d 的气井 7 口，统计井数

占比 0.6%。Haynesville 页岩气藏中深层水平井建井周期主体位于 270d 以内，统计气井累计占比高达 89.5%。

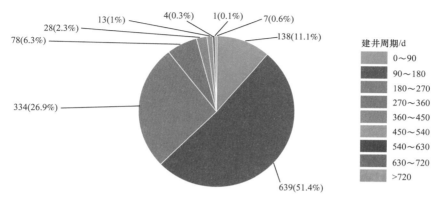

图 5-58 Haynesville 页岩气藏中深层水平井建井周期统计分布图

图 5-59 给出了 Haynesville 页岩气藏中深层水平井不同年度建井周期学习曲线，统计结果显示 2011 年以前统计气井 461 口，P25 建井周期 108d、P50 建井周期 149d、P75 建井周期 203d。2011 年统计气井 128 口，P25 建井周期 112d、P50 建井周期 139d、P75 建井周期 192d。2012 年统计气井 77 口，P25 建井周期 102d、P50 建井周期 128d、P75 建井周期 159d。2013 年统计气井 86 口，P25 建井周期 118d、P50 建井周期 140d、P75 建井周期 194d。2014 年统计气井 87 口，P25 建井周期 139d、P50 建井周期 161d、P75 建井周期 196d。2015 年统计气井 29 口，P25 建井周期 94d、P50 建井周期 189d、P75 建井周期 252d。2016 年统计气井 20 口，P25 建井周期 84d、P50 建井周期 134d、P75 建井周期 248d。2017 年统计气井 83 口，P25 建井周期 137d、P50 建井周期 176d、P75 建井周期 220d。2018 年统计气井 113 口，P25 建井周期 135d、P50 建井周期 178d、P75 建井周期 229d。2019 年统计气井 92 口，P25 建井周期 110d、P50 建井周期 152d、P75 建井周

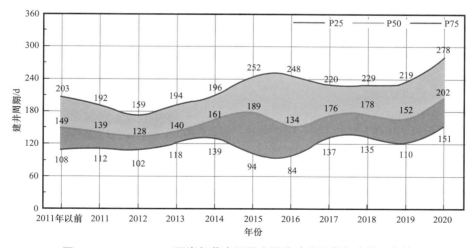

图 5-59 Haynesville 页岩气藏中深层水平井建井周期年度学习曲线

期 219d。2020 年统计气井 66 口，P25 建井周期 151d、P50 建井周期 202d、P75 建井周期 278d。Haynesville 页岩气藏中深层水平井建井周期在 2014 年以前保持相对稳定趋势，2014 年后迎来小幅上升趋势，主要是由于完钻气井测深和水平段长逐年增加。

5.6.2 深层气井

将完钻垂深 3500~4500m 页岩气水平井建井周期进行单独统计分析，统计深层页岩气水平井 3352 口，平均建井周期 198d、P25 建井周期 131d、P50 建井周期 176d、P75 建井周期 230d、M50 建井周期 177d。

图 5-60 给出了 Haynesville 页岩气藏深层水平井建井周期范围统计分布图，统计结果显示建井周期低于 90d 的水平井 200 口，统计井数占比 6%。建井周期为 90~180d 的气井 1541 口，统计井数占比 46%。建井周期为 180~270d 的气井 1063 口，统计井数占比 31.6%。建井周期为 270~360d 的气井 334 口，统计井数占比 10%。建井周期为 360~450d 的气井 95 口，统计井数占比 2.8%。建井周期为 450~540d 的气井 50 口，统计井数占比 1.5%。建井周期为 540~630d 的气井 42 口，统计井数占比 1.3%。建井周期为 630~720d 的气井 12 口，统计井数占比 0.4%。建井周期超过 720d 的气井 15 口，统计井数占比 0.4%。Haynesville 页岩气藏深层水平井建井周期主体位于 270d 以内，统计气井累计占比高达 83.7%。

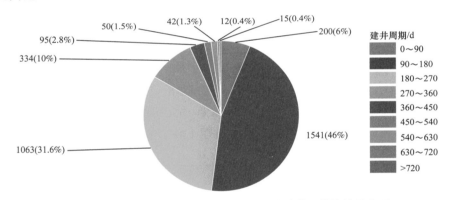

图 5-60　Haynesville 页岩气藏深层水平井建井周期统计分布图

图 5-61 给出了 Haynesville 页岩气藏深层水平井不同年度建井周期学习曲线，统计结果显示 2011 年以前统计气井 1490 口，P25 建井周期 125d、P50 建井周期 170d、P75 建井周期 225d。2011 年统计气井 614 口，P25 建井周期 132d、P50 建井周期 179d、P75 建井周期 240d。2012 年统计气井 130 口，P25 建井周期 150d、P50 建井周期 216d、P75 建井周期 311d。2013 年统计气井 131 口，P25 建井周期 137d、P50 建井周期 178d、P75 建井周期 223d。2014 年统计气井 143 口，P25 建井周期 150d、P50 建井周期 184d、P75 建井周期 230d。2015 年统计气井 114 口，P25 建井周期 113d、P50 建井周期 166d、P75 建井周期 251d。2016 年统计气井 151 口，P25 建井周期 127d、P50 建井周期 159d、P75 建井

周期 206d。2017 年统计气井 249 口，P25 建井周期 166d、P50 建井周期 197d、P75 建井周期 227d。2018 年统计气井 213 口，P25 建井周期 143d、P50 建井周期 175d、P75 建井周期 227d。2019 年统计气井 107 口，P25 建井周期 105d、P50 建井周期 161d、P75 建井周期 205d。2020 年统计气井 10 口，P25 建井周期 105d、P50 建井周期 160d、P75 建井周期 210d。Haynesville 页岩气藏深层水平井建井周期保持相对稳定趋势，2018 年后迎来小幅下降趋势。

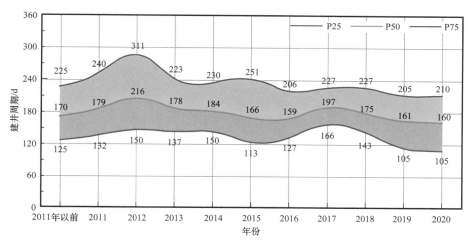

图 5-61　Haynesville 页岩气藏深层水平井建井周期年度学习曲线

5.6.3　超深层气井

Haynesville 页岩气藏垂深过 4500m 区域完钻气井较少，统计垂深超过 4500m 统计气井 33 口，气井完钻垂深范围 4501～5193m，平均完钻垂深 4711m。图 5-62 给出了 Haynesville 页岩气藏超深层页岩气水平井建井周期散点分布图，统计所有超深层页岩气水平井平均建井周期 223d、P25 建井周期 140d、P50 建井周期 194d、P75 建井周期 287d、M50 建井周期 201d。

5.6.4　影响因素分析

页岩气水平井建井周期受气藏地质条件、钻完井和压裂施工效率等因素控制。相关系数是研究变量之间线性相关程度的量，反映变量之间相关关系密切程度的统计指标。选取主流的皮尔逊相关系数分析不同因素与建井周期的关联程度。选取许可日期、水平井完钻垂深、水平井测深、水平段长、钻井周期、钻速、水垂比、压裂段数、压裂液量、支撑剂量、平均段间距、用液强度、加砂强度、单井总成本和单井 EUR 与建井周期进行相关系数分析。其中，钻井许可日期引入相关性分析用于表征钻完井工程技术经验进步对开发效果的影响。由于缺乏井点详细地质参数，将垂深视为一项地质参数。水平井测深、水平段长、钻井周期、水垂比和钻速为水平井钻完井工程参数。水平井分段压裂参数包括单井压裂段数、压裂液量、支撑剂量、平均段间距、用液强度、加砂强度。单井总成本作为成本参数。

图 5-63 给出了 Haynesville 页岩气藏所有气井不同参数与建井周期相关系数矩阵。相关系数范围为 –1.0～1.0，相关系数趋向于 –1.0 表示线性相关程度低，相关系数趋向 1.0

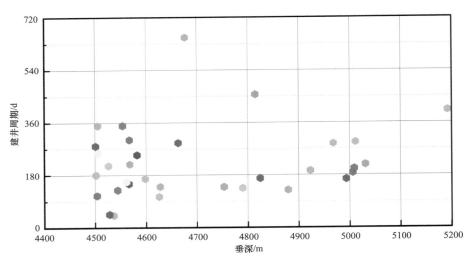

图 5-62　Haynesville 页岩气藏超深层水平井建井中期散点分布图

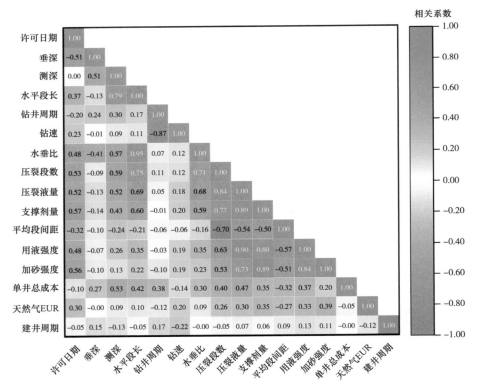

图 5-63　Haynesville 页岩气藏水平井建井周期影响因素相关系数矩阵图

表示线性相关程度高。建井周期与不同参数相关系数分析显示，其主要受钻井周期、用液强度和加砂强度影响。钻井周期作为建井周期的重要组成部分，加砂强度和用液强度主要影响压裂施工周期。

5.6.5　小结

图 5-64 给出了 Haynesville 页岩气藏中深层与深层页岩气水平井对应建井周期统计频率分布图。建井周期小于 160d 范围内，中深层气井统计频率显著高于深层气井。建井周期超过 160d 时，深层页岩气水平井统计频率整体略高于中深层页岩气水平井。

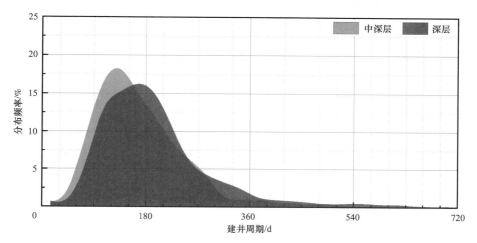

图 5-64　Haynesville 页岩气藏中深层与深层水平井建井周期统计频率分布图

图 5-65 给出了 Haynesville 页岩气藏中深层与深层页岩气水平井不同年度 P50 建井周期统计对比图。不同年度中深层与深层页岩气水平井对应 P50 建井周期对比显示，深层水平井建井周期整体高于中深层水平井。

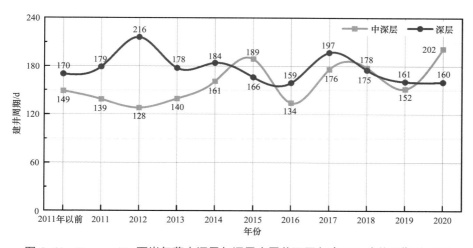

图 5-65　Haynesville 页岩气藏中深层与深层水平井不同年度 P50 建井周期对比图

图 5-66 给出了 Haynesville 页岩气藏中深层与深层水平井不同测深对应 P50 建井周期统计对比图，统计结果显示相同水平井测深范围条件下，深层页岩气水平井对应建井周期整体高于中深层水平井。统计结果显示，深层页岩气水平井建井周期平均比深层水平井建井周期高 12d。

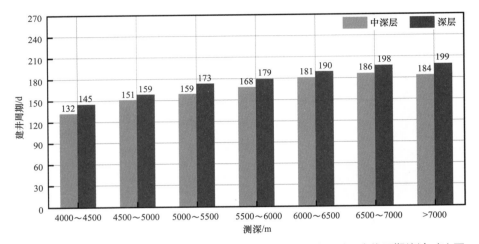

图 5-66　Haynesville 页岩气藏中深层与深层水平井不同测深 P50 建井周期统计对比图

第6章 开发成本

　　页岩气是一种典型的低品位边际油气资源，极低的基质渗透率使页岩气储层必须经过体积压裂改造才能形成产能，单井控制体积小，钻井数量是常规油气田的数倍甚至几十倍，压裂改造作业规模也比常规天然气高很多，对技术和场地要求高，作业成本居高不下。页岩气开发单井成本是总成本的主体构成部分。页岩气水平井单井成本包括钻完井成本和压裂成本。钻完井成本由钻井成本和固井成本构成。压裂成本包括水成本、支撑剂成本、泵送成本和其他成本。

6.1　单井成本及构成

　　页岩气水平井单井成本主体包含钻完井成本和压裂成本，除此之外还包含地面工程等其他成本。单井成本受市场、水平井钻完井参数和压裂参数等多重因素影响。随水平井钻井压裂参数变化，钻完井成本和压裂成本占比也同时发生变化。图 6-1 给出了 Haynesville 页岩气藏统计 2784 口水平井单井成本散点分布图，统计结果显示所有水平井平均单井成本 906 万美元、P25 单井成本 765 万美元、P50 单井成本 876 万美元、P75 单井成本 1016 万美元、M50 单井成本 883 万美元。

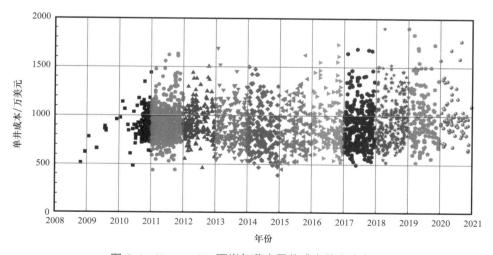

图 6-1　Haynesville 页岩气藏水平井成本散点分布图

　　图 6-2 给出了 Haynesville 页岩气藏水平井成本分布范围统计图，统计分布显示单井成本低于 400 万美元的气井仅 1 口。单井成本（400~600）万美元的气井 104 口，统

计占比 3.7%。单井成本（600～800）万美元的气井 793 口，统计占比 28.6%。单井成本（800～1000）万美元的气井 1108 口，统计占比 39.8%。单井成本（1000～1200）万美元的气井 533 口，统计占比 19.1%。单井成本（1200～1400）万美元的气井 173 口，统计占比 6.2%。单井成本（1400～1600）万美元的气井 53 口，统计占比 1.9%。单井成本（1600～1800）万美元的气井 3 口，统计占比 0.1%。单井成本范围统计分布显示 Haynesville 页岩气藏水平井成本主体位于（600～1200）万美元。

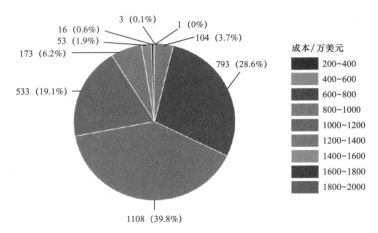

图 6-2　Haynesville 页岩气藏水平井成本统计分布图

图 6-3 给出了 Haynesville 页岩气藏水平井不同年度单井成本学习曲线，水平井成本总体保持相对稳定趋势。2012 年以前，P50 单井成本保持在 900 万美元以上。2013—2017 年，水平井 P50 单井成本稳定在 900 万美元以下。2018—2019 年，水平井 P50 单井成本又恢复至 900 万美元以上。2020 年，P50 单井成本超过 1000 万美元。

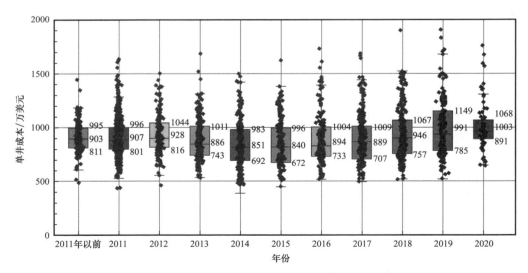

图 6-3　Haynesville 页岩气藏水平井不同年度单井成本学习曲线

图 6-4 给出了 Haynesville 页岩气藏水平井单井成本中钻完井成本和压裂成本占比统计范围分布图。统计分布显示，钻完井成本占比主体分布在 30%～50%，压裂成本占比主体位于 50%～70%。

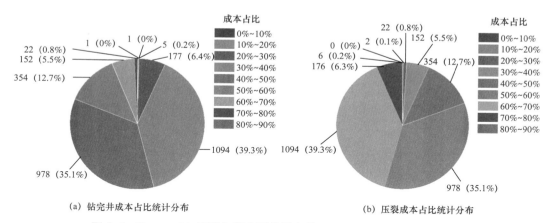

(a) 钻完井成本占比统计分布　　　　　(b) 压裂成本占比统计分布

图 6-4　Haynesville 页岩气藏水平井钻完井及压裂成本占比统计分布图

图 6-5 给出了 Haynesville 页岩气藏所有统计水平井不同年度单井成本构成分布图。统计分布显示，2012 年以前，单井成本中钻完井成本平均占比为 41%，压裂成本平均占比为 59%。2013—2014 年，钻完井成本平均占比分别上升至 44% 和 49%，压裂成本平均成本下降至 56% 和 51%。2015 年，钻完井成本平均占比下降为 45%，压裂成本平均占比为 55%。2016 年钻完井成本平均占比为历年最低值，钻完井成本平均占比仅为 36%，压裂成本平均占比高达 64%。2017—2020 年，钻完井成本平均占比保持在 40%～46% 范围内，压裂成本平均占比 54%～60%。Haynesville 页岩气藏水平井钻完井和压裂成本占比统计显示，压裂成本总体稍高于钻完井成本。

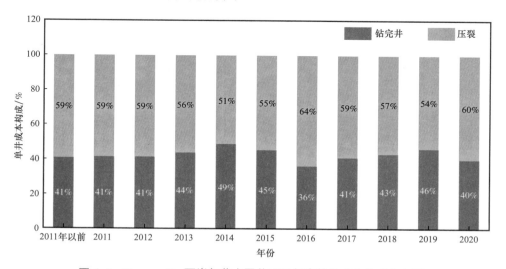

图 6-5　Haynesville 页岩气藏水平井不同年度单井成本构成分布图

6.1.1 中深层气井

将完钻垂深 3000～3500m 中深层页岩气水平井单井成本及构成进行单独统计分析，统计中深层气井共 720 口，单井成本范围（66～1765）万美元，平均单井成本 920 万美元、P25 单井成本 773 万美元、P50 单井成本 891 万美元、P75 单井成本 1028 万美元。统计单井成本构成显示，平均钻完井成本占比 43.3%、压裂成本占比 56.7%。中深层页岩气水平井整体表现出压裂成本稍高于钻完井成本特征。

图 6-6 给出了 Haynesville 页岩气藏统计 720 口中深层水平井单井成本统计分布图，统计显示单井成本低于 500 万美元的气井 6 口，统计占比 0.8%。单井成本（500～600）万美元的气井 27 口，统计占比 3.8%。单井成本（600～700）万美元的气井 61 口，统计占比 8.5%。单井成本（700～800）万美元的气井 128 口，统计占比 17.8%。单井成本（800～900）万美元的气井 149 口，统计占比 20.7%。单井成本（900～1000）万美元的气井 136 口，统计占比 18.9%。单井成本（1000～1100）万美元的气井 88 口，统计占比 12.2%。单井成本（1100～1200）万美元的气井 40 口，统计占比 5.6%。单井成本（1200～1300）万美元的气井 32 口，统计占比 4.4%。单井成本（1300～1400）万美元的气井 29 口，统计占比 4.0%。单井成本（1400～1500）万美元的气井 13 口，统计占比 1.8%。单井成本超过 1500 万美元的气井 11 口，统计占比 1.5%。中深层页岩气水平井单井成本主体位于 1100 万美元以内。

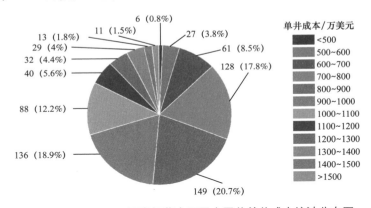

图 6-6　Haynesville 页岩气藏中深层水平井单井成本统计分布图

图 6-7 给出了 Haynesville 页岩气藏中深层水平井单井成本年度学习曲线，统计显示 2011 年以前统计气井 46 口，平均单井成本 848 万美元、P25 单井成本 789 万美元、P50 单井成本 838 万美元、P75 单井成本 924 万美元。2011 年统计气井 124 口，平均单井成本 876 万美元、P25 单井成本 780 万美元、P50 单井成本 858 万美元、P75 单井成本 956 万美元。2012 年统计气井 70 口，平均单井成本 939 万美元、P25 单井成本 773 万美元、P50 单井成本 907 万美元、P75 单井成本 1086 万美元。2013 年统计气井 83 口，平均单井成本 935 万美元、P25 单井成本 790 万美元、P50 单井成本 913 万美元、P75 单井成本

1028 万美元。2014 年统计气井 77 口，平均单井成本 890 万美元、P25 单井成本 692 万美元、P50 单井成本 834 万美元、P75 单井成本 1015 万美元。2015 年统计气井 30 口，平均单井成本 860 万美元、P25 单井成本 608 万美元、P50 单井成本 828 万美元、P75 单井成本 984 万美元。2016 年统计气井 21 口，平均单井成本 1041 万美元、P25 单井成本 849 万美元、P50 单井成本 924 万美元、P75 单井成本 1109 万美元。2017 年统计气井 71 口，平均单井成本 911 万美元、P25 单井成本 721 万美元、P50 单井成本 839 万美元、P75 单井成本 1046 万美元。2018 年统计气井 82 口，平均单井成本 1033 万美元、P25 单井成本 835 万美元、P50 单井成本 1012 万美元、P75 单井成本 1198 万美元。2019 年统计气井 63 口，平均单井成本 969 万美元、P25 单井成本 769 万美元、P50 单井成本 884 万美元、P75 单井成本 1097 万美元。2020 年统计气井 63 口，平均单井成本 1032 万美元、P25 单井成本 897 万美元、P50 单井成本 959 万美元、P75 单井成本 1054 万美元。中深层水平井单井成本年度学习曲线显示单井成本总体保持相对稳定趋势，P50 单井成本总体位于（800～1000）万美元区间。根据钻完井压裂参数学习指标可知，中深层完钻水平井测深和水平段长逐年增加，由此表明单位成本逐年呈下降趋势。

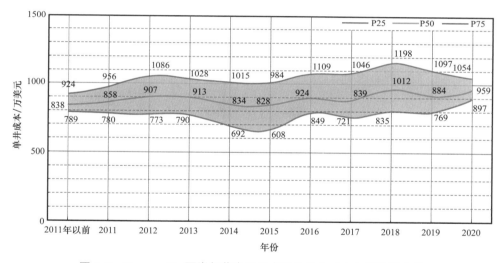

图 6-7　Haynesville 页岩气藏中深层水平井单井成本年度学习曲线

图 6-8 给出了 Haynesville 页岩气藏中深层水平井单井成本不同年度平均构成统计。不同年度钻完井成本占比 40%～50%，压裂成本占比 50%～60%。中深层水平井总体钻完井成本占比略低于压裂成本。

6.1.2　深层气井

将完钻垂深 3500～4500m 深层页岩气水平井单井成本及构成进行单独统计分析，统计深层气井共 2031 口，单井成本范围（468～1896）万美元，平均单井成本 899 万美元、P25 单井成本 761 万美元、P50 单井成本 871 万美元、P75 单井成本 1010 万美元。统计单

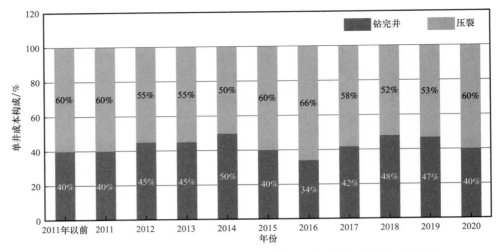

图 6-8　Haynesville 页岩气藏中深层水平井不同年度单井成本构成统计图

井成本构成显示，平均钻完井成本占比 41.8%、压裂成本占比 58.2%。深层页岩气水平井整体表现出压裂成本稍高于钻完井成本的特征。

图 6-9 给出了 Haynesville 页岩气藏统计 720 口水平井单井成本统计分布图，统计显示单井成本低于 500 万美元的气井 8 口，统计占比 0.4%。单井成本（500～600）万美元的气井 61 口，统计占比 3.0%。单井成本（600～700）万美元 气井 198 口，统计占比 9.7%。单井成本（700～800）万美元的气井 401 口，统计占比 19.8%。单井成本（800～900）万美元的气井 466 口，统计占比 22.9%。单井成本（900～1000）万美元的气井 351 口，统计占比 17.4%。单井成本（1000～1100）万美元的气井 275 口，统计占比 13.6%。单井成本（1100～1200）万美元的气井 124 口，统计占比 6.1%。单井成本（1200～1300）万美元的气井 68 口，统计占比 3.3%。单井成本（1300～1400）万美元的气井 35 口，统计占比 1.7%。单井成本（1400～1500）万美元的气井 27 口，统计占比 1.3%。单井成本超过 1500 万美元的气井 17 口，统计占比 0.8%。深层页岩气水平井单井成本主体位于 1100 万美元以内。

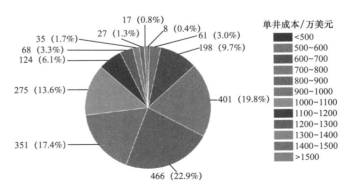

图 6-9　Haynesville 页岩气藏深层水平井单井成本统计分布图

图 6-10 给出了 Haynesville 页岩气藏深层水平井单井成本学习曲线，统计显示 2011 年以前统计气井 113 口，平均单井成本 925 万美元、P25 单井成本 824 万美元、P50 单井成本 915 万美元、P75 单井成本 1016 万美元。2011 年统计气井 635 口，平均单井成本 913 万美元、P25 单井成本 807 万美元、P50 单井成本 888 万美元、P75 单井成本 999 万美元。2012 年统计气井 139 口，平均单井成本 931 万美元、P25 单井成本 829 万美元、P50 单井成本 890 万美元、P75 单井成本 1026 万美元。2013 年统计气井 134 口，平均单井成本 868 万美元、P25 单井成本 735 万美元、P50 单井成本 795 万美元、P75 单井成本 1011 万美元。2014 年统计气井 157 口，平均单井成本 840 万美元、P25 单井成本 695 万美元、P50 单井成本 807 万美元、P75 单井成本 980 万美元。2015 年统计气井 132 口，平均单井成本 838 万美元、P25 单井成本 680 万美元、P50 单井成本 807 万美元、P75 单井成本 982 万美元。2016 年统计气井 156 口，平均单井成本 878 万美元、P25 单井成本 731 万美元、P50 单井成本 823 万美元、P75 单井成本 975 万美元。2017 年统计气井 257 口，平均单井成本 885 万美元、P25 单井成本 707 万美元、P50 单井成本 867 万美元、P75 单井成本 1003 万美元。2018 年统计气井 212 口，平均单井成本 913 万美元、P25 单井成本 733 万美元、P50 单井成本 879 万美元、P75 单井成本 1044 万美元。2019 年统计气井 81 口，平均单井成本 997 万美元、P25 单井成本 794 万美元、P50 单井成本 938 万美元、P75 单井成本 1150 万美元。2020 年统计气井 15 口，平均单井成本 932 万美元、P25 单井成本 808 万美元、P50 单井成本 922 万美元、P75 单井成本 1066 万美元。

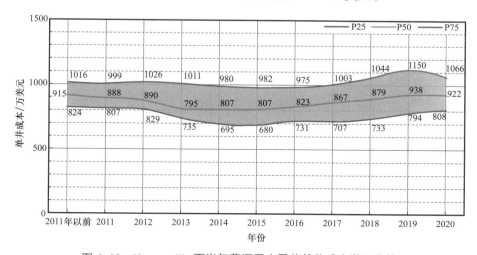

图 6-10　Haynesville 页岩气藏深层水平井单井成本学习曲线

深层水平井单井成本年度学习曲线显示单井成本总体保持相对稳定趋势，P50 单井成本总体位于（800～950）万美元区间。根据钻完井压裂参数学习指标可知，深层完钻水平井测深和水平段长逐年增加，由此表明单位成本逐年呈下降趋势。

图 6-11 给出了 Haynesville 页岩气藏深层水平井单井成本不同年度平均统计构成。2011 年以前，钻完井成本平均占比 41%，压裂成本平均占比 59%。2012 年钻完井成本

平均占比下降至 39%，压裂成本平均占比 61%。2013—2015 年，钻完井成本平均占比分别上升至 43%、48% 和 46%，压裂成本平均占比下降至 57%、52% 和 54%。2016 年钻完井成本平均占比下降至历年最低值 36%，压裂成本占比上升至历年最高值 64%。2017—2018 年，钻完井成本平均占比保持在 41%，压裂成本平均占比 59%。2019 年，钻完井成本平均占比上升至 45%，压裂成本平均占比下降至 55%。2020 年钻完井平均占比 38%，压裂成本平均占比 62%。不同年度钻完井成本占比 36%~48%，压裂成本占比 52%~64%。深层水平井总体钻完井成本占比略低于压裂成本。

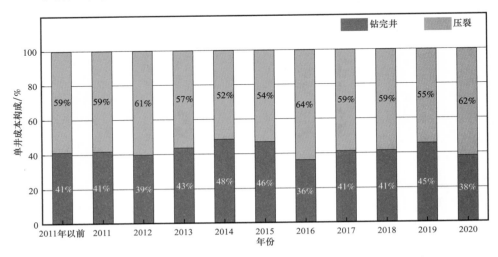

图 6-11　Haynesville 页岩气藏深层水平井不同年度单井成本构成统计图

6.1.3　超深层气井

Haynesville 页岩气藏垂深过 4500m 区域完钻气井较少，统计垂深超过 4500m 统计气井 33 口，气井完钻垂深范围 4501~5193m，平均完钻垂深 4732m。图 6-12 给出了 Haynesville 页岩气藏超深层页岩气水平井单井成本及构成，统计所有超深层页岩气水平井平均单井成本 1077 万美元、P25 单井成本 817 万美元、P50 单井成本 1115 万美元、P75 单井成本 1281 万美元。钻完井成本平均占比 45.4%，压裂成本平均占比 54.6%。Haynesville 页岩气藏超深层页岩气资源目前依然处于探索阶段。

6.1.4　影响因素分析

页岩气水平井单井成本受地质条件、井深参数、压裂规模、钻完井和压裂成本等因素控制。相关系数是研究变量之间线性相关程度的量，反映变量之间相关关系密切程度的统计指标。选取主流的皮尔逊相关系数分析不同因素与单井成本的关联程度。选取许可日期、水平井完钻垂深、水平井测深、水平段长、水垂比、压裂段数、压裂液量和支撑剂量进行相关系数分析。其中钻井许可日期引入相关性分析用于表征钻完井工程技术经验进步对开发效果的影响。水平井垂深、测深、水平段长和水垂比为水平井钻完井工

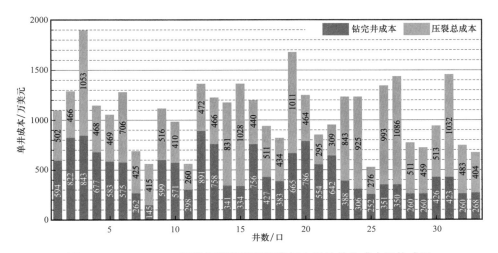

图 6-12 Haynesville 页岩气藏超深层页岩气水平井单井成本及构成图

程参数。水平井分段压裂参数包括单井压裂段数、压裂液量和支撑剂量。

图 6-13 给出了 Haynesville 页岩气藏所有气井不同参数与单井成本相关系数矩阵。相关系数范围为 −1.0～1.0，相关系数趋向于 −1.0 表示线性相关程度低，相关系数趋向于 1.0 表示线性相关程度高。单井成本与不同参数相关系数分析显示，其主要受测深、水平段长、压裂液量、支撑剂量、水垂比和垂深的影响。

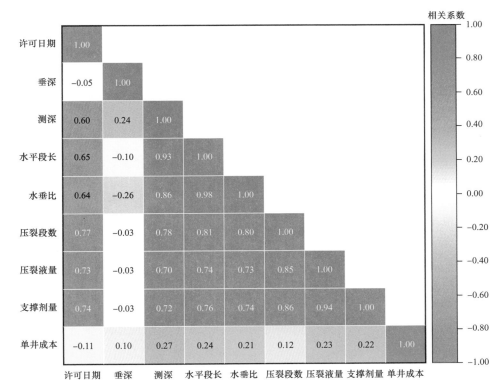

图 6-13 Haynesville 页岩气藏水平井单井成本影响因素相关系数矩阵图

6.1.5　小结

图 6-14 给出了 Haynesville 页岩气藏中深层与深层页岩气水平井不同年度单井成本和钻完井成本平均占比统计趋势。统计结果显示，2016 年以前中深层 P50 单井成本高于深层页岩气水平井。2017 年和 2019 年，深层页岩气水平井 P50 单井成本高于中深层气井。2020 年中深层页岩气水平井 P50 单井成本高于深层气井。由于中深层和深层页岩气水平井钻完井垂深、测深、水平段长及水垂比存在显著差异，无法精确对比中深层与深层页岩气水平井成本。

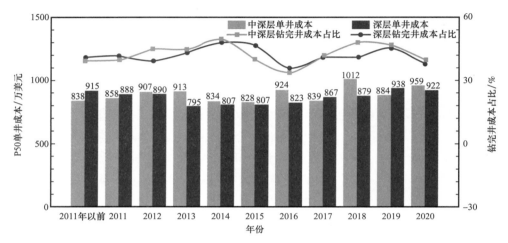

图 6-14　Haynesville 页岩气藏中深层与深层页岩气水平井不同年度单井成本及钻完井成本占比统计图

6.2　钻井成本

钻井成本受区域地层复杂程度、完钻井深、水平段长、施工作业模式等多种因素影响。钻井成本是钻完井成本中的主体构成部分。除单井成本外，本文引入百米测深钻井成本用于横向对比分析。

图 6-15 给出了 Haynesville 页岩气藏水平井钻井成本散点分布图，统计显示水平井单井钻井成本范围为（50～983）万美元。水平井单井钻井成本统计井数 3043 口，平均单井钻井成本 373 万美元、P25 单井钻井成本 305 万美元、P50 单井钻井成本 343 万美元、P75 单井钻井成本 376 万美元、M50 单井钻井成本 343 万美元。由于钻井成本直接受完钻水平井测深及水垂比参数影响，引入百米测深钻井成本用于横向对比分析。统计显示 Haynesville 页岩气藏水平井平均百米测深钻井成本 5.7 万美元、P25 百米测深钻井成本 4.1 万美元、P50 百米测深钻井成本 5.6 万美元、P75 百米测深钻井成本 5.8 万美元、M50 百米测深钻井成本 5.2 万美元。

图 6-16 给出了 Haynesville 页岩气藏水平井百米测深钻井成本统计分布图，统计结果显示百米测深钻井成本低于 2 万美元的气井 11 口，统计占比 0.4%。百米测深钻井成本

（2～4）万美元的气井 337 口，统计占比 11.2%。百米测深钻井成本（4～6）万美元的气井 2121 口，统计占比 69.7%。百米测深钻井成本（6～8）万美元的气井 199 口，统计占比 6.5%。百米测深钻井成本（8～10）万美元的气井 168 口，统计占比 5.5%。百米测深钻井成本（10～12）万美元的气井 108 口，统计占比 3.5%。百米测深钻井成本（12～14）万美元的气井 64 口，统计占比 2.1%。百米测深钻井成本（14～16）万美元的气井 27 口，统计占比 0.9%。百米测深钻井成本（16～18）万美元的气井 7 口，统计占比 0.2%。百米测深钻井成本（18～20）万美元的气井仅 1 口。整个气藏水平井百米测深钻井成本主体分布在（4～6）万美元区间。

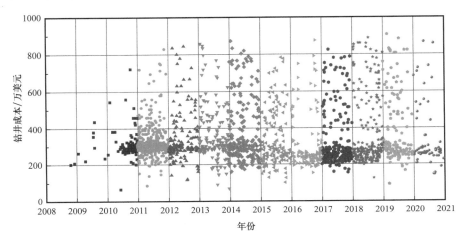

图 6-15　Haynesville 页岩气藏水平井钻井成本散点分布图

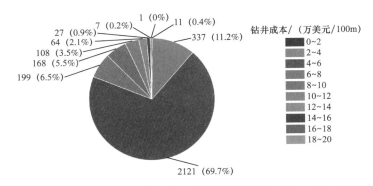

图 6-16　Haynesville 页岩气藏水平井百米测深钻井成本统计分布图

图 6-17 和图 6-18 分别给出了 Haynesville 页岩气藏水平井不同年度单井钻井成本和百米测深钻井成本分布图。不同年度单井钻井成本和百米测深钻井成本变化趋势相似。2014 年以前，单井钻井成本和百米测深钻井成本保持相对稳定，单井钻井成本保持在（294～304）万美元浮动、百米测深钻井成本稳定在（5.6～5.8）万美元范围内。自 2015 年开始，单井钻井成本和百米测深钻井成本呈现显著下降趋势。2015 年以后，百米测深钻井成本下降至（4.0～4.5）万美元区间。

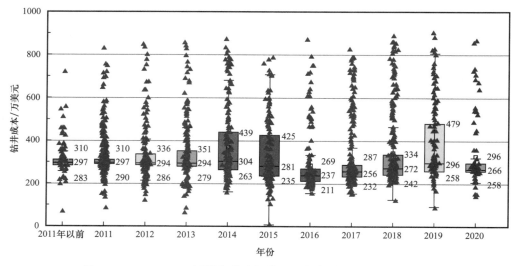

图 6-17　Haynesville 页岩气藏水平井不同年度单井钻井成本分布图

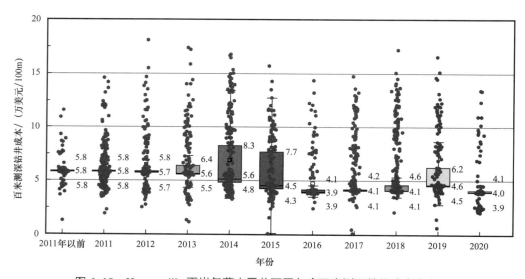

图 6-18　Haynesville 页岩气藏水平井不同年度百米测深钻井成本分布图

6.2.1　中深层气井

　　将完钻垂深 3000~3500m 中深层页岩气水平井单井钻井成本进行单独统计分析，统计中深层气井共 720 口，单井钻井成本范围（7~882）万美元，平均单井钻井成本 348 万美元、P25 单井钻井成本 215 万美元、P50 单井钻井成本 283 万美元、P75 单井钻井成本 403 万美元、M50 单井钻井成本 291 万美元。统计百米测深钻井成本（0.1~18.1）万美元，平均百米测深钻井成本 6.4 万美元、P25 百米测深钻井成本 4.2 万美元、P50 百米测深钻井成本 5.6 万美元、P75 百米测深钻井成本 7.6 万美元、M50 百米测深钻井成本 5.5 万美元。

图 6-19 给出了 Haynesville 页岩气藏统计 720 口中深层水平井百米测深钻井成本统计分布图，统计结果显示百米测深钻井成本低于 2 万美元的气井 2 口，统计占比 0.3%。百米测深钻井成本（2～4）万美元的气井 90 口，统计占比 12.6%。百米测深钻井成本（4～6）万美元的气井 399 口，统计占比 55.7%。百米测深钻井成本（6～8）万美元的气井 61 口，统计占比 8.5%。百米测深钻井成本（8～10）万美元的气井 66 口，统计占比 9.2%。百米测深钻井成本（10～12）万美元的气井 50 口，统计占比 7.0%。百米测深钻井成本（12～14）万美元的气井 31 口，统计占比 4.3%。百米测深钻井成本（14～16）万美元的气井 12 口，统计占比 1.7%。百米测深钻井成本（16～18）万美元的气井 4 口，统计占比 0.6%。百米测深钻井成本（18～20）万美元的气井仅 1 口。Haynesville 页岩气藏中深层水平井百米测深钻井成本主体分布在（4～6）万美元区间。

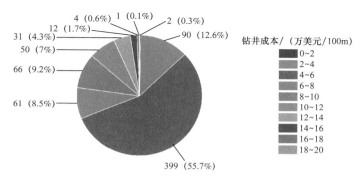

图 6-19　Haynesville 页岩气藏中深层水平井百米测深钻井成本统计分布图

图 6-20 给出了 Haynesville 页岩气藏中深层水平井百米测深钻井成本年度学习曲线，统计显示 2011 年以前统计气井 46 口，平均百米测深钻井成本 5.7 万美元、P25 百米测深钻井成本 5.6 万美元、P50 百米测深钻井成本 5.8 万美元、P75 百米测深钻井成本 5.8 万美元。2011 年统计气井 123 口，平均百米测深钻井成本 6.0 万美元、P25 百米测深钻井成本 5.7 万美元、P50 百米测深钻井成本 5.8 万美元、P75 百米测深钻井成本 5.8 万美元。2012 年统计气井 69 口，平均百米测深钻井成本 7.6 万美元、P25 百米测深钻井成本 5.6 万美元、P50 百米测深钻井成本 6.4 万美元、P75 百米测深钻井成本 9.2 万美元。2013 年统计气井 82 口，平均百米测深钻井成本 7.3 万美元、P25 百米测深钻井成本 5.5 万美元、P50 百米测深钻井成本 5.6 万美元、P75 百米测深钻井成本 9.2 万美元。2014 年统计气井 76 口，平均百米测深钻井成本 7.5 万美元、P25 百米测深钻井成本 5.5 万美元、P50 百米测深钻井成本 5.6 万美元、P75 百米测深钻井成本 9.8 万美元。2015 年统计气井 29 口，平均百米测深钻井成本 5.0 万美元、P25 百米测深钻井成本 4.5 万美元、P50 百米测深钻井成本 4.5 万美元、P75 百米测深钻井成本 4.6 万美元。2016 年统计气井 20 口，平均百米测深钻井成本 5.4 万美元、P25 百米测深钻井成本 3.9 万美元、P50 百米测深钻井成本 4.1 万美元、P75 百米测深钻井成本 4.2 万美元。2017 年统计气井 70 口，平均百米测深钻井成本 5.5 万美元、P25 百米测深钻井成本 4.1 万美元、P50 百米测深钻井成本 4.1 万美元、P75 百米测

深钻井成本 5.8 万美元。2018 年统计气井 81 口，平均百米测深钻井成本 7.1 万美元、P25 百米测深钻井成本 4.1 万美元、P50 百米测深钻井成本 5.3 万美元、P75 百米测深钻井成本 9.6 万美元。2019 年统计气井 58 口，平均百米测深钻井成本 6.2 万美元、P25 百米测深钻井成本 4.5 万美元、P50 百米测深钻井成本 4.6 万美元、P75 百米测深钻井成本 7.7 万美元。2020 年统计气井 62 口，平均百米测深钻井成本 5.2 万美元、P25 百米测深钻井成本 3.9 万美元、P50 百米测深钻井成本 4.0 万美元、P75 百米测深钻井成本 4.9 万美元。中深层水平井百米测深钻井成本年度学习曲线显示百米测深钻井成本总体保持相对稳定趋势，2014 年以前，P50 百米测深钻井成本稳定在（5.6～6.4）万美元。2015 年后，P50 百米测深钻井成本出现显著下降趋势，后续百米测深钻井成本稳定在（4.1～4.6）万美元。2015 年后出现一次钻井成本大幅下降的趋势。

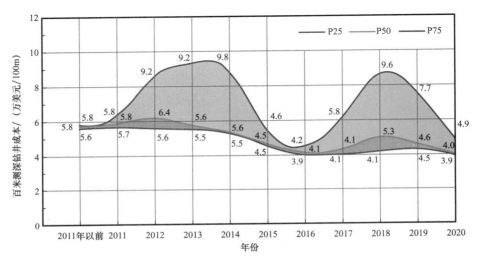

图 6-20　Haynesville 页岩气藏中深层水平井百米测深钻井成本年度学习曲线

6.2.2　深层气井

将完钻垂深 3500～4500m 深层页岩气水平井单井钻井成本进行单独统计分析，统计深层气井共 2020 口，单井钻井成本范围（7～905）万美元，平均单井钻井成本 318 万美元、P25 单井钻井成本 263 万美元、P50 单井钻井成本 294 万美元、P75 单井钻井成本 317 万美元、M50 单井钻井成本 293 万美元。

统计百米测深钻井成本（0.1～17.2）万美元，平均百米测深钻井成本 5.7 万美元、P25 百米测深钻井成本 4.2 万美元、P50 百米测深钻井成本 5.7 万美元、P75 百米测深钻井成本 5.8 万美元、M50 百米测深钻井成本 5.4 万美元。

图 6-21 给出了 Haynesville 页岩气藏统计 2020 口深层水平井百米测深钻井成本统计分布图，统计结果显示百米测深钻井成本低于 2 万美元的气井 5 口，统计占比 0.2%。百米测深钻井成本（2～4）万美元的气井 170 口，统计占比 8.4%。百米测深钻井成本

（4～6）万美元的气井 1519 口，统计占比 75.3%。百米测深钻井成本（6～8）万美元的气井 132 口，统计占比 6.5%。百米测深钻井成本（8～10）万美元的气井 93 口，统计占比 4.6%。百米测深钻井成本（10～12）万美元的气井 52 口，统计占比 2.6%。百米测深钻井成本（12～14）万美元的气井 32 口，统计占比 1.6%。百米测深钻井成本（14～16）万美元的气井 15 口，统计占比 0.7%。百米测深钻井成本（16～18）万美元的气井 2 口，统计占比 0.1%。Haynesville 页岩气藏深层水平井百米测深钻井成本主体分布在（4～6）万美元区间。

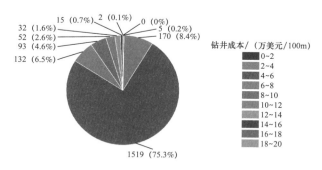

图 6-21　Haynesville 页岩气藏深层水平井百米测深钻井成本统计分布图

图 6-22 给出了 Haynesville 页岩气藏深层水平井百米测深钻井成本年度学习曲线，统计显示 2011 年以前统计气井 113 口，平均百米测深钻井成本 6.0 万美元、P25 百米测深钻井成本 5.8 万美元、P50 百米测深钻井成本 5.8 万美元、P75 百米测深钻井成本 5.8 万美元。2011 年统计气井 636 口，平均百米测深钻井成本 5.9 万美元、P25 百米测深钻井成本 5.8 万美元、P50 百米测深钻井成本 5.8 万美元、P75 百米测深钻井成本 5.8 万美元。2012 年统计气井 140 口，平均百米测深钻井成本 5.9 万美元、P25 百米测深钻井成本 5.7 万美元、P50 百米测深钻井成本 5.7 万美元、P75 百米测深钻井成本 5.8 万美元。2013 年统计气井 135 口，平均百米测深钻井成本 6.0 万美元、P25 百米测深钻井成本 5.5 万美元、P50 百米测深钻井成本 5.6 万美元、P75 百米测深钻井成本 5.6 万美元。2014 年统计气井 158 口，平均百米测深钻井成本 6.6 万美元、P25 百米测深钻井成本 4.7 万美元、P50 百米测深钻井成本 5.6 万美元、P75 百米测深钻井成本 7.5 万美元。2015 年统计气井 133 口，平均百米测深钻井成本 6.1 万美元、P25 百米测深钻井成本 4.2 万美元、P50 百米测深钻井成本 4.5 万美元、P75 百米测深钻井成本 7.9 万美元。2016 年统计气井 157 口，平均百米测深钻井成本 4.7 万美元、P25 百米测深钻井成本 3.9 万美元、P50 百米测深钻井成本 3.9 万美元、P75 百米测深钻井成本 4.1 万美元。2017 年统计气井 258 口，平均百米测深钻井成本 5.0 万美元、P25 百米测深钻井成本 4.1 万美元、P50 百米测深钻井成本 4.1 万美元、P75 百米测深钻井成本 4.2 万美元。2018 年统计气井 213 口，平均百米测深钻井成本 5.0 万美元、P25 百米测深钻井成本 4.1 万美元、P50 百米测深钻井成本 4.1 万美元、P75 百米测深钻井成本 4.5 万美元。2019 年统计气井 71 口，平均百米测深钻井成本 6.3 万美元、

P25 百米测深钻井成本 4.5 万美元、P50 百米测深钻井成本 4.6 万美元、P75 百米测深钻井成本 7.7 万美元。2020 年统计气井 16 口，平均百米测深钻井成本 4.6 万美元、P25 百米测深钻井成本 3.9 万美元、P50 百米测深钻井成本 4.0 万美元、P75 百米测深钻井成本 4.2 万美元。深层水平井百米测深钻井成本年度学习曲线显示百米测深钻井成本总体保持相对稳定趋势，2014 年以前，P50 百米测深钻井成本稳定在（5.6～5.8）万美元。2015 年后，P50 百米测深钻井成本出现显著下降趋势，后续百米测深钻井成本稳定在（3.9～4.5）万美元。2015 年后出现一次钻井成本大幅下降的趋势。

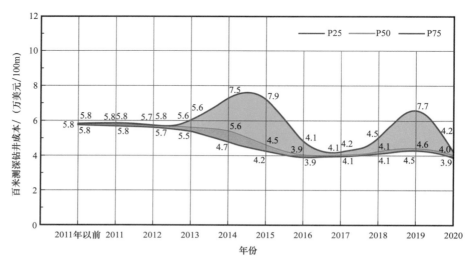

图 6-22　Haynesville 页岩气藏深层水平井百米测深钻井成本年度学习曲线

6.2.3　超深层气井

Haynesville 页岩气藏垂深过 4500m 区域完钻气井较少，单井钻井成本中统计垂深超过 4500m 统计气井 33 口，气井完钻垂深范围 4501～5193m，平均完钻垂深 4732m。图 6-23 给出了 Haynesville 页岩气藏超深层页岩气水平井百米测深钻井成本散点分布图，统计所有超深层页岩气水平井平均单井钻井成本 424 万美元、P25 单井钻井成本 269 万美元、P50 单井钻井成本 357 万美元、P75 单井钻井成本 580 万美元、M50 单井钻井成本 398 万美元。统计所有超深层页岩气水平井平均百米测深钻井成本 6.7 万美元、P25 百米测深钻井成本 4.1 万美元、P50 百米测深钻井成本 5.8 万美元、P75 百米测深钻井成本 8.8 万美元、M50 百米测深钻井成本 6.2 万美元。

6.2.4　影响因素分析

页岩气水平井钻井成本受地质条件、井深参数、钻完井技术等因素控制。选取主流的皮尔逊相关系数分析不同因素与钻井成本的关联程度。选取许可日期、水平井完钻垂深、水平井测深、水平段长和水垂比进行相关系数分析。其中，钻井许可日期引入相关性分析用于表征钻完井工程技术经验进步对开发效果的影响。水平井垂深、测深、水平段长和水垂比为水平井钻完井工程参数。

图 6-24 给出了 Haynesville 页岩气藏所有气井不同参数与单井钻井成本相关系数矩阵。相关系数范围为 −1.0～1.0，相关系数趋向于 −1.0 表示线性相关程度低，相关系数趋向 1.0 表示线性相关程度高。单井钻井成本与不同参数相关系数分析显示，其主要受测深、水平段长和水垂比影响。完钻垂深与单井钻井成本相关性较低。

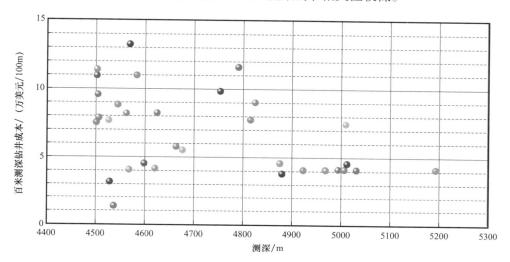

图 6-23　Haynesville 页岩气藏超深层水平井百米测深钻井成本散点分布图

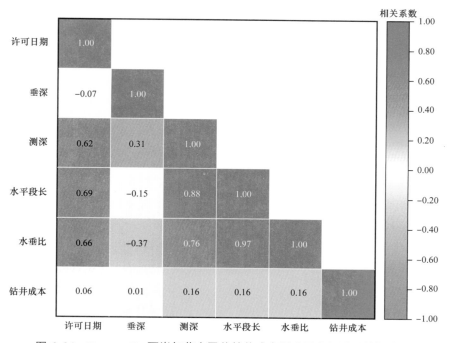

图 6-24　Haynesville 页岩气藏水平井钻井成本影响因素相关系数矩阵图

6.2.5　小结

图 6-25 分别给出了 Haynesville 页岩气藏中深层与深层水平井百米测深钻井成本分布频率统计及分年度 P50 百米测深钻井成本统计对比图。中深层与深层水平井具备相似频率统计图。不同年度 P50 百米测深钻井成本显示中深层与深层气井百米测深钻井成本无明显差异，具备相似变化趋势。2014 年以前，中深层与深层水平井 P50 百米测深钻井成本主体稳定在（5.6～5.8）万美元，2015 年后迎来一次显著成本下降趋势，P50 百米测深钻井成本下降至（4.0～4.5）万美元。

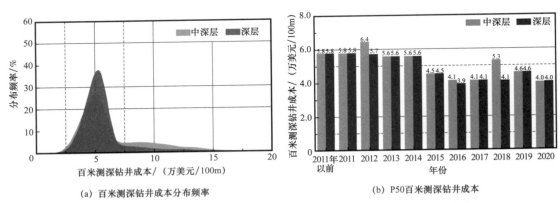

（a）百米测深钻井成本分布频率　　　　（b）P50 百米测深钻井成本

图 6-25　Haynesville 页岩气藏中深层与深层水平井百米测深钻井成本统计图

6.3　固井成本

固井成本受区域地层复杂程度、完钻井深、水平段长、施工作业模式等多种因素影响。固井成本是钻完井成本中的构成部分。除单井固井成本外，本文引入百米测深固井成本用于横向对比分析。

图 6-26 给出了 Haynesville 页岩气藏不同年度水平井单井固井成本散点分布图，统计结果显示平均单井固井成本 55 万美元，P25 单井固井成本 47 万美元、P50 单井固井成本 53 万美元、P75 单井固井成本 62 万美元、M50 单井固井成本 53 万美元。百米测深固井成本统计结果显示平均百米测深固井成本 0.99 万美元、P25 百米测深固井成本 0.87 万美元、P50 百米测深固井成本 1.00 万美元、P25 百米测深固井成本 1.06 万美元、M50 百米测深固井成本 0.98 万美元。

图 6-27 给出了 Haynesville 页岩气藏水平井百米测深固井成本统计分布图，统计结果显示百米测深固井成本低于 0.6 万美元的气井 125 口，统计占比 4.1%。百米测深固井成本（0.6～0.8）万美元的气井 297 口，统计占比 9.8%。百米测深固井成本（0.8～1.0）万美元的气井 1081 口，统计占比 35.6%。百米测深固井成本（1.0～1.2）万美元的气井 1126 口，统计占比 37.0%。百米测深固井成本（1.2～1.4）万美元的气井 284 口，统

计占比 9.3%。百米测深固井成本（1.4～1.6）万美元的气井 52 口，统计占比 1.7%。百
米测深固井成本（1.6～1.8）万美元的气井 65 口，统计占比 2.1%。百米测深固井成本
（1.8～2.0）万美元的气井 12 口，统计占比 0.4%。百米测深固井成本（2.2～2.2）万美元
的气井仅 1 口。Haynesville 页岩气藏水平井百米测深固井成本主体位于（0.8～1.2）万美
元区间。

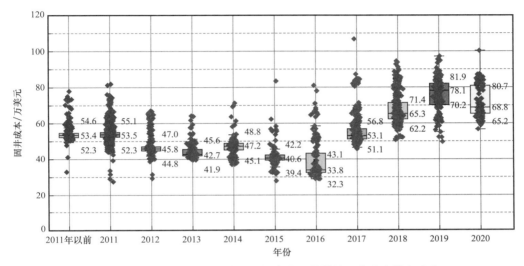

图 6-26　Haynesville 页岩气藏不同年度水平井单井固井成本散点分布图

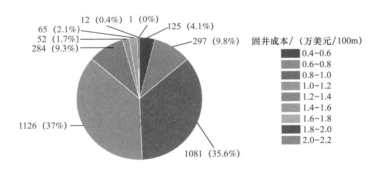

图 6-27　Haynesville 页岩气藏水平井百米测深固井成本统计分布图

图 6-28 给出了 Haynesville 页岩气藏不同年度水平井百米测深固井成本分布图，水平
井百米测深固井成本呈先下降后上升趋势。2016 年以前，水平井百米测深固井成本呈逐
年下降趋势，P50 百米测深固井成本由初期 1.04 万美元逐年下降至 0.59 万美元。2017 年
开始，百米测深固井成本呈逐年增加趋势，P50 百米测深固井成本逐渐增加至 2020 年的
1.24 万美元。

6.3.1　中深层气井

将完钻垂深 3000～3500m 中深层页岩气水平井固井成本进行单独统计分析，统计中

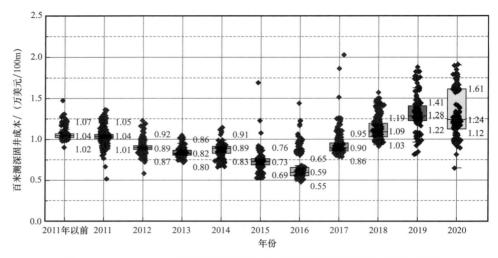

图 6-28　Haynesville 页岩气藏不同年度水平井百米测深固井成本分布图

深层气井共 720 口，单井固井成本范围（29～87）万美元，平均单井固井成本 55 万美元、P25 单井固井成本 45 万美元、P50 单井固井成本 51 万美元、P75 单井固井成本 62 万美元、M50 单井固井成本 52 万美元。统计百米测深固井成本（0.54～1.77）万美元，平均百米测深固井成本 0.99 万美元、P25 百米测深固井成本 0.86 万美元、P50 百米测深固井成本 1.00 万美元、P75 百米测深固井成本 1.08 万美元、M50 百米测深固井成本 0.98 万美元。

图 6-29 给出了 Haynesville 页岩气藏中深层水平井百米测深固井成本统计分布，统计结果显示百米测深固井成本低于 0.6 万美元的气井 9 口，统计占比 1.3%。百米测深固井成本（0.6～0.8）万美元的气井 76 口，统计占比 10.6%。百米测深固井成本（0.8～1.0）万美元的气井 281 口，统计占比 39.2%。百米测深固井成本（1.0～1.2）万美元的气井 233 口，统计占比 32.5%。百米测深固井成本（1.2～1.4）万美元的气井 113 口，统计占比 15.8%。百米测深固井成本（1.4～1.6）万美元的气井 2 口，统计占比 0.3%。百米测深固井成本（1.6～1.8）万美元的气井 2 口，统计占比 0.3%。Haynesville 页岩气藏中深层水平井百米测深固井成本主体位于（0.8～1.2）万美元区间。

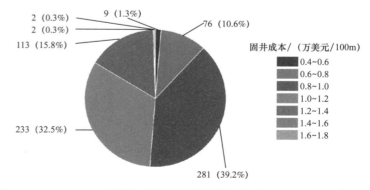

图 6-29　Haynesville 页岩气藏中深层水平井百米测深固井成本统计分布图

图 6-30 给出了 Haynesville 页岩气藏中深层水平井百米测深固井成本学习曲线，统计显示 2011 年以前统计气井 46 口，P25 百米测深固井成本 1.04 万美元、P50 百米测深固井成本 1.05 万美元、P75 百米测深固井成本 1.08 万美元。2011 年统计气井 123 口，P25 百米测深固井成本 1.03 万美元、P50 百米测深固井成本 1.05 万美元、P75 百米测深固井成本 1.08 万美元。2012 年统计气井 69 口，P25 百米测深固井成本 0.87 万美元、P50 百米测深固井成本 0.90 万美元、P75 百米测深固井成本 0.92 万美元。2013 年统计气井 82 口，P25 百米测深固井成本 0.80 万美元、P50 百米测深固井成本 0.83 万美元、P75 百米测深固井成本 0.86 万美元。2014 年统计气井 76 口，P25 百米测深固井成本 0.78 万美元、P50 百米测深固井成本 0.88 万美元、P75 百米测深固井成本 0.92 万美元。2015 年统计气井 29 口，P25 百米测深固井成本 0.70 万美元、P50 百米测深固井成本 0.73 万美元、P75 百米测深固井成本 0.77 万美元。2016 年统计气井 20 口，P25 百米测深固井成本 0.58 万美元、P50 百米测深固井成本 0.61 万美元、P75 百米测深固井成本 0.85 万美元。2017 年统计气井 70 口，P25 百米测深固井成本 0.85 万美元、P50 百米测深固井成本 0.88 万美元、P75 百米测深固井成本 0.94 万美元。2018 年统计气井 81 口，P25 百米测深固井成本 1.01 万美元、P50 百米测深固井成本 1.06 万美元、P75 百米测深固井成本 1.17 万美元。2019 年统计气井 58 口，P25 百米测深固井成本 1.20 万美元、P50 百米测深固井成本 1.24 万美元、P75 百米测深固井成本 1.29 万美元。2020 年统计气井 62 口，P25 百米测深固井成本 1.20 万美元、P50 百米测深固井成本 1.24 万美元、P75 百米测深固井成本 1.25 万美元。Haynesville 页岩气藏中深层水平井不同年度百米测深固井成本同样呈先下降后上升趋势。

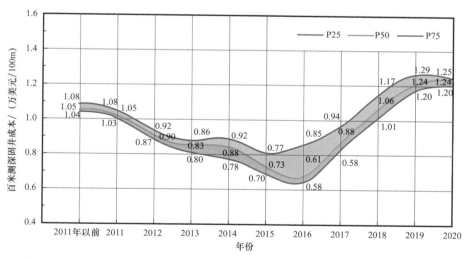

图 6-30　Haynesville 页岩气藏中深层水平井不同年度百米测深固井成本学习曲线

6.3.2　深层气井

将完钻垂深 3500～4500m 深层页岩气水平井固井成本进行单独统计分析，统计深层气井共 2020 口，单井固井成本范围（29～107）万美元，平均单井固井成本 54 万美元、

P25 单井固井成本 47 万美元、P50 单井固井成本 53 万美元、P75 单井固井成本 59 万美元、M50 单井固井成本 53 万美元。统计百米测深固井成本（0.49～2.03）万美元，平均百米测深固井成本 0.96 万美元、P25 百米测深固井成本 0.86 万美元、P50 百米测深固井成本 0.99 万美元、P75 百米测深固井成本 1.05 万美元、M50 百米测深固井成本 0.97 万美元。

图 6-31 给出了 Haynesville 页岩气藏深层水平井百米测深固井成本统计分布，统计结果显示百米测深固井成本低于 0.6 万美元的气井 105 口，统计占比 5.2%。百米测深固井成本（0.6～0.8）万美元的气井 214 口，统计占比 10.6%。百米测深固井成本（0.8～1.0）万美元的气井 719 口，统计占比 35.7%。百米测深固井成本（1.0～1.2）万美元的气井 826 口，统计占比 40.9%。百米测深固井成本（1.2～1.4）万美元的气井 130 口，统计占比 6.4%。百米测深固井成本（1.4～1.6）万美元的气井 21 口，统计占比 1.0%。百米测深固井成本（1.6～1.8）万美元的气井 4 口，统计占比 0.2%。百米测深固井成本（1.8～2.0）万美元的气井仅 1 口。Haynesville 页岩气藏深层水平井百米测深固井成本主体位于（0.8～1.2）万美元区间。

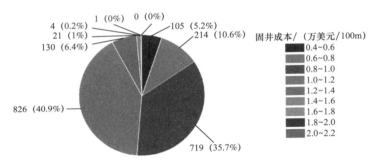

图 6-31　Haynesville 页岩气藏深层水平井百米测深固井成本统计分布图

图 6-32 给出了 Haynesville 页岩气藏深层水平井百米测深固井成本年度学习曲线，统计显示 2011 年以前统计气井 113 口，P25 百米测深固井成本 1.02 万美元、P50 百米测深固井成本 1.03 万美元、P75 百米测深固井成本 1.05 万美元。2011 年统计气井 635 口，P25 百米测深固井成本 1.01 万美元、P50 百米测深固井成本 1.04 万美元、P75 百米测深固井成本 1.05 万美元。2012 年统计气井 139 口，P25 百米测深固井成本 0.88 万美元、P50 百米测深固井成本 0.89 万美元、P75 百米测深固井成本 0.91 万美元。2013 年统计气井 134 口，P25 百米测深固井成本 0.80 万美元、P50 百米测深固井成本 0.82 万美元、P75 百米测深固井成本 0.85 万美元。2014 年统计气井 157 口，P25 百米测深固井成本 0.84 万美元、P50 百米测深固井成本 0.89 万美元、P75 百米测深固井成本 0.91 万美元。2015 年统计气井 132 口，P25 百米测深固井成本 0.68 万美元、P50 百米测深固井成本 0.72 万美元、P75 百米测深固井成本 0.75 万美元。2016 年统计气井 156 口，P25 百米测深固井成本 0.55 万美元、P50 百米测深固井成本 0.59 万美元、P75 百米测深固井成本 0.65 万美元。2017 年统计气井 257 口，P25 百米测深固井成本 0.86 万美元、P50 百米测深固井成本 0.90 万美元、P75 百米测深固井成本 0.96 万美元。2018 年统计气井 212 口，P25 百米测深固井

成本 1.02 万美元、P50 百米测深固井成本 1.09 万美元、P75 百米测深固井成本 1.17 万美元。2019 年统计气井 70 口，P25 百米测深固井成本 1.23 万美元、P50 百米测深固井成本 1.26 万美元、P75 百米测深固井成本 1.35 万美元。2020 年统计气井 15 口，P25 百米测深固井成本 1.19 万美元、P50 百米测深固井成本 1.22 万美元、P75 百米测深固井成本 1.36 万美元。Haynesville 页岩气藏深层水平井不同年度百米测深固井成本同样呈先下降后上升趋势。

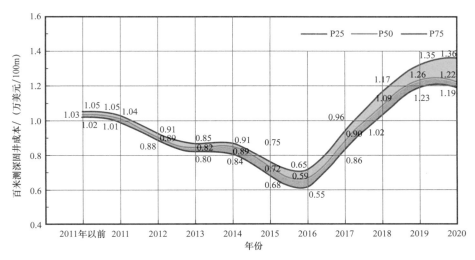

图 6-32　Haynesville 页岩气藏深层水平井不同年度百米测深固井成本学习曲线

6.3.3　超深层气井

Haynesville 页岩气藏垂深过 4500m 区域完钻气井较少，单井固井成本中统计垂深超过 4500m 统计气井 33 口，气井完钻垂深范围 4501～5193m，平均完钻垂深 4732m。图 6-33 给出了 Haynesville 页岩气藏超深层页岩气水平井百米测深固井成本散点分布图，统计所有超深层页岩气水平井平均单井固井成本 62 万美元、P25 单井固井成本 52 万美元、P50 单井固井成本 60 万美元、P75 单井固井成本 78 万美元、M50 单井固井成本 61 万美元。统计所有超深层页岩气水平井平均百米测深固井成本 1.00 万美元、P25 百米测深固井成本 0.88 万美元、P50 百米测深固井成本 1.02 万美元、P75 百米测深固井成本 1.12 万美元、M50 百米测深固井成本 1.00 万美元。

6.3.4　影响因素分析

页岩气水平井固井成本受地质条件、井深参数、固井技术等因素控制。选取主流的皮尔逊相关系数分析不同因素与固井成本的关联程度。选取许可日期、水平井完钻垂深、水平井测深、水平段长和水垂比进行相关系数分析。其中钻井许可日期引入相关性分析用于表征钻完井工程技术经验进步对开发效果的影响。水平井垂深、测深、水平段长和水垂比为水平井钻完井工程参数。

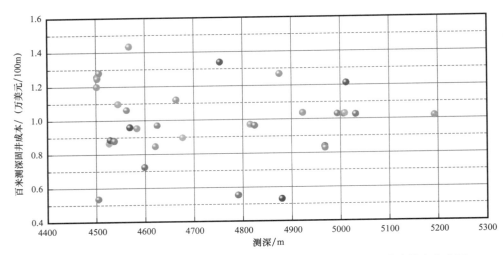

图 6-33　Haynesville 页岩气藏超深层页岩气水平井百米测深固井成本散点分布图

图 6-34 给出了 Haynesville 页岩气藏所有气井不同参数与单井固井成本相关系数矩阵。相关系数范围为 −1.0～1.0，相关系数趋向于 −1.0 表示线性相关程度低，相关系数趋向 1.0 表示线性相关程度高。单井固井成本与不同参数相关系数分析显示，其主要受测深、水平段长、水垂比和垂深影响。

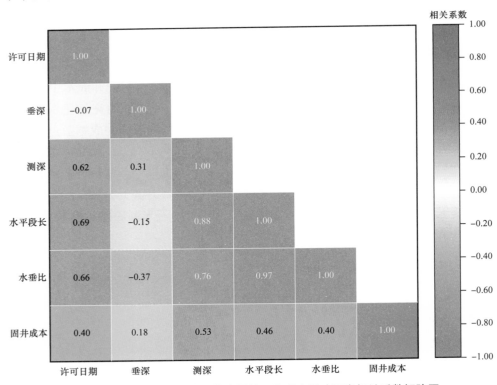

图 6-34　Haynesville 页岩气藏水平井固井成本影响因素相关系数矩阵图

6.3.5 小结

图 6-35 分别给出了 Haynesville 页岩气藏中深层与深层水平井百米测深固井成本分布频率统计及不同年度 P50 百米测深固井成本统计对比图。百米测深固井成本介于（1.10～1.25）万美元区间，统计深层气井频率显著高于中深层气井。不同年度 P50 百米测深固井成本显示中深层与深层气井百米测深固井成本无明显差异，具备相似变化趋势。2016 年以前，水平井 P50 百米测深固井成本呈逐渐下降趋势，2016 年 P50 百米测深固井成本为最低值。2017 年开始，P50 百米测深固井成本呈逐年上升趋势。2020 年，中深层水平井 P50 百米测深固井成本 1.24 万美元、深层水平井 P50 百米测深固井成本 1.22 万美元。

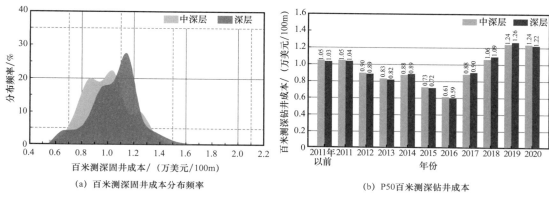

（a）百米测深固井成本分布频率　　（b）P50 百米测深钻井成本

图 6-35　Haynesville 页岩气藏中深层与深层水平井百米测深钻井成本统计图

6.4　压裂水成本

滑溜水压裂技术，又称清水压裂技术，滑溜水主要由水构成。滑溜水压裂液技术目前是美国页岩气开发作业中应用最多的压裂液技术。相对于传统的凝胶压裂液体系，滑溜水压裂液体系以其高效、低成本的特点在页岩气开发中被广泛应用。降阻剂作为滑溜水压裂液体系的核心助剂，直接决定了滑溜水压裂液体系的性能与应用。水是滑溜水压裂液的主要组成部分，因此压裂液水成本也是页岩气水平井压裂成本的重要组成部分。为了便于横向对比分析，本节引入单位压裂液量用水成本标准指标用于不同区块或气藏间进行横向对比分析。压裂用水成本主要受压裂液用量影响。

图 6-36 给出了 Haynesville 页岩气藏水平井单井压裂水成本散点分布图，统计结果显示 Haynesville 页岩气藏 3079 口统计水平井单井压裂水成本范围（3～436）万美元，平均单井压裂水成本 116 万美元、P25 单井压裂水成本 61 万美元、P50 单井压裂水成本 106 万美元、P75 单井压裂水成本 156 万美元、M50 单井压裂水成本 107 万美元。统计 2208 口水平井平均单位压裂液量水成本 23.1 美元 /m³、P25 单位压裂液量水成本 19.2 美元 /m³、P50 单位压裂液量水成本 24.6 美元 /m³、P75 单位压裂液量水成本 25.2 美元 /m³、M50 单

位压裂液量水成本 23.7 美元 /m³。不同年度单井压裂水成本呈逐年上升趋势，主要是由于完钻气井水平段长逐年增加，单井压裂规模逐年增加。

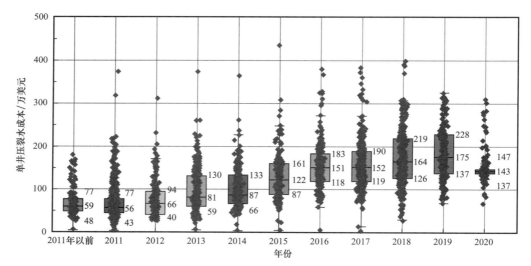

图 6-36　Haynesville 页岩气藏水平井单井压裂水成本散点分布图

图 6-37 给出了 Haynesville 页岩气藏水平井单位压裂液量水成本统计分布图，统计显示单位压裂液量水成本低于 18 美元 /m³ 的气井 106 口，统计占比 4.8%。单位压裂液量水成本 18~19 美元 /m³ 的气井 227 口，统计占比 10.3%。单位压裂液量水成本 19~20 美元 /m³ 的气井 368 口，统计占比 16.7%。单位压裂液量水成本 23~24 美元 /m³ 的气井 160 口，统计占比 7.2%。单位压裂液量水成本 24~25 美元 /m³ 的气井 712 口，统计占比 32.2%。单位压裂液量水成本 25~26 美元 /m³ 的气井 222 口，统计占比 10.1%。单位压裂液量水成本 26~27 美元 /m³ 的气井 413 口，统计占比 18.7%。

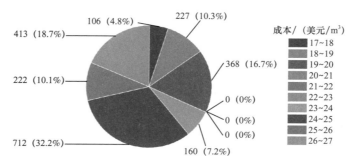

图 6-37　Haynesville 页岩气藏水平井单位压裂液量水成本统计分布图

图 6-38 给出了 Haynesville 页岩气藏水平井单位压裂液量水成本分布图。不同年度统计分布显示 2014 年以前水平井单位压裂液量水成本主体分布在 24.6~26.8 美元 /m³ 区间，且整体呈逐年上升趋势。2015 年后，水平井单位压裂液量水成本开始呈逐年下降趋势。2020 年，水平井单位压裂液量水成本下降至 17.6 美元 /m³。

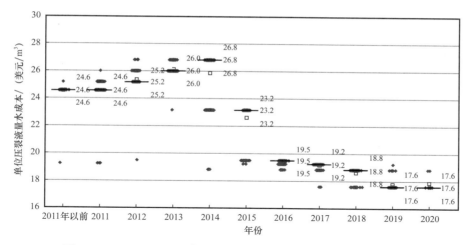

图 6-38　Haynesville 页岩气藏水平井单位压裂液量水成本分布图

6.4.1　中深层气井

将完钻垂深 3000～3500m 中深层页岩气水平井压裂水成本进行单独统计分析，统计中深层气井共 720 口，单井压裂水成本范围（3～436）万美元，平均单井压裂水成本 134 万美元、P25 单井压裂水成本 73 万美元、P50 单井压裂水成本 130 万美元、P75 单井压裂水成本 177 万美元、M50 单井压裂水成本 126 万美元。统计单位压裂液量水成本 17.6～26.8 美元 /m³，平均单位压裂液量水成本 23.3 美元 /m³、P25 单位压裂液量水成本 19.2 美元 /m³、P50 单位压裂液量水成本 24.6 美元 /m³、P75 单位压裂液量水成本 26.0 美元 /m³、M50 单位压裂液量水成本 24.1 美元 /m³。不同年度单井压裂水成本呈逐年上升趋势，主要是由于完钻气井水平段长逐年增加，单井压裂规模逐年增加。

图 6-39 给出了 Haynesville 页岩气藏中深层水平井单位压裂液量水成本统计分布图，统计显示单位压裂液量水成本低于 18 美元 /m³ 的气井 41 口，统计占比 7.7%。单位压裂液量水成本 18～19 美元 /m³ 的气井 63 口，统计占比 11.8%。单位压裂液量水成本 19～20 美元 /m³ 的气井 53 口，统计占比 10.0%。单位压裂液量水成本 23～24 美元 /m³ 的气井 41 口，统计占比 7.7%。单位压裂液量水成本 24～25 美元 /m³ 的气井 119 口，统计占比 22.4%。单位压裂液量水成本 25～26 美元 /m³ 的气井 67 口，统计占比 12.6%。单位压裂液量水成本 26～27 美元 /m³ 的气井 148 口，统计占比 27.8%。

图 6-40 给出了 Haynesville 页岩气藏中深层水平井单位压裂液量水成本学习曲线，单位压裂液量水成本呈先上升后下降的变化趋势。2014 年以前，不同年度 P50 单位压裂液量水成本呈逐年上升趋势，P50 单位压裂液量水成本由初期 24.6 美元 /m³ 逐年增加至 2014 年的 26.8 美元 /m³。2014 年，P50 单位压裂液量水成本达到峰值，随后开始呈逐年下降趋势。2015—2016 年，水平井 P50 单位压裂液量水成本出现最大降幅，分别为 13.4% 和 16.4%。2016 年以后，P50 单位压裂液量水成本呈逐年稳步下降趋势。2020 年，中深层水平井单位压裂液量水成本下降至 17.6 美元 /m³。

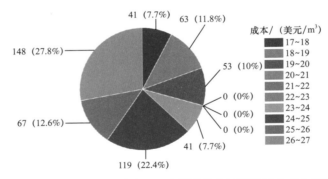

图 6-39 Haynesville 页岩气藏中深层水平井单位压裂液量水成本统计分布图

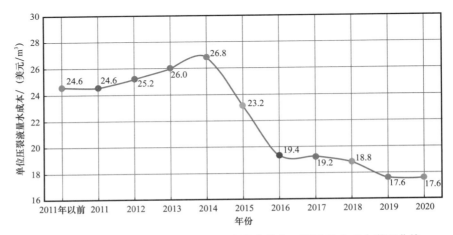

图 6-40 Haynesville 页岩气藏中深层水平井单位压裂液量水成本学习曲线

6.4.2 深层气井

将完钻垂深 3500～4500m 深层页岩气水平井压裂水成本进行单独统计分析，统计深层气井共 2031 口，单井压裂水成本范围（3～399）万美元，平均单井压裂水成本 105 万美元、P25 单井压裂水成本 55 万美元、P50 单井压裂水成本 87 万美元、P75 单井压裂水成本 144 万美元、M50 单井压裂水成本 93 万美元。统计单位压裂液量水成本 17.6～26.8 美元 /m³，平均单位压裂液量水成本 23.1 美元 /m³、P25 单位压裂液量水成本 19.5 美元 /m³、P50 单位压裂液量水成本 24.6 美元 /m³、P75 单位压裂液量水成本 25.2 美元 /m³、M50 单位压裂液量水成本 23.7 美元 /m³。不同年度单井压裂水成本呈逐年上升趋势，主要是由于完钻气井水平段长逐年增加，单井压裂规模逐年增加。

图 6-41 给出了 Haynesville 页岩气藏深层水平井单位压裂液量水成本统计分布图，统计显示单位压裂液量水成本低于 18 美元 /m³ 的气井 59 口，统计占比 3.6%。单位压裂液量水成本 18～19 美元 /m³ 的气井 155 口，统计占比 9.5%。单位压裂液量水成本 19～20 美元 /m³ 的气井 305 口，统计占比 18.6%。单位压裂液量水成本 23～24 美元 /m³ 的气井 117 口，统计占比 7.1%。单位压裂液量水成本 24～25 美元 /m³ 的气井 588 口，统计占比

35.9%。单位压裂液量水成本 25～26 美元 /m³ 的气井 152 口，统计占比 9.3%。单位压裂液量水成本 26～27 美元 /m³ 的气井 262 口，统计占比 16.0%。

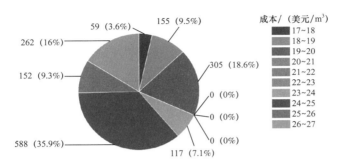

图 6-41　Haynesville 页岩气藏深层水平井单位压裂液量水成本统计分布图

图 6-42 给出了 Haynesville 页岩气藏深层水平井单位压裂液量水成本年度学习曲线，单位压裂液量水成本呈先上升后下降变化趋势。2014 年以前，不同年度 P50 单位压裂液量水成本呈逐年上升趋势，P50 单位压裂液量水成本由初期 24.6 美元 /m³ 逐年增加至 2014 年的 26.8 美元 /m³。2014 年，P50 单位压裂液量水成本达到峰值，随后开始呈逐年下降趋势。2015—2016 年，水平井 P50 单位压裂液量水成本出现最大降幅，分别为 13.4% 和 16.0%。2016 年以后，P50 单位压裂液量水成本呈逐年稳步下降趋势。2019 年，深层水平井单位压裂液量水成本下降至 17.6 美元 /m³。

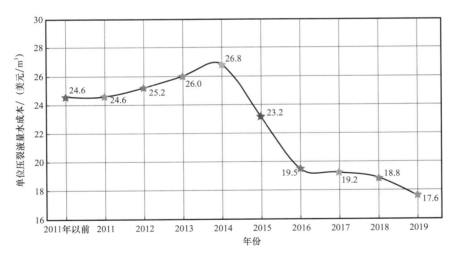

图 6-42　Haynesville 页岩气藏深层水平井单位压裂液量水成本年度学习曲线

6.4.3　超深层气井

Haynesville 页岩气藏垂深过 4500m 区域完钻气井较少，单井压裂水成本中统计垂深超过 4500m 统计气井 33 口，气井完钻垂深范围 4501～5193m，平均完钻垂深 4732m。图 6-43 给出了 Haynesville 页岩气藏超深层页岩气水平井单位压裂液量水成本分布图，统计所有超深层页岩气水平井平均单井压裂水成本 113 万美元、P25 单井压裂水成本 77 万美元、P50 单井压裂水成本 122 万美元、P75 单井压裂水成本 137 万美元、M50 单井压裂水成本 116 万美元。统计单位压裂液量水成本 17.6～26.8 美元 /m³，平均单位压裂液量水成本 21.5 美元 /m³、P25 单位压裂液量水成本 19.2 美元 /m³、P50 单位压裂液量水成本 19.4 美元 /m³、P75 单位压裂液量水成本 24.6 美元 /m³、M50 单位压裂液量水成本 21.0 美元 /m³。

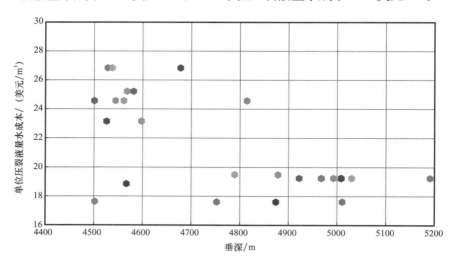

图 6-43　Haynesville 页岩气藏超深层水平井单位压裂液量水成本分布图

6.4.4　影响因素分析

页岩气水平井压裂水成本受地质条件、井深参数、压裂规模等因素控制。选取主流的皮尔逊相关系数分析不同因素与压裂水成本的关联程度。选取许可日期、水平井完钻垂深、水平井测深、水平段长、水垂比、压裂段数、压裂液量、支撑剂量、平均段间距、用液强度和加砂强度等系列参数进行相关系数分析。其中，钻井许可日期引入相关性分析用于表征钻完井工程技术经验进步对开发效果的影响。水平井垂深、测深、水平段长和水垂比为水平井钻完井工程参数。压裂段数、压裂液量、支撑剂量、平均段间距、用液强度和加砂强度为压裂参数。

图 6-44 给出了 Haynesville 页岩气藏所有气井不同参数与单井压裂水成本相关系数矩阵。相关系数范围为 –1.0～1.0，相关系数趋向于 –1.0 表示线性相关程度低，相关系数趋向 1.0 表示线性相关程度高。单井压裂水成本与不同参数相关系数分析显示，其主要受压裂液量、支撑剂量、用液强度和压裂段数影响。

6.4.5　小结

图 6-45 分别给出了 Haynesville 页岩气藏中深层与深层水平井单位压裂液量水成本分布频率统计及不同年度 P50 单位压裂液量水成本统计对比图。单位压裂液量水成本介于 17.6～26.8 美元区间。单位压裂液量水成本低于 19 美元 /m³ 时，中深层水平井统计频率

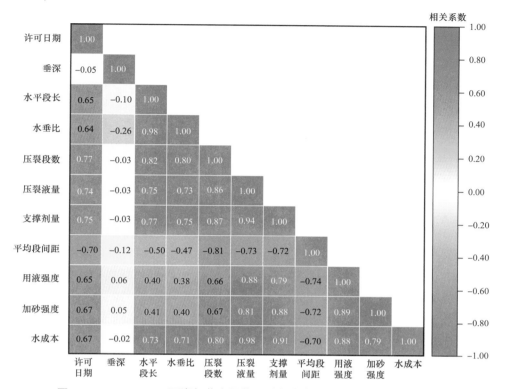

图 6-44　Haynesville 页岩气藏水平井压裂水成本影响因素相关系数矩阵图

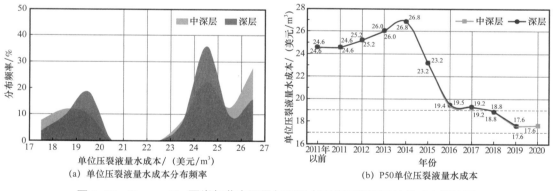

(a) 单位压裂液量水成本分布频率　　　　　(b) P50 单位压裂液量水成本

图 6-45　Haynesville 页岩气藏中深层与深层水平井百米测深钻井成本统计图

高于深层水平井。单位压裂液量水成本低于 19～20.5 美元 /m³ 时，中深层水平井统计频率低于深层水平井。单位压裂液量水成本低于 22.5～25.3 美元 /m³ 时，中深层水平井统计频率低于深层水平井。单位压裂液量水成本高于 25.3 美元 /m³ 时，中深层水平井统计频率高于深层水平井。不同年度 P50 单位压裂液量水成本显示中深层与深层气井百米测深固井成本无明显差异，具备相似变化趋势。2014 年以前，水平井 P50 单位压裂液量水成本呈逐年上趋势，2014 年 P50 单位压裂液量水成本达到峰值 26.8 美元 /m³。2017 年开始，P50 单位压裂液量水成本呈逐年下降趋势。

6.5 压裂支撑剂成本

支撑剂又称为压裂支撑剂。在石油天然气开采时，高闭合压力低渗透性矿床经压裂处理后，使含油气岩层裂开，油气从裂缝形成的通道中汇集而出，此时需要流体注入岩石基层，以超过地层破裂强度的压力，使井筒周围岩层产生裂缝，形成一个具有高层流能力的通道，为保持压裂后形成的裂缝开启，油气产物能顺畅通过。用石油支撑剂随同高压溶液进入地层充填在岩层裂隙中，起到支撑裂隙不因应力释放而闭合的作用，从而保持高导流能力，使油气畅通，增加产量。页岩气水平井大规模水力压裂措施中，支撑剂成本是压裂成本中的重要部分。

图 6-46 给出了 Haynesville 页岩气藏水平井单井压裂支撑剂成本散点分布图，统计显示单井压裂支撑剂成本（3～993）万美元、统计 3079 口水平井平均单井压裂支撑剂成本 93 万美元、P25 单井压裂支撑剂成本 40 万美元、P50 单井压裂支撑剂成本 70 万美元、P75 单井压裂支撑剂成本 106 万美元、M50 单井压裂支撑剂成本 72 万美元。2014 年以前单井压裂支撑剂成本呈逐年稳定上升趋势，2015 年以后单井压裂支撑剂成本保持相对稳定趋势，P50 单井压裂支撑剂成本稳定在（89～104）万美元。水平井分段压裂支撑剂用量显示，2015 年后单井支撑剂用量呈逐年大规模增加趋势，而单井支撑剂成本保持相对稳定趋势，表明单位支撑剂成本存在逐年下降趋势。引入单位支撑剂成本标准指标用于横向对比分析并表征支撑剂成本变化趋势。统计气井 2119 口，单位支撑剂成本 70～1053 美元 /t、平均单位支撑剂成本 164 美元 /t、P25 单位支撑剂成本 97 美元 /t、P50 单位支撑剂成本 121 美元 /t、P75 单位支撑剂成本 124 美元 /t、M50 单位支撑剂成本 119 美元 /t。

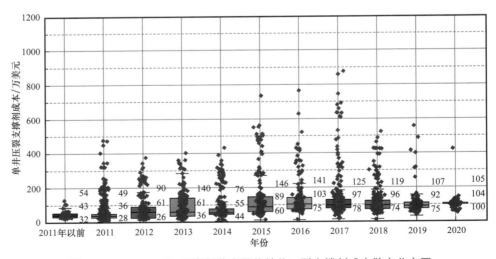

图 6-46 Haynesville 页岩气藏水平井单井压裂支撑剂成本散点分布图

图 6-47 给出了 Haynesville 页岩气藏水平井单位支撑剂成本统计分布，统计显示单位支撑剂成本低于 100 美元 /t 的气井 602 口，统计占比 28.6%。单位支撑剂成本 100～200

美元 /t 的气井 1301 口，统计占比 61.6%。单位支撑剂成本超过 200 美元 /t 的气井 208 口，统计占比 9.8%。单位支撑剂成本主体位于 200 美元 /t 以内。

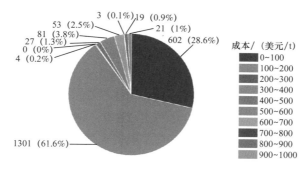

图 6-47　Haynesville 页岩气藏水平井单位支撑剂成本统计分布图

图 6-48 给出了 Haynesville 页岩气藏水平井不同年度单位支撑剂成本统计分布图，统计显示不同年度单位支撑剂成本集中分布在 50～150 美元 /t 区间。2012—2019 年部分气井统计单位支撑剂成本高于 300 美元 /t，但统计主体区间依然位于 50～150 美元 /t。2015年以前，P50 单位支撑剂成本稳定在 121～124 美元 /t。2016 年开始，单位支撑剂成本迎来大幅下降趋势，后续单位支撑剂成本呈逐年下降趋势。2020 年，单位支撑剂成本已下降至 70 美元 /t。

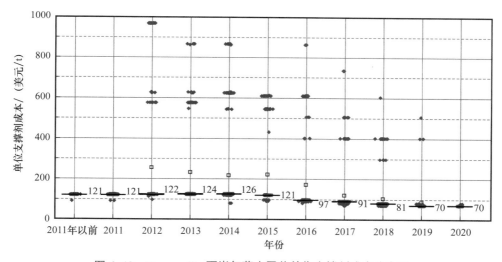

图 6-48　Haynesville 页岩气藏水平井单位支撑剂成本分布图

6.5.1　中深层气井

将完钻垂深 3000～3500m 中深层页岩气水平井压裂措施中单位支撑剂成本进行单独统计分析，统计中深层气井共 720 口，单井支撑剂成本范围（3～974）万美元，平均单井支撑剂成本 89 万美元、P25 单井支撑剂成本 47 万美元、P50 单井支撑剂成本 74 万美元、P75 单井支撑剂成本 109 万美元、M50 单井支撑剂成本 77 万美元。统计单位支撑剂成本气井 528 口，单位支撑剂成本 70～867 美元 /t、平均单位支撑剂成本 144 美元 /t、P25 单位支撑剂成本 91 美元 /t、P50 单位支撑剂成本 121 美元 /t、P75 单位支撑剂成本 124 美元 /t、M50 单位支撑剂成本 120 美元 /t。

图 6-49 给出了 Haynesville 页岩气藏中深层水平井单位支撑剂成本统计分布，统计结果显示单位支撑剂成本低于 100 美元 /t 的气井 46 口，统计占比 27.6%。单位支撑剂成本 100～200 美元 /t 的气井 344 口，统计占比 65.2%。单位支撑剂成本 200～300 美元 /t 的气井 3 口，统计占比 0.6%。单位支撑剂成本 400～500 美元 /t 的气井 3 口，统计占比 0.6%。单位支撑剂成本 500～600 美元 /t 的气井 21 口，统计占比 4.0%。单位支撑剂成本 600～700 美元 /t 的气井 5 口，统计占比 0.9%。单位支撑剂成本 700～800 美元 /t 的气井 1 口，统计占比 0.2%。单位支撑剂成本 800～900 美元 /t 的气井 5 口，统计占比 0.9%。单位支撑剂成本统计分布主体位于 200 美元 /t 以内，累计统计气井占比 92.8%。

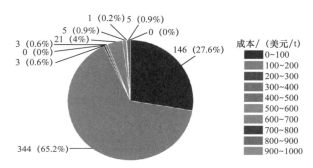

图 6-49　Haynesville 页岩气藏中深层水平井单位支撑剂成本统计分布图

图 6-50 给出了 Haynesville 页岩气藏中深层水平井不同年度单位支撑剂成本学习曲线。由于不同年度单位支撑剂成本分布集中，利用 P50 单位支撑剂成本绘制不同年度学习曲线。2015 年以前，中深层水平井单位支撑剂成本保持稳定趋势，P50 单位支撑剂成

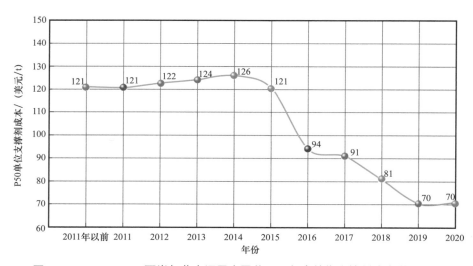

图 6-50　Haynesville 页岩气藏中深层水平井不同年度单位支撑剂成本学习曲线

本稳定在 121～126 美元 /t 区间。2016 年开始，中深层水平井单位支撑剂成本呈大幅下降趋势。2020 年，P50 单位支撑剂成本已下降至 70 美元 /t。

6.5.2　深层气井

将完钻垂深 3500～4500m 深层页岩气水平井压裂措施中单位支撑剂成本进行单独统计分析，统计深层气井共 2031 口，单井支撑剂成本范围（6～993）万美元，平均单井支撑剂成本 89 万美元、P25 单井支撑剂成本 36 万美元、P50 单井支撑剂成本 61 万美元、P75 单井支撑剂成本 102 万美元、M50 单井支撑剂成本 64 万美元。统计单位支撑剂成本气井 1554 口，单位支撑剂成本 70～1053 美元 /t，平均单位支撑剂成本 170 美元 /t、P25 单位支撑剂成本 97 美元 /t、P50 单位支撑剂成本 121 美元 /t、P75 单位支撑剂成本 122 美元 /t、M50 单位支撑剂成本 119 美元 /t。

图 6-51 给出了 Haynesville 页岩气藏深层水平井单位支撑剂成本统计分布，统计结果显示单位支撑剂成本低于 100 美元 /t 的气井 436 口，统计占比 28.0%。单位支撑剂成本 100～200 美元 /t 的气井 947 口，统计占比 61.3%。单位支撑剂成本 200～300 美元 /t 的气井 1 口，统计占比 0.1%。单位支撑剂成本 400～500 美元 /t 的气井 23 口，统计占比 1.5%。单位支撑剂成本 500～600 美元 /t 的气井 58 口，统计占比 3.8%。单位支撑剂成本 600～700 美元 /t 的气井 46 口，统计占比 3.0%。单位支撑剂成本 800～900 美元 /t 的气井 14 口，统计占比 0.9%。单位支撑剂成本统计分布主体位于 200 美元 /t 以内，累计统计气井占比 89.3%。

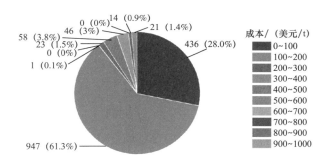

图 6-51　Haynesville 页岩气藏深层水平井单位支撑剂成本统计分布图

图 6-52 给出了 Haynesville 页岩气藏深层水平井不同年度单位支撑剂成本学习曲线。由于不同年度单位支撑剂成本分布集中，利用 P50 单位支撑剂成本绘制不同年度学习曲线。2015 年以前，深层水平井单位支撑剂成本保持稳定趋势，P50 单位支撑剂成本稳定在 121～126 美元 /t 区间。2016 年开始，深层水平井单位支撑剂成本呈大幅下降趋势。2020 年，P50 单位支撑剂成本已下降至 70 美元 /t。

6.5.3　超深层气井

Haynesville 页岩气藏垂深过 4500m 区域完钻气井较少，单井支撑剂成本中统计垂深

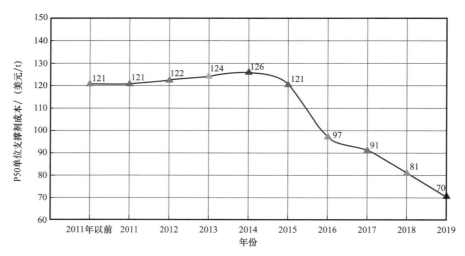

图 6-52 Haynesville 页岩气藏深层水平井不同年度单位支撑剂成本学习曲线

超过 4500m 统计气井 33 口，气井完钻垂深范围 4501～5193m，平均完钻垂深 4732m。图 6-53 给出了 Haynesville 页岩气藏超深层页岩气水平井单井支撑剂成本散点分布图，统计所有超深层页岩气水平井平均单井压裂支撑剂成本 147 万美元、P25 单井压裂支撑剂成本 58 万美元、P50 单井压裂支撑剂成本 75 万美元、P75 单井压裂支撑剂成本 93 万美元、M50 单井压裂支撑剂成本 74 万美元。统计单位支撑剂成本 70～734 美元 /t，平均单位支撑剂成本 235 美元 /t、P25 单位支撑剂成本 91 美元 /t、P50 单位支撑剂成本 121 美元 /t、P75 单位支撑剂成本 333 美元 /t、M50 单位支撑剂成本 132 美元 /t。

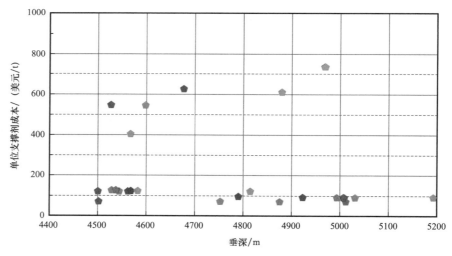

图 6-53 Haynesville 页岩气藏超深层水平井单位支撑剂成本散点分布图

6.5.4 影响因素分析

页岩气水平井支撑剂成本受地质条件、井深参数、压裂规模等因素控制。选取主流的皮尔逊相关系数分析不同因素与压裂支撑剂成本的关联程度。选取许可日期、水平井完钻垂深、水平井测深、水平段长、水垂比、压裂段数、压裂液量、支撑剂量、平均段间距、用液强度和加砂强度系列参数进行相关系数分析。其中，钻井许可日期引入相关性分析用于表征钻完井工程技术经验进步对开发效果的影响；水平井垂深、测深、水平段长和水垂比为水平井钻完井工程参数；压裂段数、压裂液量、支撑剂量、平均段间距、用液强度和加砂强度为压裂参数。

图 6-54 给出了 Haynesville 页岩气藏所有气井不同参数与单井支撑剂成本相关系数矩阵。相关系数范围为 -1.0～1.0，相关系数趋向于 -1.0 表示线性相关程度低，相关系数趋向 1.0 表示线性相关程度高。单井压裂支撑剂成本与不同参数相关系数分析显示，其主要受支撑剂量影响。

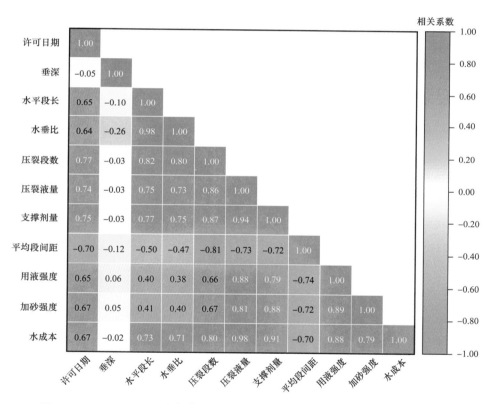

图 6-54　Haynesville 页岩气藏水平井压裂支撑剂成本影响因素相关系数矩阵图

6.5.5　小结

图 6-55 给出了 Haynesville 页岩气藏中深层与深层水平井不同年度单位支撑剂成本学习曲线，中深层与深层水平井单位支撑剂成本变化趋势基本一致。中深层与深层水平井单位支撑剂成本对比分析显示 2015 年以前，P50 单位支撑剂成本保持稳定趋势。2016 年开始，单位支撑剂成本呈大幅下降趋势。2019 年，单位支撑剂成本均下降至 70 美元 /t。

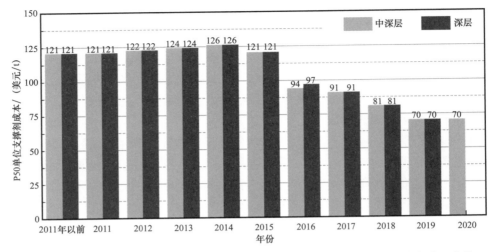

图 6-55　Haynesville 页岩气藏中深层与深层水平井不同年度单位支撑剂成本学习曲线

6.6　压裂泵送成本

水平井压裂泵送成本主要反映压裂液体和支撑剂由井口高压泵送至储层过程中需要的成本。图 6-56 给出了 Haynesville 页岩气藏所有水平井单井压裂泵送成本散点分布图，单井压裂泵送成本统计气井 2208 口，单井压裂泵送成本（12～310）万美元。统计平均单井压裂泵送成本 128 万美元、P25 单井压裂泵送成本 84 万美元、P50 单井压裂泵送成本 129 万美元、P75 单井压裂泵送成本 169 万美元、M50 单井压裂泵送成本 125 万美元。尽管单井压裂规模逐年呈增加趋势，单井压裂泵送成本整体呈逐年下降趋势。P50 单井压裂泵送成本由初期 172 万美元下降至 2020 年的 81 万美元。单井压裂泵送成本与地层可

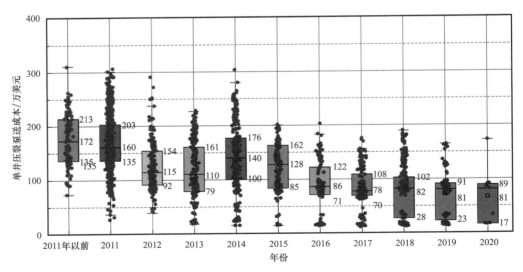

图 6-56　Haynesville 页岩气藏水平井单井压裂泵送成本散点分布图

压性、井身结构、压裂液量和段间距等多重因素相关。引入单位压裂液量泵送成本标准指标用于横向对比分析。统计 2208 口气井平均单位压裂液量泵送成本 45.2 万美元、P25 单位压裂液量泵送成本 12.3 万美元、P50 单位压裂液量泵送成本 36.3 万美元、P75 单位压裂液量泵送成本 72.3 万美元、M50 单位压裂液量泵送成本 41.1 万美元。

图 6-57 给出了 Haynesville 页岩气藏所有水平井统计单位压裂液量泵送成本统计分布，统计结果显示单位压裂液量泵送成本低于 10 美元 /m³ 的气井 466 口，统计占比 22.3%。单位压裂液量泵送成本 10～20 美元 /m³ 的气井 160 口，统计占比 7.7%。单位压裂液量泵送成本 20～30 美元 /m³ 的气井 329 口，统计占比 15.7%。单位压裂液量泵送成本 30～40 美元 /m³ 的气井 245 口，统计占比 11.7%。单位压裂液量泵送成本 40～50 美元 /m³ 的气井 105 口，统计占比 5.0%。单位压裂液量泵送成本 50～60 美元 /m³ 的气井 77 口，统计占比 3.7%。单位压裂液量泵送成本 60～70 美元 /m³ 的气井 185 口，统计占比 8.9%。单位压裂液量泵送成本 70～80 美元 /m³ 的气井 398 口，统计占比 19.0%。单位压裂液量泵送成本 80～90 美元 /m³ 的气井 115 口，统计占比 5.5%。单位压裂液量泵送成本 90～100 美元 /m³ 的气井 10 口，统计占比 0.5%。

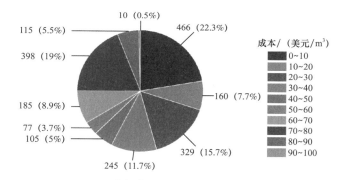

图 6-57　Haynesville 页岩气藏水平井单位压裂液量泵送成本统计分布图

图 6-58 给出了 Haynesville 页岩气藏水平井不同年度对应单位压裂液量泵送成本散点分布图。统计结果显示，单位压裂液量泵送成本呈逐年下降趋势。第一阶段为 2011 年以前，P50 单位压裂液量泵送成本稳定在 75～76 美元 /m³。2012—2014 年后单位压裂液量泵送成本呈大幅下降趋势。2015 年后，单位压裂液量泵送成本呈稳定下降趋势。2020 年，P50 单位压裂液量泵送成本已下降至 5 美元 /m³。

6.6.1　中深层气井

将完钻垂深 3000～3500m 中深层页岩气水平井压裂措施中单井压裂泵送成本进行单独统计分析，统计中深层气井共 532 口，单井压裂泵送成本范围（12～263）万美元，平均单井压裂泵送成本 113 万美元、P25 单井压裂泵送成本 76 万美元、P50 单井压裂泵送成本 109 万美元、P75 单井压裂泵送成本 148 万美元、M50 单井压裂泵送成本 109 万美元。统计单位压裂液量泵送成本气井 532 口，单位压裂液量泵送成本 1～665 美元 /m³，平均

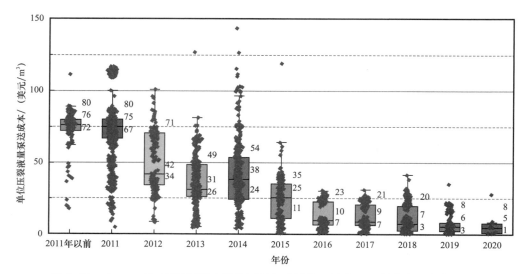

图 6-58　Haynesville 页岩气藏水平井不同年度单位压裂液量泵送成本散点分布图

单位压裂液量泵送成本 35.0 美元 /m³、P25 单位压裂液量泵送成本 8.0 美元 /m³、P50 单位压裂液量泵送成本 27.4 美元 /m³、P75 单位压裂液量泵送成本 51.2 美元 /m³、M50 单位压裂液量泵送成本 27.8 美元 /m³。

图 6-59 给出了 Haynesville 页岩气藏中深层水平井单位压裂液量泵送成本统计分布，统计结果显示单位压裂液量泵送成本低于 10 美元 /m³ 的气井 157 口，统计占比 29.8%。单位压裂液量泵送成本 10~20 美元 /m³ 的气井 27 口，统计占比 5.1%。单位压裂液量泵送成本 20~30 美元 /m³ 的气井 98 口，统计占比 18.5%。单位压裂液量泵送成本 30~40 美元 /m³ 的气井 99 口，统计占比 18.8%。单位压裂液量泵送成本 40~50 美元 /m³ 的气井 13 口，统计占比 2.5%。单位压裂液量泵送成本 50~60 美元 /m³ 的气井 13 口，统计占比 2.5%。单位压裂液量泵送成本 60~70 美元 /m³ 的气井 38 口，统计占比 7.2%。单位压裂液量泵送成本 70~80 美元 /m³ 的气井 52 口，统计占比 9.9%。单位压裂液量泵送成本 80~90 美元 /m³ 的气井 29 口，统计占比 5.5%。单位压裂液量泵送成本 90~100 美元 /m³ 的气井 1 口，统计占比 0.2%。

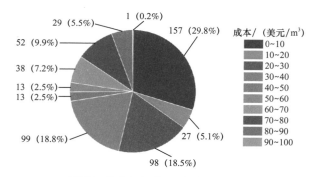

图 6-59　Haynesville 页岩气藏中深层水平井单位压裂液量泵送成本统计分布图

图 6-60 给出了 Haynesville 页岩气藏中深层水平井单位压裂液量泵送成本年度学习曲线。统计显示，2011 年以前统计气井 30 口，平均单位压裂液量泵送成本 68.5 美元 /m³、P25 单位压裂液量泵送成本 69.0 美元 /m³、P50 单位压裂液量泵送成本 72.7 美元 /m³、P75 单位压裂液量泵送成本 81.3 美元 /m³。2011 年统计气井 104 口，平均单位压裂液量泵送成本 67.2 美元 /m³、P25 单位压裂液量泵送成本 63.6 美元 /m³、P50 单位压裂液量泵送成本 72.0 美元 /m³、P75 单位压裂液量泵送成本 74.2 美元 /m³。2012 年统计气井 68 口，平均单位压裂液量泵送成本 37.5 美元 /m³、P25 单位压裂液量泵送成本 31.4 美元 /m³、P50 单位压裂液量泵送成本 35.7 美元 /m³、P75 单位压裂液量泵送成本 37.9 美元 /m³。2013 年统计气井 79 口，平均单位压裂液量泵送成本 38.4 美元 /m³、P25 单位压裂液量泵送成本 24.5 美元 /m³、P50 单位压裂液量泵送成本 27.2 美元 /m³、P75 单位压裂液量泵送成本 31.2 美元 /m³。2014 年统计气井 72 口，平均单位压裂液量泵送成本 34.6 美元 /m³、P25 单位压裂液量泵送成本 21.1 美元 /m³、P50 单位压裂液量泵送成本 27.8 美元 /m³、P75 单位压裂液量泵送成本 38.9 美元 /m³。2015 年统计气井 23 口，平均单位压裂液量泵送成本 22.6 美元 /m³、P25 单位压裂液量泵送成本 9.3 美元 /m³、P50 单位压裂液量泵送成本 13.0 美元 /m³、P75 单位压裂液量泵送成本 24.5 美元 /m³。2016 年统计气井 14 口，平均单位压裂液量泵送成本 9.3 美元 /m³、P25 单位压裂液量泵送成本 5.0 美元 /m³、P50 单位压裂液量泵送成本 7.8 美元 /m³、P75 单位压裂液量泵送成本 8.8 美元 /m³。2017 年统计气井 51 口，平均单位压裂液量泵送成本 7.5 美元 /m³、P25 单位压裂液量泵送成本 3.3 美元 /m³、P50 单位压裂液量泵送成本 6.7 美元 /m³、P75 单位压裂液量泵送成本 8.2 美元 /m³。2018 年统计气井 54 口，平均单位压裂液量泵送成本 5.4 美元 /m³、P25 单位压裂液量泵送成本 1.7 美元 /m³、P50 单位压裂液量泵送成本 6.3 美元 /m³、P75 单位压裂液量泵送成本 6.9 美元 /m³。2019 年统计气井 29 口，平均单位压裂液量泵送成本 4.8 美元 /m³、P25 单位压裂液量泵送成本 2.2 美元 /m³、P50 单位压裂液量泵送成本 5.0 美元 /m³、P75 单位压裂液量泵送成本 6.2 美元 /m³。2020 年统计气井 8 口，平均单位压裂液量泵送成本 4.0 美元 /m³、P25 单位压裂液量泵送成本 1.1 美元 /m³、P50 单位压裂液量泵送成本 3.7 美元 /m³、P75 单位压裂液量泵送成本 6.0 美元 /m³。

不同年度水平井单位压裂液量泵送成本整体呈下降趋势。2011 年以前，P50 单位压裂液量泵送成本保持在 72.0～72.7 美元 /m³。2012 年单位压裂液量泵送成本迎来大幅下降趋势，P50 单位压裂液量泵送成本下降至 35.7 美元 /m³，相对降幅高达 54%。2013—2014 年，P50 单位压裂液量泵送成本稳定在 27.2～27.8 美元 /m³。2015 年，单位压裂液量泵送成本迎来第二次大幅下降趋势，P50 单位压裂液量泵送成本下降至 13.0 美元 /m³，相对降幅高达 53%。2016 年，单位压裂液量泵送成本继续呈快速下降趋势，P50 单位压裂液量泵送成本下降至 7.8 美元 /m³，相对降幅高达 40%。2017—2019 年，单位压裂液量泵送成本整体呈稳定小幅下降趋势，P50 单位压裂液量泵送成本保持在 5.0～6.7 美元 /m³。2020 年统计气井仅 8 口，P50 单位压裂液量泵送成本为 3.7 美元 /m³，统计数据代表性略低于其他年度。总体而言，Haynesville 页岩气藏中深层水平井单位压裂液量泵送成本呈逐年下降趋势。

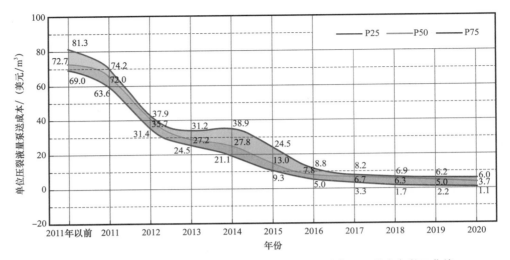

图 6-60　Haynesville 页岩气藏中深层水平井单位压裂液量泵送成本学习曲线

6.6.2　深层气井

将完钻垂深 3500～4500m 深层页岩气水平井压裂措施中单井压裂泵送成本进行单独统计分析，统计深层气井共 1638 口，单井压裂泵送成本范围（13～310）万美元，平均单井压裂泵送成本 133 万美元、P25 单井压裂泵送成本 87 万美元、P50 单井压裂泵送成本 133 万美元、P75 单井压裂泵送成本 173 万美元、M50 单井压裂泵送成本 130 万美元。统计单位压裂液量泵送成本气井 1638 口，单位压裂液量泵送成本 1～946 美元 /m³，平均单位压裂液量泵送成本 49.0 美元 /m³、P25 单位压裂液量泵送成本 17.5 美元 /m³、P50 单位压裂液量泵送成本 43.5 美元 /m³、P75 单位压裂液量泵送成本 75.2 美元 /m³、M50 单位压裂液量泵送成本 46.2 美元 /m³。

图 6-61 给出了 Haynesville 页岩气藏深层水平井单位压裂液量泵送成本统计分布，统计结果显示单位压裂液量泵送成本低于 10 美元 /m³ 的气井 301 口，统计占比 19.7%。单位压裂液量泵送成本 10～20 美元 /m³ 的气井 130 口，统计占比 8.5%。单位压裂液量泵送成本 20～30 美元 /m³ 的气井 218 口，统计占比 14.3%。单位压裂液量泵送成本 30～40

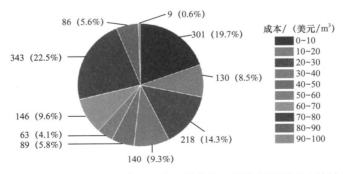

图 6-61　Haynesville 页岩气藏深层水平井单位压裂液量泵送成本统计分布图

美元 /m³ 的气井 140 口，统计占比 9.3%。单位压裂液量泵送成本 40~50 美元 /m³ 的气井
89 口，统计占比 5.8%。单位压裂液量泵送成本 50~60 美元 /m³ 的气井 63 口，统计占比
4.1%。单位压裂液量泵送成本 60~70 美元 /m³ 的气井 146 口，统计占比 9.6%。单位压裂
液量泵送成本 70~80 美元 /m³ 的气井 343 口，统计占比 22.5%。单位压裂液量泵送成本
80~90 美元 /m³ 的气井 86 口，统计占比 5.6%。单位压裂液量泵送成本 90~100 美元 /m³
的气井 9 口，统计占比 0.6%。

图 6-62 给出了 Haynesville 页岩气藏深层水平井单位压裂液量泵送成本学习曲线。统计
显示，2011 年以前统计气井 82 口，平均单位压裂液量泵送成本 82.6 美元 /m³、P25 单位压
裂液量泵送成本 74.9 美元 /m³、P50 单位压裂液量泵送成本 76.8 美元 /m³、P75 单位压裂液量
泵送成本 79.9 美元 /m³。2011 年统计气井 563 口，平均单位压裂液量泵送成本 77.5 美元 /m³、
P25 单位压裂液量泵送成本 68.0 美元 /m³、P50 单位压裂液量泵送成本 76.1 美元 /m³、
P75 单位压裂液量泵送成本 80.8 美元 /m³。2012 年统计气井 125 口，平均单位压裂液量
泵送成本 57.9 美元 /m³、P25 单位压裂液量泵送成本 35.2 美元 /m³、P50 单位压裂液量泵
送成本 68.8 美元 /m³、P75 单位压裂液量泵送成本 71.6 美元 /m³。2013 年统计气井 129
口，平均单位压裂液量泵送成本 40.1 美元 /m³、P25 单位压裂液量泵送成本 26.8 美元 /m³、
P50 单位压裂液量泵送成本 38.5 美元 /m³、P75 单位压裂液量泵送成本 51.6 美元 /m³。
2014 年统计气井 144 口，平均单位压裂液量泵送成本 47.4 美元 /m³、P25 单位压裂液量泵
送成本 33.2 美元 /m³、P50 单位压裂液量泵送成本 44.3 美元 /m³、P75 单位压裂液量泵送
成本 58.7 美元 /m³。2015 年统计气井 102 口，平均单位压裂液量泵送成本 35.7 美元 /m³、
P25 单位压裂液量泵送成本 12.1 美元 /m³、P50 单位压裂液量泵送成本 27.1 美元 /m³、P75
单位压裂液量泵送成本 37.5 美元 /m³。2016 年统计气井 137 口，平均单位压裂液量泵送
成本 15.4 美元 /m³、P25 单位压裂液量泵送成本 6.8 美元 /m³、P50 单位压裂液量泵送成本
10.0 美元 /m³、P75 单位压裂液量泵送成本 22.6 美元 /m³。2017 年统计气井 186 口，平均单

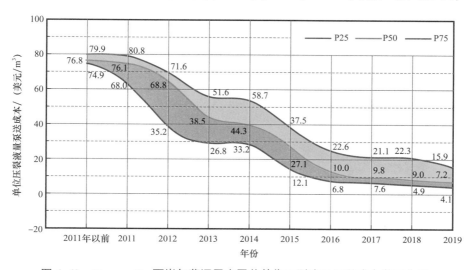

图 6-62 Haynesville 页岩气藏深层水平井单位压裂液量泵送成本学习曲线

位压裂液量泵送成本 15.3 美元 /m³、P25 单位压裂液量泵送成本 7.6 美元 /m³、P50 单位压裂液量泵送成本 9.8 美元 /m³、P75 单位压裂液量泵送成本 21.1 美元 /m³。2018 年统计气井 130 口，平均单位压裂液量泵送成本 12.2 美元 /m³、P25 单位压裂液量泵送成本 4.9 美元 /m³、P50 单位压裂液量泵送成本 9.0 美元 /m³、P75 单位压裂液量泵送成本 22.3 美元 /m³。2019 年统计气井 40 口，平均单位压裂液量泵送成本 9.2 美元 /m³、P25 单位压裂液量泵送成本 4.1 美元 /m³、P50 单位压裂液量泵送成本 7.2 美元 /m³、P75 单位压裂液量泵送成本 15.9 美元 /m³。

不同年度水平井单位压裂液量泵送成本整体呈下降趋势。2012 年以前，P50 单位压裂液量泵送成本保持在 68.8～76.8 美元 /m³。2013 年单位压裂液量泵送成本迎来大幅下降趋势，P50 单位压裂液量泵送成本下降至 38.5 美元 /m³，相对降幅高达 44%。2015 年，单位压裂液量泵送成本迎来第二次大幅下降趋势，P50 单位压裂液量泵送成本下降至 27.1 美元 /m³，相对降幅高达 39%。2016 年，单位压裂液量泵送成本继续呈快速下降趋势，P50 单位压裂液量泵送成本下降至 10.0 美元 /m³，相对降幅高达 63%。2017～2018 年，单位压裂液量泵送成本整体呈稳定小幅下降趋势，P50 单位压裂液量泵送成本保持在 9.0～9.8 美元 /m³ 区间。2019 年，P50 单位压裂液量泵送成本为 7.2 美元 /m³。总体而言，Haynesville 页岩气藏深层水平井单位压裂液量泵送成本呈逐年下降趋势。

6.6.3 超深层气井

Haynesville 页岩气藏垂深过 4500m 区域完钻气井较少，单井压裂泵送成本中统计垂深超过 4500m 统计气井 26 口，气井完钻垂深范围 4501～5193m，平均完钻垂深 4732m。图 6-63 给出了 Haynesville 页岩气藏超深层页岩气水平井单井压裂泵送成本散点分布图，统计所有超深层页岩气水平井平均单井压裂泵送成本 137 万美元、P25 单井压裂泵送成本 74 万美元、P50 单井压裂泵送成本 146 万美元、P75 单井压裂泵送成本 188 万美元、M50

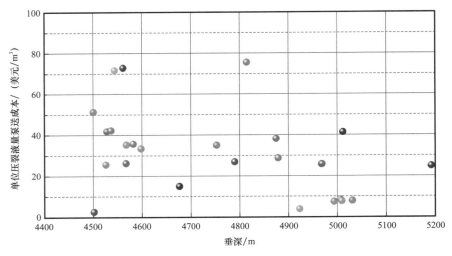

图 6-63　Haynesville 页岩气藏超深层水平井单位压裂液量泵送成本散点分布图

单井压裂泵送成本 143 万美元。统计单位压裂液量泵送成本 2.7～75.7 美元 /m³，平均单位压裂液量泵送成本 31.3 美元 /m³、P25 单位压裂液量泵送成本 17.5 美元 /m³、P50 压裂液量泵送成本 28.0 美元 /m³、P75 单位压裂液量泵送成本 40.6 美元 /m³、M50 单位压裂液量泵送成本 30.0 美元 /m³。

6.6.4　影响因素分析

页岩气水平井压裂泵送成本受地质条件、井深参数、压裂规模等因素控制。选取主流的皮尔逊相关系数分析不同因素与压裂泵送成本的关联程度。选取许可日期、水平井完钻垂深、水平井测深、水平段长、水垂比、压裂段数、压裂液量、支撑剂量、平均段间距、用液强度和加砂强度系列参数进行相关系数分析。其中，钻井许可日期引入相关性分析用于表征钻完井工程技术经验进步对开发效果的影响；水平井垂深、测深、水平段长和水垂比为水平井钻完井工程参数；压裂段数、压裂液量、支撑剂量、平均段间距、用液强度和加砂强度为压裂参数。

图 6-64 给出了 Haynesville 页岩气藏所有气井不同参数与单井压裂泵送成本相关系数矩阵。相关系数范围为 –1.0～1.0，相关系数趋向于 –1.0 表示线性相关程度低，相关系数

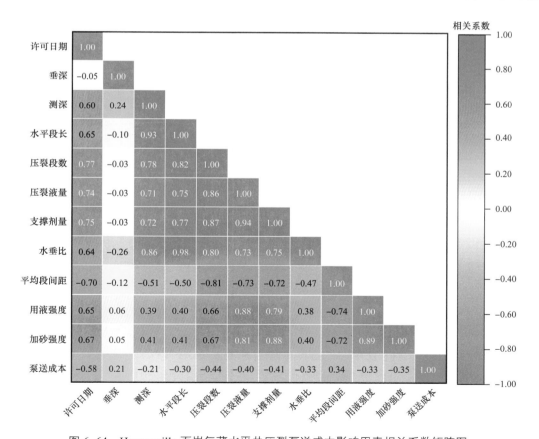

图 6-64　Haynesville 页岩气藏水平井压裂泵送成本影响因素相关系数矩阵图

趋向 1.0 表示线性相关程度高。单井压裂泵送成本与不同参数相关系数分析显示，其主要受垂深和平均段间距影响。随垂深增加，压裂液和支撑剂需要更高的泵送压力和更长的泵送距离才能有效进入储层。

6.6.5 小结

影响因素分析显示，Haynesville 页岩气藏水平井压裂泵送成本主要受垂深和平均段间距影响。随着垂深和平均段间距增加，单井压裂泵送成本呈增加趋势。尽管单井压裂泵送成本与压裂液量无直接关联，本节依然引入单位压裂液量泵送成本标准指标用于横向对比分析。图 6-65 给出了 Haynesville 页岩气藏中深层与深层水平井单位压裂液量泵送成本学习曲线。中深层和深层水平井单位压裂液量泵送成本整体呈逐年下降趋势。深层水平井单位压裂液量泵送成本整体高于中深层水平井。随垂深增加，单位压裂液量泵送成本呈增加趋势。2016 年后，单位压裂液量泵送成本整体呈稳定小幅度下降趋势，中深层与深层水平井单位压裂液量泵送成本差异逐渐缩小。

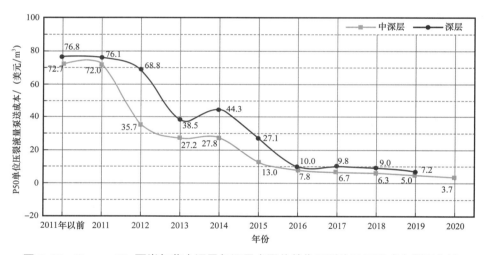

图 6-65　Haynesville 页岩气藏中深层与深层水平井单位压裂液量泵送成本学习曲线

6.7 压裂其他成本

压裂其他成本主要指除水成本、支撑剂成本和泵送成本以外产生的成本。图 6-66 给出了 Haynesville 页岩气藏水平井单井压裂其他成本散点分布图。单井压裂其他成本数据统计显示统计 3077 口水平井单井压裂其他成本范围（15.9～952）万美元，平均单井压裂其他成本 200 万美元、P25 单井压裂其他成本 96 万美元、P50 单井压裂其他成本 191 万美元、P75 单井压裂其他成本 279 万美元、M50 单井压裂其他成本 189 万美元。单井压裂其他成本受水平段长等多重因素影响，引入百米段长压裂其他成本标准指标用于横向对比分析。统计百米段长压裂其他成本气井 2789 口，平均百米段长压裂其他成本 11.9 万美元、P25 百米段长压裂其他成本 5.2 万美元、P50 百米段长压裂其他成本 9.9 万美元、P75 百米段长压裂其他成本 17.6 万美元、M50 百米段长压裂其他成本 10.5 万美元。

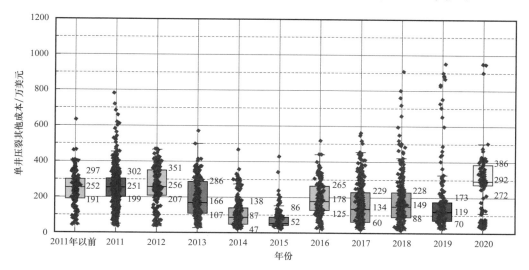

图 6-66　Haynesville 页岩气藏水平井单井压裂其他成本散点分布图

图 6-67 给出了 Haynesville 页岩气藏水平井百米段长压裂其他成本统计分布，统计结果显示百米段长压裂其他成本低于 5 万美元的气井 663 口，统计占比 23.8%。百米段长压裂其他成本为（5~10）万美元的气井 757 口，统计占比 27.2%。百米段长压裂其他成本为（10~15）万美元的气井 439 口，统计占比 15.7%。百米段长压裂其他成本为（15~20）万美元的气井 416 口，统计占比 14.9%。百米段长压裂其他成本为（20~25）万美元的气井 319 口，统计占比 11.4%。百米段长压裂其他成本为（25~30）万美元的气井 138 口，统计占比 4.9%。百米段长压裂其他成本为（30~35）万美元的气井 36 口，统计占比 1.3%。百米段长压裂其他成本为（35~40）万美元的气井 7 口，统计占比 0.3%。百米段长压裂其他成本超过 40 万美元的气井 15 口，统计占比 0.5%。Haynesville 页岩气藏水平井百米段长压裂其他成本主体位于 25 万美元以内。

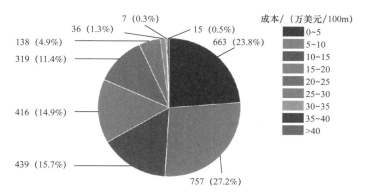

图 6-67　Haynesville 页岩气藏水平井百米段长压裂其他成本统计分布图

图 6-68 给出了 Haynesville 页岩气藏水平井不同年度百米段长压裂其他成本统计分布。2012 年以前，百米段长压裂其他成本较高，P50 百米段长压裂其他成本保持在（16.7～18.0）万美元。2013—2015 年，百米段长压裂其他成本迎来大幅下降趋势，P50 百米段长压裂其他成本下降至 2015 年的 2.9 万美元。2016 年，百米段长压裂其他成本开始回升，后续保持相对稳定趋势。

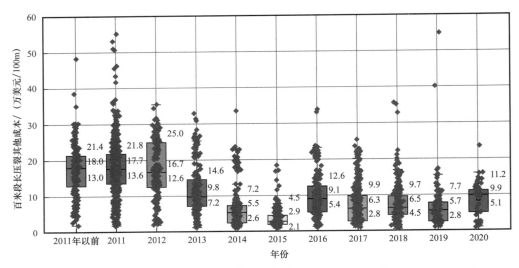

图 6-68　Haynesville 页岩气藏水平井不同年度百米段长压裂其他成本统计分布图

6.7.1　中深层气井

将完钻垂深 3000～3500m 中深层页岩气水平井压裂措施中单井压裂泵送成本进行单独统计分析，统计中深层气井共 720 口，单井压裂其他成本（15.9～570.1）万美元，平均单井压裂其他成本 184 万美元、P25 单井压裂其他成本 98 万美元、P50 单井压裂其他成本 165 万美元、P75 单井压裂其他成本 270 万美元、M50 单井压裂其他成本 172 万美元。中深层气井百米段长压裂其他成本统计气井 718 口，平均百米段长压裂其他成本 10.2 万美元、P25 百米段长压裂其他成本 4.9 万美元、P50 百米段长压裂其他成本 9.0 万美元、P75 百米段长压裂其他成本 14.0 万美元。

图 6-69 给出了 Haynesville 页岩气藏中深层水平井百米段长压裂其他成本统计分布。统计结果显示百米段长压裂其他成本低于 5 万美元的气井 186 口，统计占比 25.9%。百米段长压裂其他成本为（5～10）万美元的气井 241 口，统计占比 33.7%。百米段长压裂其他成本为（10～15）万美元的气井 142 口，统计占比 19.8%。百米段长压裂其他成本为（15～20）万美元的气井 62 口，统计占比 8.6%。百米段长压裂其他成本为（20～25）万美元的气井 58 口，统计占比 8.1%。百米段长压裂其他成本为（25～30）万美元的气井 19 口，统计占比 2.6%。百米段长压裂其他成本为（30～35）万美元的气井 8 口，统计占比 1.1%。百米段长压裂其他成本为（35～40）万美元的气井 1 口，统计占比 0.1%。百米

段长压裂其他成本超过 40 万美元的气井 1 口，统计占比 0.1%。Haynesville 页岩气藏中深层水平井百米段长压裂其他成本主体位于 15 万美元以下。

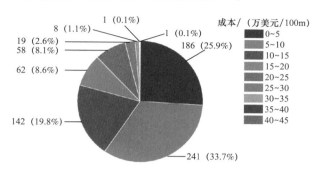

图 6-69　Haynesville 页岩气藏中深层水平井百米段长压裂其他成本统计分布图

图 6-70 给出了 Haynesville 页岩气藏中深层水平井不同年度百米段长压裂其他成本学习曲线。2011 年以前统计气井 46 口，平均百米段长压裂其他成本 16.6 万美元、P25 百米段长压裂其他成本 10.5 万美元、P50 百米段长压裂其他成本 16.9 万美元、P75 百米段长压裂其他成本 20.8 万美元。2011 年统计气井 123 口，平均百米段长压裂其他成本 18.9 万美元、P25 百米段长压裂其他成本 13.8 万美元、P50 百米段长压裂其他成本 19.1 万美元、P75 百米段长压裂其他成本 22.7 万美元。2012 年统计气井 69 口，平均百米段长压裂其他成本 14.7 万美元、P25 百米段长压裂其他成本 12.6 万美元、P50 百米段长压裂其他成本 13.8 万美元、P75 百米段长压裂其他成本 16.3 万美元。2013 年统计气井 82 口，平均百米段长压裂其他成本 11.0 万美元、P25 百米段长压裂其他成本 8.1 万美元、P50 百米段长压裂其他成本 10.0 万美元、P75 百米段长压裂其他成本 13.2 万美元。2014 年统计气井 76 口，平均百米段长压裂其他成本 5.4 万美元、P25 百米段长压裂其他成本 3.0 万美元、P50 百米段长压裂其他成本 6.5 万美元、P75 百米段长压裂其他成本 6.8 万美元。2015 年统计气井 29 口，平均百米段长压裂其他成本 3.8 万美元、P25 百米段长压裂其他成本 1.9 万美元、P50 百米段长压裂其他成本 2.9 万美元、P75 百米段长压裂其他成本 5.4 万美元。2016 年统计气井 20 口，平均百米段长压裂其他成本 11.1 万美元、P25 百米段长压裂其他成本 7.7 万美元、P50 百米段长压裂其他成本 9.1 万美元、P75 百米段长压裂其他成本 13.9 万美元。2017 年统计气井 70 口，平均百米段长压裂其他成本 6.2 万美元、P25 百米段长压裂其他成本 2.9 万美元、P50 百米段长压裂其他成本 5.0 万美元、P75 百米段长压裂其他成本 8.5 万美元。2018 年统计气井 81 口，平均百米段长压裂其他成本 4.8 万美元、P25 百米段长压裂其他成本 2.3 万美元、P50 百米段长压裂其他成本 5.0 万美元、P75 百米段长压裂其他成本 6.1 万美元。2019 年统计气井 62 口，平均百米段长压裂其他成本 4.0 万美元、P25 百米段长压裂其他成本 2.2 万美元、P50 百米段长压裂其他成本 2.6 万美元、P75 百米段长压裂其他成本 4.6 万美元。2020 年统计气井 60 口，平均百米段长压裂其他成本 8.5 万美元、P25 百米段长压裂其他成本 5.8 万美元、P50 百米段长压裂其他成本 9.9 万美元、P75 百米段长压裂其他成本 10.3 万美元。

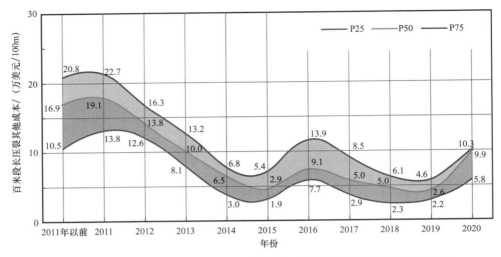

图 6-70　Haynesville 页岩气藏中深层水平井百米段长压裂其他成本学习曲线

Haynesville 页岩气藏中深层水平井百米段长压裂其他成本整体呈逐年下降趋势。第一个下降阶段为 2011—2015 年，P50 百米段长压裂其他成本由 19.1 万美元下降至 2.9 万美元。2016 年 P50 百米段长压裂其他成本增长至 9.1 万美元，此后又呈逐年下降趋势。2019年 P50 百米段长压裂其他成本到达历年最低值 2.6 万美元。2020 年 P50 百米段长压裂其他成本为 9.9 万美元。

6.7.2　深层气井

将完钻垂深 3500～4500m 深层页岩气水平井压裂措施中单井压裂泵送成本进行单独统计分析，统计深层气井共 2030 口，单井压裂其他成本范围（23.3～949.7）万美元，平均单井压裂其他成本 200 万美元、P25 单井压裂其他成本 97 万美元、P50 单井压裂其他成本 201 万美元、P75 单井压裂其他成本 278 万美元、M50 单井压裂其他成本 193 万美元。深层气井百米段长压裂其他成本统计气井 2024 口，平均百米段长压裂其他成本 12.5万美元、P25 百米段长压裂其他成本 5.3 万美元、P50 百米段长压裂其他成本 10.8 万美元、P75 百米段长压裂其他成本 18.5 万美元。

图 6-71 给出了 Haynesville 页岩气藏深层水平井百米段长压裂其他成本统计分布。统计结果显示百米段长压裂其他成本低于 5 万美元的气井 464 口，统计占比 23.0%。百米段长压裂其他成本为（5～10）万美元的气井 494 口，统计占比 24.6%。百米段长压裂其他成本为（10～15）万美元的气井 290 口，统计占比 14.5%。百米段长压裂其他成本为（15～20）万美元的气井 353 口，统计占比 17.5%。百米段长压裂其他成本为（20～25）万美元的气井 261 口，统计占比 13.0%。百米段长压裂其他成本为（25～30）万美元的气井 119 口，统计占比 5.9%。百米段长压裂其他成本为（30～35）万美元的气井 27 口，统计占比 1.3%。百米段长压裂其他成本为（35～40）万美元的气井 5 口，统计占比 0.2%。

百米段长压裂其他成本超过 40 万美元的气井 1 口。Haynesville 页岩气藏深层水平井百米段长压裂其他成本主体位于 20 万美元以下。

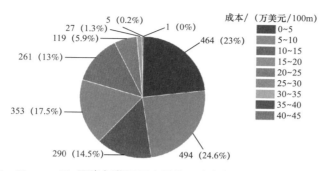

图 6-71　Haynesville 页岩气藏深层水平井百米段长压裂其他成本统计分布图

图 6-72 给出了 Haynesville 页岩气藏深层水平井不同年度百米段长压裂其他成本学习曲线。2011 年以前统计气井 112 口，平均百米段长压裂其他成本 17.8 万美元、P25 百米段长压裂其他成本 14.1 万美元、P50 百米段长压裂其他成本 18.3 万美元、P75 百米段长压裂其他成本 21.5 万美元。2011 年统计气井 635 口，平均百米段长压裂其他成本 17.8 万美元、P25 百米段长压裂其他成本 13.8 万美元、P50 百米段长压裂其他成本 17.5 万美元、P75 百米段长压裂其他成本 21.6 万美元。2012 年统计气井 139 口，平均百米段长压裂其他成本 18.8 万美元、P25 百米段长压裂其他成本 12.3 万美元、P50 百米段长压裂其他成本 18.6 万美元、P75 百米段长压裂其他成本 26.5 万美元。2013 年统计气井 134 口，平均百米段长压裂其他成本 12.5 万美元、P25 百米段长压裂其他成本 6.9 万美元、P50 百米段长压裂其他成本 9.5 万美元、P75 百米段长压裂其他成本 21.0 万美元。2014 年统计气井 157 口，平均百米段长压裂其他成本 7.5 万美元、P25 百米段长压裂其他成本 2.5 万美元、P50 百米段长压裂其他成本 5.1 万美元、P75 百米段长压裂其他成本 8.7 万美元。2015 年统计气井 132 口，平均百米段长压裂其他成本 3.8 万美元、P25 百米段长压裂其他成本 2.2 万美元、P50 百米段长压裂其他成本 2.9 万美元、P75 百米段长压裂其他成本 4.2 万美元。2016 年统计气井 155 口，平均百米段长压裂其他成本 10.0 万美元、P25 百米段长压裂其他成本 5.4 万美元、P50 百米段长压裂其他成本 9.4 万美元、P75 百米段长压裂其他成本 12.3 万美元。2017 年统计气井 257 口，平均百米段长压裂其他成本 7.5 万美元、P25 百米段长压裂其他成本 2.7 万美元、P50 百米段长压裂其他成本 6.4 万美元、P75 百米段长压裂其他成本 10.3 万美元。2018 年统计气井 212 口，平均百米段长压裂其他成本 8.3 万美元、P25 百米段长压裂其他成本 5.5 万美元、P50 百米段长压裂其他成本 7.8 万美元、P75 百米段长压裂其他成本 10.2 万美元。2019 年统计气井 78 口，平均百米段长压裂其他成本 8.7 万美元、P25 百米段长压裂其他成本 5.4 万美元、P50 百米段长压裂其他成本 6.4 万美元、P75 百米段长压裂其他成本 9.2 万美元。2020 年统计气井 13 口，平均百米段长压裂其他成本 10.5 万美元、P25 百米段长压裂其他成本 6.2 万美元、P50 百米段长压裂其他成本 9.8 万美元、P75 百米段长压裂其他成本 14.2 万美元。

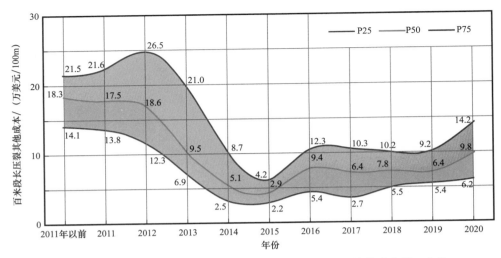

图 6-72　Haynesville 页岩气藏深层水平井百米段长压裂其他成本学习曲线

　　Haynesville 页岩气藏深层水平井百米段长压裂其他成本整体呈逐年下降趋势。第一个下降阶段为 2012—2015 年，P50 百米段长压裂其他成本由 18.6 万美元下降至 2.9 万美元。2016 年 P50 百米段长压裂其他成本增长至 9.4 万美元，此后又呈逐年下降趋势。2020 年 P50 百米段长压裂其他成本为 9.8 万美元。

6.7.3　超深层气井

　　Haynesville 页岩气藏垂深过 4500m 区域完钻气井较少，单井压裂泵送成本中统计垂深超过 4500m 统计气井 33 口，气井完钻垂深范围 4501～5193m，平均完钻垂深 4732m。图 6-73 给出了 Haynesville 页岩气藏超深层水平井单位压裂液量泵送成本散点分布图。统计显示超深层水平井单井压裂其他成本范围（25.1～828.3）万美元，平均单井压裂其他成本 194 万美元、P25 单井压裂其他成本 87 万美元、P50 单井压裂其他成本 141 万美元、P75 单井压裂其他成本 179 万美元、M50 单井压裂其他成本 138 万美元。百米段长压裂其他成本统计显示平均百米段长压裂其他成本为 12.1 万美元、P25 百米段长压裂其他成本 5.6 万美元、P50 百米段长压裂其他成本 8.3 万美元、P75 百米段长压裂其他成本 11.4 万美元、M50 百米段长压裂其他成本 8.3 万美元。

6.7.4　影响因素分析

　　页岩气水平井压裂其他成本受多重因素控制。选取主流的皮尔逊相关系数分析不同因素与压裂其他成本的关联程度。选取许可日期、水平井完钻垂深、水平井测深、水平段长、水垂比、压裂段数、压裂液量、支撑剂量、平均段间距、用液强度和加砂强度系列参数进行相关系数分析。其中钻井许可日期引入相关性分析用于表征钻完井工程技术经验进步对开发效果的影响。水平井垂深、测深、水平段长和水垂比为水平井钻完井工程参数。压裂段数、压裂液量、支撑剂量、平均段间距、用液强度和加砂强度为压裂参数。

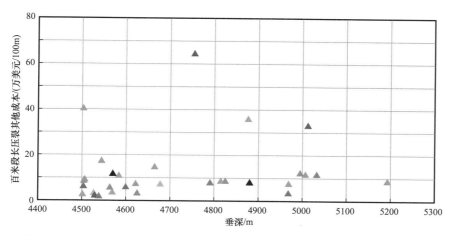

图 6-73　Haynesville 页岩气藏超深层水平井单位压裂液量泵送成本散点分布图

　　图 6-74 给出了 Haynesville 页岩气藏所有气井不同参数与单井压裂其他成本相关系数矩阵。相关系数范围为 −1.0～1.0，相关系数趋向于 −1.0 表示线性相关程度低，相关系数趋向 1.0 表示线性相关程度高。单井压裂其他成本与不同参数相关系数分析显示，其主要受平均段间距影响。

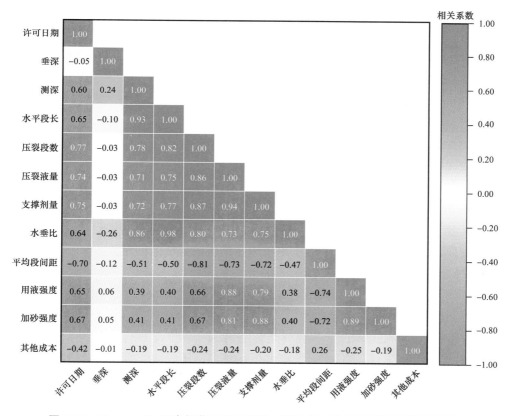

图 6-74　Haynesville 页岩气藏水平井压裂支撑剂成本影响因素相关系数矩阵图

6.7.5　小结

图 6-75 给出了 Haynesville 页岩气藏不同年度中深层与深层水平井百米段长压裂其他成本学习曲线。中深层与深层水平井对应百米段长压裂其他成本具备相似变化趋势。2015年以前，中深层与深层水平井对应百米段长压裂其他成本呈逐年下降趋势。2015 年，中深层与深层水平井 P50 百米段长压裂其他成本达均为 2.9 万美元。2016 年，百米段长压裂其他成本回升，深层水平井百米段长压裂其他成本整体略高于中深层水平井。2020 年，中深层与深层水平井百米段长压裂其他成本均为 9.9 万美元。

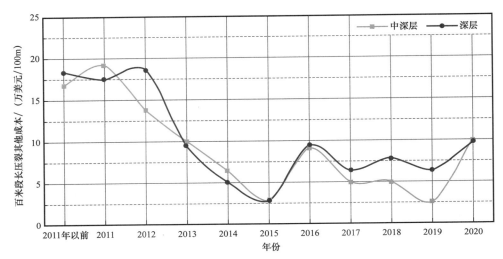

图 6-75　Haynesville 页岩气藏不同年度中深层与深层水平井百米段长压裂其他成本学习曲线

6.8　单位钻压成本产气量

单井钻完井和压裂成本是页岩气藏开发成本的主体部分，故引入单位钻压成本产气量指标作为衡量开发效益的经济指标。单位钻压成本产气量是指单位钻压成本对应的最终产气量，计算方式为气井 EUR 与钻压成本的比值。单位钻压成本产气量可近似作为页岩气藏开发效益的经济指标，用以衡量单位成本投入所获取的气量。

图 6-76 给出了 Haynesville 页岩气藏水平井单位钻压成本产气量散点分布图。统计2429 口气井钻压成本产气量数据显示，平均单位钻压成本产气量 21.1m³/ 美元、P25 单位钻压成本产气量 11.5m³/ 美元、P50 单位钻压成本产气量 17.3m³/ 美元、P75 单位钻压成本产气量 27.0m³/ 美元、M50 单位钻压成本产气量 17.9m³/ 美元。

图 6-77 给出了 Haynesville 页岩气藏水平井单位钻压成本产气量统计分布。统计显示单位钻压成本产气量低于 10m³/ 美元的气井 447 口，统计占比 18.4%。单位钻压成本产气量为 10~20m³/ 美元的气井 974 口，统计占比 40.0%。单位钻压成本产气量为 20~30m³/美元的气井 509 口，统计占比 21.0%。单位钻压成本产气量为 30~40m³/ 美元的气井 243

口，统计占比 10.0%。单位钻压成本产气量为 40～50m³/ 美元的气井 138 口，统计占比 5.7%。单位钻压成本产气量为 50～60m³/ 美元的气井 70 口，统计占比 2.9%。单位钻压成本产气量为 60～70m³/ 美元的气井 12 口，统计占比 0.5%。单位钻压成本产气量为 70～80m³/ 美元的气井 29 口，统计占比 1.2%。单位钻压成本产气量为 80～90m³/ 美元的气井 2 口，统计占比 0.1%。单位钻压成本产气量为 90～100m³/ 美元的气井 4 口，统计占比 0.2%。单位钻压成本产气量为 100～110m³/ 美元的气井 1 口。Haynesville 页岩气藏水平井单位钻压成本产气量主体位于 30m³/ 美元以下。

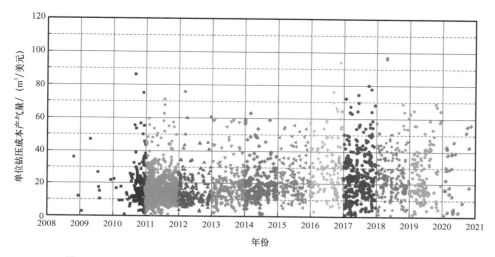

图 6-76　Haynesville 页岩气藏水平井单位钻压成本产气量散点分布图

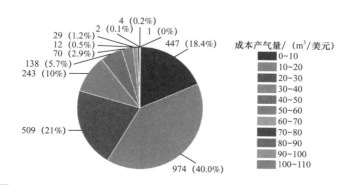

图 6-77　Haynesville 页岩气藏水平井单位钻压成本产气量统计分布图

图 6-78 给出了 Haynesville 页岩气藏不同年度水平井单位钻压成本产气量统计分布。单位钻压成本产气量整体呈逐年上升趋势。2016 年以前，水平井单位钻压成本产气量整体呈逐年上升趋势。P50 单位钻压成本产气量由 2012 年的 12.9m³/ 美元增加至 2016 年的 29.4m³/ 美元。2016 年后，P50 水平井单位钻压成本产气量整体保持在 20m³/ 美元以上。2020 年，P50 单位钻压成本产气量为 29.0m³/ 美元。

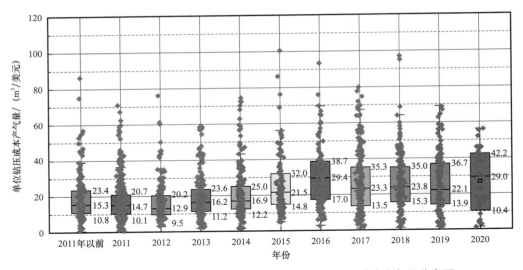

图 6-78 Haynesville 页岩气藏水平井不同年度单位钻压成本产气量分布图

6.8.1 中深层气井

将完钻垂深 3000～3500m 中深层页岩气水平井单位钻压成本产气量进行单独统计分析，统计中深层气井共 634 口，单井压裂其他成本范围 0.6～77.6m³/美元，平均单位钻压成本产气量 21.8m³/美元、P25 单位钻压成本产气量 11.5m³/美元、P50 单位钻压成本产气量 17.3m³/美元、P75 单位钻压成本产气量 28.3m³/美元、M50 单位钻压成本产气量 17.9m³/美元。

图 6-79 给出了 Haynesville 页岩气藏中深层水平井单位钻压成本产气量统计分布。统计显示单位钻压成本产气量低于 10m³/美元气井 105 口，统计占比 16.6%。单位钻压成本产气量 10～20m³/美元气井 265 口，统计占比 41.7%。单位钻压成本产气量 20～30m³/美元气井 119 口，统计占比 18.8%。单位钻压成本产气量 30～40m³/美元气井 59 口，统计占比 9.3%。单位钻压成本产气量 40～50m³/美元气井 46 口，统计占比 7.3%。单位钻压成本产气量 50～60m³/美元气井 28 口，统计占比 4.4%。单位钻压成本产气量 60～70m³/美

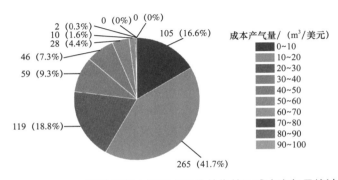

图 6-79 Haynesville 页岩气藏中深层水平井单位钻压成本产气量统计分布图

元气井 10 口，统计占比 1.6%。单位钻压成本产气量 70～80m³/美元气井 2 口，统计占比 0.3%。

图 6-80 给出了 Haynesville 页岩气藏中深层水平井单位钻压成本产气量学习曲线。2011 年以前统计气井 45 口，平均单位钻压成本产气量 17.8m³/美元、P25 单位钻压成本产气量 10.8m³/美元、P50 单位钻压成本产气量 15.1m³/美元、P75 单位钻压成本产气量 21.4m³/美元。2011 年统计气井 120 口，平均单位钻压成本产气量 15.1m³/美元、P25 单位钻压成本产气量 10.2m³/美元、P50 单位钻压成本产气量 13.4m³/美元、P75 单位钻压成本产气量 17.7m³/美元。2012 年统计气井 69 口，平均单位钻压成本产气量 11.8m³/美元、P25 单位钻压成本产气量 9.1m³/美元、P50 单位钻压成本产气量 11.2m³/美元、P75 单位钻压成本产气量 13.3m³/美元。2013 年统计气井 78 口，平均单位钻压成本产气量 14.6m³/美元、P25 单位钻压成本产气量 10.2m³/美元、P50 单位钻压成本产气量 12.6m³/美元、P75 单位钻压成本产气量 17.7m³/美元。2014 年统计气井 73 口，平均单位钻压成本产气量 18.6m³/美元、P25 单位钻压成本产气量 11.7m³/美元、P50 单位钻压成本产气量 15.1m³/美元、P75 单位钻压成本产气量 20.6m³/美元。2015 年统计气井 26 口，平均单位钻压成本产气量 28.3m³/美元、P25 单位钻压成本产气量 19.3m³/美元、P50 单位钻压成本产气量 23.7m³/美元、P75 单位钻压成本产气量 35.4m³/美元。2016 年统计气井 14 口，平均单位钻压成本产气量 27.7m³/美元、P25 单位钻压成本产气量 15.4m³/美元、P50 单位钻压成本产气量 23.1m³/美元、P75 单位钻压成本产气量 38.8m³/美元。2017 年统计气井 64 口，平均单位钻压成本产气量 31.5m³/美元、P25 单位钻压成本产气量 20.7m³/美元、P50 单位钻压成本产气量 29.4m³/美元、P75 单位钻压成本产气量 40.7m³/美元。2018 年统计气井 69 口，平均单位钻压成本产气量 30.7m³/美元、P25 单位钻压成本产气量 21.9m³/美元、P50 单位钻压成本产气量 28.3m³/美元、P75 单位钻压成本产气量 39.2m³/美元。2019 年统计气井 50 口，平均单位钻压成本产气量 36.3m³/美元、P25 单位钻压成本产气量 26.4m³/美

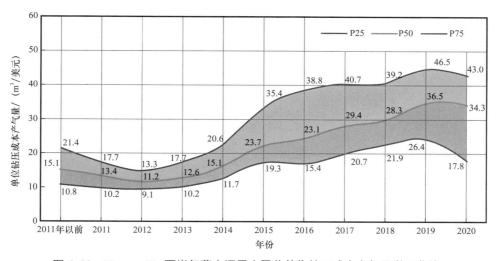

图 6-80 Haynesville 页岩气藏中深层水平井单位钻压成本产气量学习曲线

元、P50 单位钻压成本产气量 36.5m³/ 美元、P75 单位钻压成本产气量 46.5m³/ 美元。2020 年统计气井 26 口，平均单位钻压成本产气量 30.7m³/ 美元、P25 单位钻压成本产气量 17.8m³/ 美元、P50 单位钻压成本产气量 34.3m³/ 美元、P75 单位钻压成本产气量 43.0m³/ 美元。

6.8.2 深层气井

将完钻垂深 3500～4500m 深层页岩气水平井单位钻压成本产气量进行单独统计分析，统计深层气井共 1750 口，单井压裂其他成本范围 1.1～100.2m³/ 美元，平均单位钻压成本产气量 20.9m³/ 美元、P25 单位钻压成本产气量 11.3m³/ 美元、P50 单位钻压成本产气量 17.3m³/ 美元、P75 单位钻压成本产气量 26.5m³/ 美元、M50 单位钻压成本产气量 17.9m³/ 美元。

图 6-81 给出了 Haynesville 页岩气藏深层水平井单位钻压成本产气量统计分布。统计显示单位钻压成本产气量低于 10m³/ 美元的气井 333 口，统计占比 19.0%。单位钻压成本产气量 10～20m³/ 美元的气井 692 口，统计占比 39.6%。单位钻压成本产气量 20～30m³/ 美元的气井 380 口，统计占比 21.7%。单位钻压成本产气量 30～40m³/ 美元的气井 180 口，统计占比 10.3%。单位钻压成本产气量 40～50m³/ 美元的气井 89 口，统计占比 5.1%。单位钻压成本产气量 50～60m³/ 美元的气井 40 口，统计占比 2.3%。单位钻压成本产气量 60～70m³/ 美元的气井 19 口，统计占比 1.1%。单位钻压成本产气量 70～80m³/ 美元的气井 10 口，统计占比 0.6%。单位钻压成本产气量 80～90m³/ 美元的气井 2 口，统计占比 0.1%。单位钻压成本产气量 90～100m³/ 美元的气井 4 口，统计占比 0.2%。

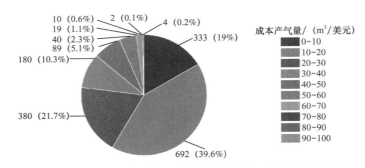

图 6-81　Haynesville 页岩气藏深层水平井单位钻压成本产气量统计分布图

图 6-82 给出了 Haynesville 页岩气藏深层水平井单位钻压成本产气量学习曲线。2011 年以前统计气井 105 口，平均单位钻压成本产气量 19.9m³/ 美元、P25 单位钻压成本产气量 11.3m³/ 美元、P50 单位钻压成本产气量 15.3m³/ 美元、P75 单位钻压成本产气量 24.0m³/ 美元。2011 年统计气井 597 口，平均单位钻压成本产气量 17.0m³/ 美元、P25 单位钻压成本产气量 10.0m³/ 美元、P50 单位钻压成本产气量 15.0m³/ 美元、P75 单位钻压成本产气量 21.3m³/ 美元。2012 年统计气井 126 口，平均单位钻压成本产气量 18.7m³/ 美元、P25 单位钻压成本产气量 9.9m³/ 美元、P50 单位钻压成本产气量 14.3m³/ 美元、P75 单位钻压成本

本产气量 23.9m³/美元。2013 年统计气井 128 口，平均单位钻压成本产气量 21.2m³/美元、P25 单位钻压成本产气量 13.4m³/美元、P50 单位钻压成本产气量 19.4m³/美元、P75 单位钻压成本产气量 27.3m³/美元。2014 年统计气井 141 口，平均单位钻压成本产气量 21.9m³/美元、P25 单位钻压成本产气量 12.6m³/美元、P50 单位钻压成本产气量 17.9m³/美元、P75 单位钻压成本产气量 27.7m³/美元。2015 年统计气井 109 口，平均单位钻压成本产气量 24.6m³/美元、P25 单位钻压成本产气量 13.3m³/美元、P50 单位钻压成本产气量 20.4m³/美元、P75 单位钻压成本产气量 31.5m³/美元。2016 年统计气井 126 口，平均单位钻压成本产气量 30.1m³/美元、P25 单位钻压成本产气量 17.2m³/美元、P50 单位钻压成本产气量 29.8m³/美元、P75 单位钻压成本产气量 38.2m³/美元。2017 年统计气井 205 口，平均单位钻压成本产气量 24.6m³/美元、P25 单位钻压成本产气量 12.7m³/美元、P50 单位钻压成本产气量 21.7m³/美元、P75 单位钻压成本产气量 33.6m³/美元。2018 年统计气井 156 口，平均单位钻压成本产气量 23.7m³/美元、P25 单位钻压成本产气量 13.7m³/美元、P50 单位钻压成本产气量 19.9m³/美元、P75 单位钻压成本产气量 29.1m³/美元。2019 年统计气井 55 口，平均单位钻压成本产气量 18.2m³/美元、P25 单位钻压成本产气量 9.3m³/美元、P50 单位钻压成本产气量 15.1m³/美元、P75 单位钻压成本产气量 24.6m³/美元。

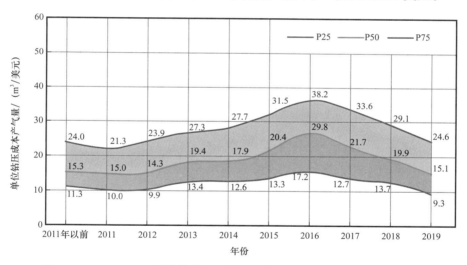

图 6-82　Haynesville 页岩气藏深层水平井单位钻压成本产气量学习曲线

6.8.3　超深层气井

Haynesville 页岩气藏垂深过 4500m 区域完钻气井较少，单位钻压成本产气量中统计垂深超过 4500m 统计气井 24 口，气井完钻垂深范围 4501～5193m，平均完钻垂深 4718m。图 6-83 给出了 Haynesville 页岩气藏超深层页岩气水平井单位钻压成本产气量散点分布图。统计显示超深层水平井单位钻压成本产气量范围 0.9～57.6m³/美元，平均单位钻压成本产气量 23.4m³/美元、P25 单位钻压成本产气量 13.2m³/美元、P50 单位钻压成本产气量 19.0m³/ 美元、P75 单位钻压成本产气量 31.8m³/ 美元、M50 单位钻压成本产气量 21.6m³/ 美元。

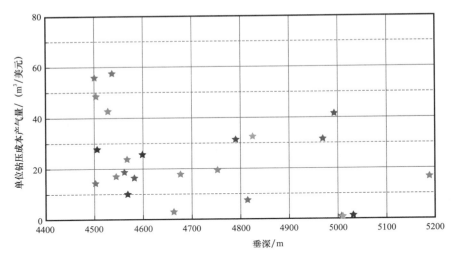

图 6-83　Haynesville 页岩气藏超深层水平井单位钻压成本产气量散点分布图

6.8.4　影响因素分析

页岩气单位钻压成本产气量受气藏特征、钻完井、分段压裂及生产等多重因素控制。选取主流的皮尔逊相关系数分析不同因素与压裂其他成本的关联程度。选取许可日期、水平井完钻垂深、水平井测深、水平段长、水垂比、压裂段数、压裂液量、支撑剂量、单井总成本、钻井成本、固井成本、压裂水成本、支撑剂成本、泵送成本、其他成本、平均段间距、用液强度、加砂强度和百米段长 EUR 系列参数进行相关系数分析。其中，钻井许可日期引入相关性分析用于表征钻完井工程技术经验进步对开发效果的影响；水平井垂深、测深、水平段长和水垂比为水平井钻完井工程参数；压裂段数、压裂液量、支撑剂量、平均段间距、用液强度和加砂强度为压裂参数；单井总成本、钻井成本、固井成本、压裂水成本、支撑剂成本、泵送成本和其他成本为成本参数；单井 EUR 和百米段长 EUR 为技术参数。

图 6-84 给出了 Haynesville 页岩气藏所有气井不同参数与单位钻压成本产气量相关系数矩阵。相关系数范围为 -1.0～1.0，相关系数趋向于 -1.0 表示线性相关程度低，相关系数趋向 1.0 表示线性相关程度高。单位钻压成本产气量主要受单井 EUR、百米段长 EUR、许可日期、加砂强度和用液强度影响。

6.8.5　小结

Haynesville 页岩气藏目前完钻气井以深层为主，其次为中深层，超深层依然处于探索试验阶段。图 6-85 给出了中深层与深层完钻页岩气水平井单位钻压成本产气量频率分布及年度学习曲线。单位钻压成本产气量频率分布图显示中深层气井和深层气井对应单位钻压成本产气量主体位于 0～20m³/ 美元。2016 年以前，深层气井 P50 单位钻压成本产气量整体略高于中深层水平井。2017 年开始，中深层水平井 P50 单位钻压成本产气量逐年呈上升趋势，且整体高于深层气井。2017—2019 年，深层页岩气水平井 P50 单位钻压成本产气量呈逐年下降趋势。2019 年，深层水平井 P50 单位钻压成本产气量下降至 15.1m³/ 美元。

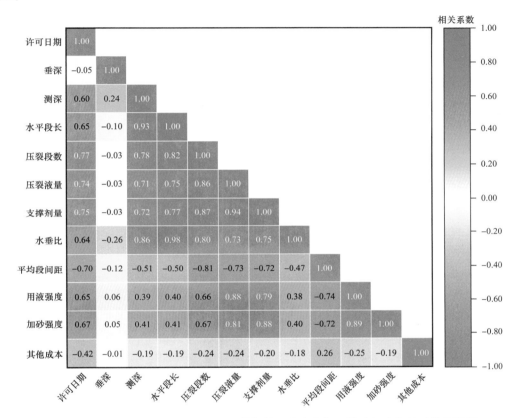

图 6-84　Haynesville 页岩气藏水平井单位钻压成本产气量影响因素相关系数矩阵图

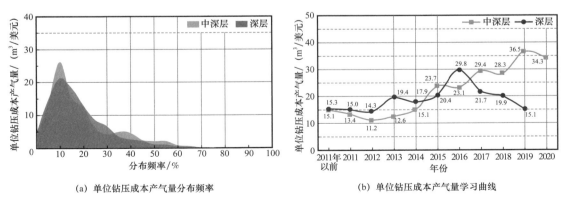

(a) 单位钻压成本产气量分布频率　　　　　(b) 单位钻压成本产气量学习曲线

图 6-85　Haynesville 页岩气藏中深层和深层页岩气水平井单位钻压成本产气量分布及学习曲线

第7章 开发技术政策

自页岩气资源实现商业化开发以来，各个已开发区块一直在探索合理开发技术政策以实现高效开发。页岩气藏开发技术政策包括井型、布井模式、靶体位置、水平井眼轨迹方位、水平段长、井距、段间距、簇间距、加砂强度、用液强度等。合理开发技术政策不仅能够实现具体页岩气藏的高效开发，也能够为其他页岩气藏的开发提供参考依据。本章针对 Haynesville 页岩气藏历年投产页岩气水平井进行统计分析，重点评价水平段长、测深、水垂比、平均段间距和加砂强度等因素对气井开发效果的影响，以期为其他页岩气藏开发提供参考。

引入百米段长 EUR 和单位钻压成本产气量分别作为页岩气水平井开发效果评价的技术指标和经济指标，综合技术指标和经济指标定量描述不同开发技术政策条件下的气井开发效果。受限于统计气井的地质指标，近似认为分析气井具备相似的地质特征。地质指标中垂深是影响气井开发效果的重要参数。随垂深增加，相同保存条件（地层压力系数）下地层绝对压力呈线性增加，游离气呈近似线性增加，吸附气量也呈增加趋势。

页岩气井开发效果受气藏特征、钻完井参数及其有效性、压裂参数及其有效性、生产制度、钻完井及压裂成本等多重因素影响。对开发效果及技术政策进行分析时，首先需要确定影响开发效果的主控因素。根据气井开发效果主控因素分类评价不同开发技术政策对气井开发的影响。利用已有参数绘制相关系数矩阵确定不同参数间的相关性。相关系数是研究变量之间线性相关程度的量，反映变量之间相关关系密切程度的统计指标。选取主流的皮尔逊相关系数分析不同因素与单井成本的关联程度。选取水平井完钻垂深、水平井测深、水平段长、水垂比、平均段间距、用液强度、加砂强度和百米段长 EUR 进行相关性分析，重点分析不同因素对水平井开发技术指标的影响程度及相关性。选取水平井完钻垂深、水平井测深、水平段长、单井总成本、钻井成本、固井成本、压裂水成本、支撑剂成本、泵送成本、压裂其他成本、平均段间距、用液强度、加砂强度和单位钻压成本产气量分别进行相关性分析，重点分析不同因素对水平经济指标的影响程度及相关性。

图 7-1 分别给出了不同参数与技术指标百米段长 EUR 和经济指标单位钻压成本产气量的相关系数矩阵。百米段长 EUR 影响因素相关系数矩阵显示，Haynesville 页岩气藏水平井百米段长 EUR 主要受用液强度、加砂强度和垂深影响。同时，相关系数矩阵显示，水平井分段压裂用液强度和加砂强度存在强相关性，两者相关系数高达 0.90。单位钻压成本产气量影响因素相关系数矩阵显示，Haynesville 页岩气藏水平井单位钻压成本产气量主要受用液强度、加砂强度、压裂水成本、水平段长和水平井测深的影响。

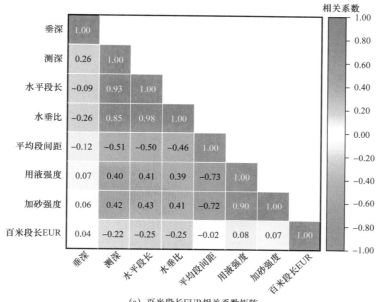

(a) 百米段长EUR相关系数矩阵

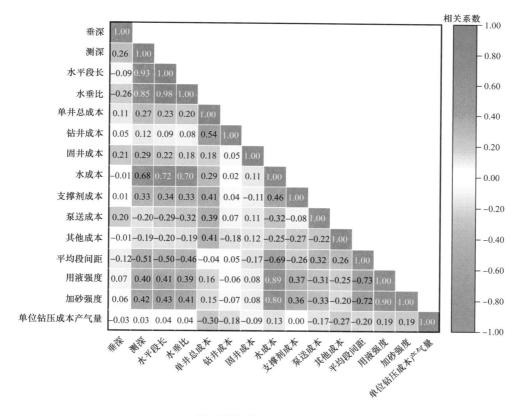

(b) 单位钻压成本产气量相关系数矩阵

图 7-1 百米段长 EUR 与单位钻压成本产气量影响因素相关系数矩阵

由于页岩气藏游离气与吸附气并存，不同垂深游离气和吸附气比例存在显著差异。考虑页岩气藏的该特征，首先对不同垂深水平井开发效果进行分类分析。将不同垂深范围气井开发技术指标和经济指标进行综合平均计算以表征该范围气井的综合开发效果。将给定垂深范围内气井 EUR 累加值除以水平段长累加值获取水平井综合百米段长 EUR 技术指标。将给定垂深范围内气井 EUR 累加值除以钻压成本累计值获取水平井综合单位钻压成本产气量经济指标。

图 7-2 给出了 Haynesville 页岩气藏不同垂深范围水平井开发效果统计曲线。垂深 3000～3250m 统计气井 175 口，统计综合百米段长 EUR 为 $732 \times 10^4 m^3/100m$、综合单位钻压成本产气量 $15.0 m^3/$ 美元。3250～3500m 统计气井 458 口，统计综合百米段长 EUR 为 $866 \times 10^4 m^3/100m$、综合单位钻压成本产气量 $19.0 m^3/$ 美元。3500～3750m 统计气井 1014 口，统计综合百米段长 EUR 为 $1020 \times 10^4 m^3/100m$、综合单位钻压成本产气量 $20.3 m^3/$ 美元。3750～4000m 统计气井 526 口，统计综合百米段长 EUR 为 $1023 \times 10^4 m^3/100m$、综合单位钻压成本产气量 $19.5 m^3/$ 美元。4000～4250m 统计气井 132 口，统计综合百米段长 EUR 为 $1229 \times 10^4 m^3/100m$、综合单位钻压成本产气量 $22.4 m^3/$ 美元。4250～4500m 统计气井 75 口，统计综合百米段长 EUR 为 $1428 \times 10^4 m^3/100m$、综合单位钻压成本产气量 $25.9 m^3/$ 美元。4500～4750m 统计气井 14 口，统计综合百米段长 EUR 为 $1565 \times 10^4 m^3/100m$、综合单位钻压成本产气量 $25.1 m^3/$ 美元。4750～5000m 统计气井 6 口，统计综合百米段长 EUR 为 $2011 \times 10^4 m^3/100m$、综合单位钻压成本产气量 $26.8 m^3/$ 美元。

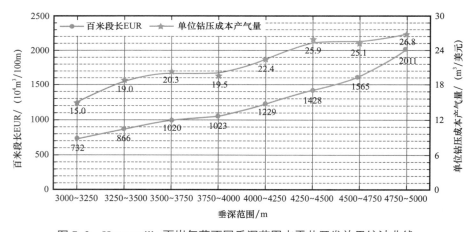

图 7-2　Haynesville 页岩气藏不同垂深范围水平井开发效果统计曲线

不同垂深范围水平井综合百米段长 EUR 变化趋势曲线显示水平井开发效果直接受垂深影响，百米段长 EUR 随垂深增加而增加，整体变化呈近似线性变化趋势。由于不同垂深储层厚度等存在差异，百米段长 EUR 存在小幅波动特征。单位钻压成本产气量随垂深增加整体呈增加趋势。垂深直接影响 Haynesville 页岩气藏水平井开发效果。

7.1　水平段长

Haynesville 页岩气藏开发过程中充分借鉴了邻区 Barnett 页岩气藏开发积累的经验。水平钻井和大规模分段体积压裂是页岩气藏普遍采用的关键核心技术。页岩气井水平段长是单井开发效果的关键控制因素。通常随水平段长增加，单井控制面积及储量随之增加，单井也会获得更高的最终可采储量。然而，水平段长并非越长越好，随水平段长增加，钻完井及压裂施工难度加大，脆性页岩垮塌和破裂等复杂问题越突出。长水平段长气井同时会为后续固井和大规模体积压裂带来施工挑战。针对不同垂深储层，水平段长设计还要考虑水垂比合理范围。从单井开发效果出发，长水平段气井抽吸压力及井筒摩阻增大，页岩气产量与水平段长并非呈线性关系。除此之外，通常利用百米段长 EUR 作为标准技术开发指标衡量水平井开发效果。随水平段长增加，钻完井和大规模体积压裂工具及工艺技术施工效率有所下降，通常会导致百米段长 EUR 随水平段长增加呈下降趋势。因此，考虑技术和经济效益模式下的页岩气井合理水平段长一直是每个已开发页岩气藏关注的热点。

本节主要针对 Haynesville 深层页岩气藏投产气井进行统计分析，通过不同统计维度分析页岩气井合理水平段长。引入百米段长 EUR 作为技术指标，引入单位钻压成本产气量作为经济指标同时评价不同水平段长气井开发效果。前述开发效果影响因素分析显示，水平井开发技术和经济指标受多重因素影响，加砂强度和垂深是影响气井开发效果的主控因素。因此，本节主要采用两种统计方法分析气井合理水平段长，分别为分布频率统计方法和单因素统计分析方法。分布频率统计方法是指将不同垂深范围气井按照技术指标和经济指标排序，选取前 25% 气井对应水平段长做统计频率分析，初步确定气井合理水平段长范围。单因素统计分析方法是指对不同垂深范围内不同水平段长气井技术和经济指标进行综合统计分析，确定合理水平段长范围。

针对 Haynesville 深层页岩气藏不同垂深范围气井合理技术水平段长及经济水平段长进行统计分析。选取百米段长 EUR 排序前 25% 气井对应水平段长为合理技术水平段长散点数据，选取单位钻压成本产气量前 25% 气井对应水平段长为合理经济水平段长散点数据。图 7-3 给出了 Haynesville 页岩气藏不同垂深范围气井合理技术和经济水平段长统计分布。

图 7-3（a）给出了 Haynesville 页岩气藏不同垂深气井合理技术水平段长统计分布。垂深 3000～3500m 统计百米段长 EUR 排序前 25% 气井 160 口，统计平均水平段长 2175m、P25 水平段长 1470m、P50 水平段长 2204m、P75 水平段长 2682m。垂深 3500～4000m 统计百米段长 EUR 排序前 25% 气井 385 口，统计平均水平段长 1575m、P25 水平段长 1376m、P50 水平段长 1450m、P75 水平段长 1632m。垂深 4000～4500m 统计百米段长 EUR 排序前 25% 气井 52 口，统计平均水平段长 1885m，P25 水平段长 1470m、P50 水平段长 1914m、P75 水平段长 2225m。垂深 4500～5000m 统计百米段长

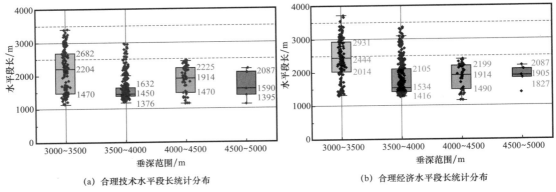

(a) 合理技术水平段长统计分布　　　　　　　(b) 合理经济水平段长统计分布

图 7-3　Haynesville 页岩气藏不同垂深气井合理技术和经济水平段长统计分布

EUR 排序前 25% 气井 5 口，统计平均水平段长 1680m、P25 水平段长 1395m、P50 水平段长 1590m、P75 水平段长 2087m。

图 7-3（b）给出了 Haynesville 页岩气藏不同垂深气井合理经济水平段长统计分布。垂深 3000~3500m 统计单位钻压成本产气量排序前 25% 气井 160 口，统计平均水平段长 2422m、P25 水平段长 2014m、P50 水平段长 2444m、P75 水平段长 2931m。垂深 3500~4000m 统计单位钻压成本产气量排序前 25% 气井 385 口，统计平均水平段长 1776m、P25 水平段长 1416m、P50 水平段长 1534m、P75 水平段长 2105m。垂深 4000~4500m 统计单位钻压成本产气量排序前 25% 气井 52 口，统计平均水平段长 1940m、P25 水平段长 1490m、P50 水平段长 1914m、P75 水平段长 2199m。垂深 4500~5000m 统计单位钻压成本产气量排序前 25% 气井 5 口，统计平均水平段长 1883m、P25 水平段长 1827m、P50 水平段长 1905m、P75 水平段长 2087m。

将不同垂深范围气井对应合理技术及经济水平段长统计范围进行叠加，确定合理技术经济水平段长范围。图 7-4 给出了 Haynesville 页岩气藏不同垂深气井合理技术与经济水平段长叠加图。垂深 3000~3500m 合理技术水平段长范围 1470~2682m、合理经济水平段长范围 2014~2931m。综合确定合理技术经济水平段长下限为 2014m、上限为 2682m。根据分布频率统计方法确定垂深 3000~3500m 气井合理技术经济水平段长范围 2014~2682m。垂深 3500~4000m 合理技术水平段长范围 1376~4632m、合理经济水平段长范围 1416~2105m。综合确定合理技术经济水平段长下限为 1416m、上限为 2105m。根据分布频率统计方法确定垂深 3500~4000m 气井合理技术经济水平段长范围 1416~2105m。垂深 4000~4500m 合理技术水平段长范围 1470~2225m、合理经济水平段长范围 1490~2199m。综合确定合理技术经济水平段长下限为 1490m、上限为 2199m。根据分布频率统计方法确定垂深 4000~4500m 气井合理技术经济水平段长范围 1490~2199m。垂深 4500~5000m 合理技术水平段长范围 1395~2087m、合理经济水平段长范围 1827~2087m。综合确定合理技术经济水平段长下限为 1827m、上限为 2087m。根据分布频率统计方法确定垂深 4500~5000m 气井合理技术经济水平段长范围

1827～2087m。由于垂深 4500～5000m 气井样本数较少，统计合理技术经济水平段长范围具备一定不确定性。

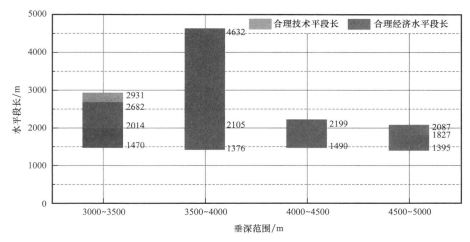

图 7-4 Haynesville 页岩气藏不同垂深气井合理技术与经济水平段长叠加图

Haynesville 页岩气藏不同垂深气井分布频率统计合理技术经济水平段长结果显示，随垂深范围增加，合理技术经济水平段长总体呈下降趋势。分布频率统计合理技术经济水平段长变化趋势符合常规认识。随垂深增加，钻完井和压裂工程技术施工难度和效果有所下降，合理技术经济水平段长呈下降趋势。

在分布频率统计方法基础上，继续沿用垂深 3000～3500m、3500～4000m、4000～4500m 和 4500～5000m 分类方式，对不同水平段长气井开发效果进行单因素综合统计分析。水平段长范围按照小于 1000m、1000～1250m、1250～1500m、1500～1750m、1750～2000m、2000～2250m、2250～2500m、2500～2750m、2750～3000m 和超过 3000m 进行区间划分。由于垂深 4500～5000m 气井数量较少，未进行不同水平段长开发指标统计分析。

图 7-5 给出了 Haynesville 页岩气藏给定垂深范围不同水平段长气井综合百米段长 EUR 统计曲线。垂深 3000～3500m 气井，水平段长小于 1000m 统计气井 4 口，综合百米段长 EUR 为 $1109 \times 10^4 m^3/100m$。水平段长 1000～1250m 统计气井 17 口，综合百米段长 EUR 为 $896 \times 10^4 m^3/100m$。水平段长 1250～1500m 统计气井 173 口，综合百米段长 EUR 为 $1015 \times 10^4 m^3/100m$。水平段长 1500～1750m 统计气井 96 口，综合百米段长 EUR 为 $831 \times 10^4 m^3/100m$。水平段长 1750～2000m 统计气井 72 口，综合百米段长 EUR 为 $782 \times 10^4 m^3/100m$。水平段长 2000～2250m 统计气井 73 口，综合百米段长 EUR 为 $923 \times 10^4 m^3/100m$。水平段长 2250～2500m 统计气井 70 口，综合百米段长 EUR 为 $1059 \times 10^4 m^3/100m$。水平段长 2500～2750m 统计气井 36 口，综合百米段长 EUR 为 $1214 \times 10^4 m^3/100m$。水平段长 2750～3000m 统计气井 50 口，综合百米段长 EUR 为 $1029 \times 10^4 m^3/100m$。水平段长超过 3000m 统计气井 42 口，综合百米段长 EUR 为 $940 \times 10^4 m^3/100m$。

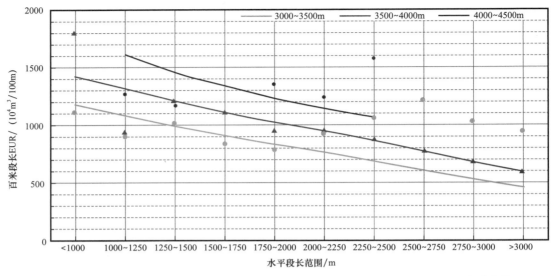

图 7-5　Haynesville 页岩气藏给定垂深范围不同水平段长气井综合百米段长 EUR 统计曲线

垂深 3500～4000m 气井，水平段长小于 1000m 统计气井 5 口，综合百米段长 EUR 为 1802 × 10⁴m³/100m。水平段长 1000～1250m 统计气井 30 口，综合百米段长 EUR 为 934 × 10⁴m³/100m。水平段长 1250～1500m 统计气井 747 口，综合百米段长 EUR 为 1212 × 10⁴m³/100m。水平段长 1500～1750m 统计气井 279 口，综合百米段长 EUR 为 1105 × 10⁴m³/100m。水平段长 1750～2000m 统计气井 91 口，综合百米段长 EUR 为 948 × 10⁴m³/100m。水平段长 2000～2250m 统计气井 115 口，综合百米段长 EUR 为 949 × 10⁴m³/100m。水平段长 2250～2500m 统计气井 106 口，综合百米段长 EUR 为 880 × 10⁴m³/100m。水平段长 2500～2750m 统计气井 45 口，综合百米段长 EUR 为 770 × 10⁴m³/100m。水平段长 2750～3000m 统计气井 67 口，综合百米段长 EUR 为 679 × 10⁴m³/100m。水平段长超过 3000m 统计气井 54 口，综合百米段长 EUR 为 594 × 10⁴m³/100m。

垂深 4000～4500m 气井，水平段长 1000～1250m 统计气井 17 口，综合百米段长 EUR 为 1267 × 10⁴m³/100m。水平段长 1250～1500m 统计气井 47 口，综合百米段长 EUR 为 1161 × 10⁴m³/100m。水平段长 1500～1750m 统计气井 75 口，综合百米段长 EUR 为 798 × 10⁴m³/100m。水平段长 1750～2000m 统计气井 32 口，综合百米段长 EUR 为 1348 × 10⁴m³/100m。水平段长 2000～2250m 统计气井 17 口，综合百米段长 EUR 为 1239 × 10⁴m³/100m。水平段长 2250～2500m 统计气井 16 口，综合百米段长 EUR 为 1571 × 10⁴m³/100m。

由于不同水平段长范围内统计气井数量存在显著差异，根据实际数据点及样本数量对统计曲线趋势进行了调整。结合前期统计规律认识显示，随水平段长增加，水平井百米段长 EUR 整体呈下降趋势。因此，根据不同水平段长综合百米段长 EUR 实际统计数据点绘制了不同水平段长综合百米段长 EUR 变化趋势。在相同垂深范围内，随气井水平段长增加，百米段长 EUR 呈下降趋势。相同水平段长范围内，随垂深增加，综合百米段长

EUR 呈增加趋势。

图 7-6 给出了 Haynesville 页岩气藏给定垂深范围不同水平段长气井综合单位钻压成本产气量统计曲线。垂深 3000~3500m 气井,水平段长小于 1000m 统计气井 4 口,综合单位钻压成本产气量为 11.1m³/美元。水平段长 1000~1250m 统计气井 17 口,综合单位钻压成本产气量为 13.6m³/美元。水平段长 1250~1500m 统计气井 173 口,综合单位钻压成本产气量为 16.8m³/美元。水平段长 1500~1750m 统计气井 96 口,综合单位钻压成本产气量为 15.0m³/美元。水平段长 1750~2000m 统计气井 72 口,综合单位钻压成本产气量为 16.3m³/美元。水平段长 2000~2250m 统计气井 73 口,综合单位钻压成本产气量为 21.1m³/美元。水平段长 2250~2500m 统计气井 70 口,综合单位钻压成本产气量为 26.9m³/美元。水平段长 2500~2750m 统计气井 36 口,综合单位钻压成本产气量为 31.5m³/美元。水平段长 2750~3000m 统计气井 50 口,综合单位钻压成本产气量为 27.6m³/美元。水平段长超过 3000m 统计气井 42 口,综合单位钻压成本产气量为 25.6m³/美元。

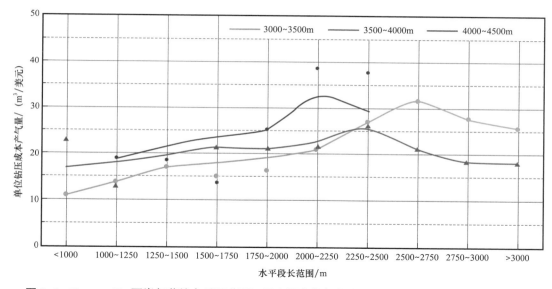

图 7-6　Haynesville 页岩气藏给定垂深范围不同水平段长气井综合单位钻压成本产气量统计曲线

垂深 3500~4000m 气井,水平段长小于 1000m 统计气井 5 口,综合单位钻压成本产气量为 22.9m³/美元。水平段长 1000~1250m 统计气井 30 口,综合单位钻压成本产气量为 13.0m³/美元。水平段长 1250~1500m 统计气井 747 口,综合单位钻压成本产气量为 19.6m³/美元。水平段长 1500~1750m 统计气井 279 口,综合单位钻压成本产气量为 21.1m³/美元。水平段长 1750~2000m 统计气井 91 口,综合单位钻压成本产气量为 21.1m³/美元。水平段长 2000~2250m 统计气井 115 口,综合单位钻压成本产气量为 21.7m³/美元。水平段长 2250~2500m 统计气井 106 口,综合单位钻压成本产气量为 21.4m³/美元。水平段长 2500~2750m 统计气井 45 口,综合单位钻压成本产气量为 21.1m³/美元。水平段长 2750~3000m 统计气井 67 口,综合单位钻压成本产气量为 18.5m³/

美元。水平段长超过 3000m 统计气井 54 口，综合单位钻压成本产气量为 17.9m³/ 美元。

垂深 4000～4500m 气井，水平段长 1000～1250m 统计气井 17 口，综合单位钻压成本产气量为 18.9m³/ 美元。水平段长 1250～1500m 统计气井 47 口，综合单位钻压成本产气量为 18.5m³/ 美元。水平段长 1500～1750m 统计气井 75 口，综合单位钻压成本产气量为 13.7m³/ 美元。水平段长 1750～2000m 统计气井 32 口，综合单位钻压成本产气量为 25.3m³/ 美元。水平段长 2000～2250m 统计气井 17 口，综合单位钻压成本产气量为 38.4m³/ 美元。水平段长 2250～2500m 统计气井 16 口，综合单位钻压成本产气量为 37.7m³/ 美元。

综合单位钻压成本产气量变化趋势及统计样本点，对不同垂深气井综合单位钻压成本产气量变化趋势进行适当调整修正。统计趋势显示，相同垂深范围内，随水平段长增加，单位钻压成本产气量呈增加趋势，当水平段长增加至一定程度后，单位钻压成本产气量随水平段长增加呈下降趋势。在给定经济技术条件下，水平段长并非越长越好，存在合理技术经济水平段长。统计结果显示，垂深 3000～3500m 气井对应单位钻压成本产气量在 2500～2750m 范围内达到峰值。水平段长继续增加时，单位钻压成本产气量呈下降趋势。垂深 3500～4000m 气井对应单位钻压成本产气量在 2250～2500m 范围内达到峰值。水平段长继续增加时，单位钻压成本产气量呈下降趋势。垂深 4000～4500m 气井对应单位钻压成本产气量在 2000～2250m 范围内达到峰值。水平段长继续增加时，单位钻压成本产气量呈下降趋势。相同水平段长范围，随垂深增加，综合单位钻压成本产气量呈增加趋势。

在垂深 3000～3500m、3500～4000m、4000～4500m 和 4500～5000m 分类方式下，不同水平段长气井开发效果单因素综合统计分析显示，在现有经济技术条件下存在合理技术经济水平段长。垂深 3000～3500m 气井合理水平段长范围 2500～2750m、垂深 3500～4000m 气井合理水平段长范围 2250～2500m、垂深 4000～4500m 气井合理水平段长范围 2000～2250m。随垂深增加，气井合理技术经济水平段长总体呈下降趋势。

综合分布频率统计方法和不同垂深气井水平段长单因素分析方法，在不考虑加砂强度影响下，垂深 3000～3500m 气井合理技术经济水平段长范围 2500～2750m、垂深 3500～4000m 合理技术经济水平段长范围 2000～2500m、垂深 4000～4500m 气井合理技术经济水平段长范围 2000～2250m、垂深 4500～5000m 合理技术经济水平段长范围 1750～2000m。由于垂深 4500～5000m 气井样本数较少，其合理技术经济水平段长根据其他垂深范围气井变化趋势进行了预测处理。由于总体受限于现有钻完井及大规模分段体积压裂技术及装备的限制，随垂深增加，气井合理技术经济水平段长呈下降趋势。

7.2　测深

页岩气水平井测深也直接影响气井开发效果。气藏开发过程中，钻完井及大规模分段体积压裂设计中都需要考虑气井测深参数。页岩气水平井测深与钻完井和压裂装备作业能力直接相关。随气井测深增加，钻完井和压裂作业难度增加。因此，需要根据已有钻完井和压裂装备作业能力和气藏特征寻求合理气井测深范围，使其既能够满足气藏开发经济技术需求，又能够满足钻完井和压裂设备的作业能力。

本节主要针对 Haynesville 深层页岩气藏投产气井进行统计分析，通过不同统计维度分析页岩气井合理测深范围。引入百米段长 EUR 作为技术指标、单位钻压成本产气量作为经济指标同时评价不同测深气井开发效果。前述开发效果影响因素分析显示，水平井开发技术和经济指标受多重因素影响，加砂强度和垂深是影响气井开发效果的主控因素。因此，本节主要采用两种统计方法分析气井合理测深范围，分别为分布频率统计方法和单因素统计分析方法。分布频率统计方法是指将不同垂深范围气井按照技术指标和经济指标排序，选取前 25% 气井对应测深做统计频率分析，初步确定气井合理测深范围。单因素统计分析方法是指对不同垂深范围内不同测深气井技术和经济指标进行综合统计分析，确定合理测深范围。

针对 Haynesville 深层页岩气藏不同垂深范围气井合理技术测深及经济测深进行统计分析。选取百米段长 EUR 排序前 25% 气井对应测深为合理技术测深散点数据，选取单位钻压成本产气量前 25% 气井对应测深为合理经济测深散点数据。图 7-7 给出了 Haynesville 页岩气藏不同垂深范围气井合理技术和经济测深统计分布。

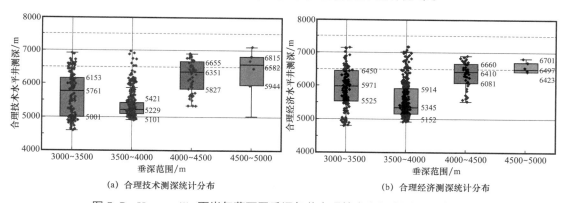

(a) 合理技术测深统计分布　　　　　　　(b) 合理经济测深统计分布

图 7-7　Haynesville 页岩气藏不同垂深气井合理技术和经济测深统计分布

图 7-7（a）给出了 Haynesville 页岩气藏不同垂深气井合理技术测深统计分布。垂深 3000～3500m 统计百米段长 EUR 排序前 25% 气井 157 口，统计平均测深 5685m、P25 测深 5001m、P50 测深 5761m、P75 测深 6153m。垂深 3500～4000m 统计百米段长 EUR 排序前 25% 气井 382 口，统计平均测深 5358m、P25 测深 5101m、P50 测深 5229m、P75 测深 5421m。垂深 4000～4500m 统计百米段长 EUR 排序前 25% 气井 51 口，统计平均测深 6234m、P25 测深 5827m、P50 测深 6351m、P75 测深 6655m。垂深 4500～5000m 统计百米段长 EUR 排序前 25% 气井 6 口，统计平均测深 6341m、P25 测深 5944m、P50 测深 6582m、P75 测深 6815m。

图 7-7（b）给出了 Haynesville 页岩气藏不同垂深气井合理经济测深统计分布。垂深

3000～3500m 统计单位钻压成本产气量排序前 25% 气井 157 口，统计平均测深 5933m、P25 测深 5525m、P50 测深 5971m、P75 测深 6450m。垂深 3500～4000m 统计单位钻压成本产气量排序前 25% 气井 382 口，统计平均测深 5558m、P25 测深 5152m、P50 测深 5345m、P75 测深 5914m。垂深 4000～4500m 统计单位钻压成本产气量排序前 25% 气井 51 口，统计平均测深 6290m、P25 测深 6081m、P50 测深 6410m、P75 测深 6660m。垂深 4500～5000m 统计单位钻压成本产气量排序前 25% 气井 6 口，统计平均测深 6326m、P25 测深 6423m、P50 测深 6497m、P75 测深 6701m。

将不同垂深范围气井对应合理技术及经济测深统计范围进行叠加，确定合理技术经济测深范围。图 7-8 给出了 Haynesville 页岩气藏不同垂深气井合理技术与经济测深叠加图。垂深 3000～3500m 合理技术测深范围 5001～6153m、合理经济测深范围 5525～6450m。综合确定合理技术经济测深下限为 5525m、上限为 6153m。根据分布频率统计方法确定垂深 3000～3500m 气井合理技术经济测深范围 5525～6153m。垂深 3500～4000m 合理技术测深范围 5101～5421m、合理经济测深范围 5152～5914m。综合确定合理技术经济测深下限为 5152m、上限为 5914m。根据分布频率统计方法确定垂深 3500～4000m 气井合理技术经济测深范围 5152～5914m。垂深 4000～4500m 合理技术测深范围 5827～6655m、合理经济测深范围 6081～6660m。综合确定合理技术经济测深下限为 6081m、上限为 6655m。根据分布频率统计方法确定垂深 4000～4500m 气井合理技术经济测深范围 6081～6655m。垂深 4500～5000m 合理技术测深范围 5944～6815m、合理经济测深范围 6423～6701m。综合确定合理技术经济测深下限为 6423m、上限为 6701m。根据分布频率统计方法确定垂深 4500～5000m 气井合理技术经济测深范围 6423～6701m。由于垂深 4500～5000m 气井样本数较少，统计合理技术经济测深范围具备一定不确定性。

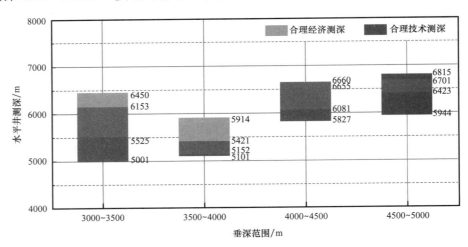

图 7-8　Haynesville 页岩气藏不同垂深气井合理技术与经济测深叠加图

在分布频率统计方法基础上，继续沿用垂深 3000～3500m、3500～4000m、4000～4500m 和 4500～5000m 分类方式，对不同测深水平井开发效果进行单因素综合统计分析。水平井测深范围按照小于4500m、4500～5000m、5000～5500m、5500～6000m、6000～6500m、6500～7000m和大于7000m进行区间划分。由于垂深4500～5000m气井数量较少，未进行不同测深气井开发指标统计分析。

图7-9给出了Haynesville页岩气藏给定垂深范围不同测深水平井综合百米段长EUR统计曲线。垂深3000～3500m气井，测深小于4500m统计气井7口，综合百米段长EUR为1220×10⁴m³/100m。测深4500～5000m统计气井236口，综合百米段长EUR为901×10⁴m³/100m。测深5000～5500m统计气井143口，综合百米段长EUR为892×10⁴m³/100m。测深5500～6000m统计气井119口，综合百米段长EUR为1017×10⁴m³/100m。测深6000～6500m统计气井69口，综合百米段长EUR为1142×10⁴m³/100m。测深6500～7000m统计气井46口，综合百米段长EUR为1175×10⁴m³/100m。测深超过7000m统计气井9口，综合百米段长EUR为971×10⁴m³/100m。

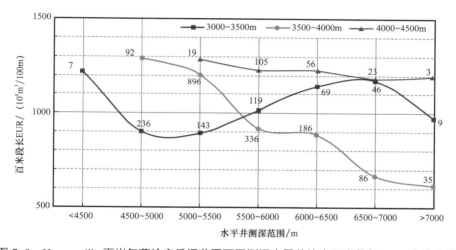

图7-9 Haynesville页岩气藏给定垂深范围不同测深水平井综合百米段长EUR统计曲线

垂深3500～4000m气井，测深4500～5000m统计气井92口，综合百米段长EUR为1293×10⁴m³/100m。测深5000～5500m统计气井896口，综合百米段长EUR为1206×10⁴m³/100m。测深5500～6000m统计气井336口，综合百米段长EUR为918×10⁴m³/100m。测深6000～6500m统计气井186口，综合百米段长EUR为885×10⁴m³/100m。测深6500～7000m统计气井86口，综合百米段长EUR为668×10⁴m³/100m。测深超过7000m统计气井35口，综合百米段长EUR为614×10⁴m³/100m。

垂深4000～4500m气井，测深5000～5500m统计气井19口，综合百米段长EUR为1290×10⁴m³/100m。测深5500～6000m统计气井105口，综合百米段长EUR为1232×10⁴m³/100m。测深6000～6500m统计气井56口，综合百米段长EUR为1230×10⁴m³/100m。测深6500～7000m统计气井23口，综合百米段长EUR为1187×10⁴m³/100m。测深超过7000m统计气井3口，综合百米段长EUR为1200×10⁴m³/100m。

给定垂深范围内，不同测深水平井综合百米段长EUR统计曲线显示，随气井测深增加，百米段长 EUR 总体呈下降趋势。垂深 3500～4000m 和 4000～4500m 气井统计结果符合下降趋势。垂深 3000～3500m 气井统计规律呈波动变化趋势。仅通过综合百米段长 EUR 技术指标难以判断气井合理测深范围。

图 7-10 给出了 Haynesville 页岩气藏给定垂深范围不同测深气井综合单位钻压成本产气量统计曲线。垂深 3000～3500m 气井，测深小于 4500m 统计气井 7 口，综合单位钻压成本产气量为 10.9m³/ 美元。测深 4500～5000m 统计气井 236 口，综合单位钻压成本产气量为 15.0m³/ 美元。测深 5000～5500m 统计气井 143 口，综合单位钻压成本产气量为 17.8m³/ 美元。测深 5500～6000m 统计气井 119 口，综合单位钻压成本产气量为 25.3m³/ 美元。测深 6000～6500m 统计气井 69 口，综合单位钻压成本产气量为 25.8m³/ 美元。测深 6500～7000m 统计气井 46 口，综合单位钻压成本产气量为 22.6m³/ 美元。测深超过 7000m 统计气井 9 口，综合单位钻压成本产气量为 20.1m³/ 美元。

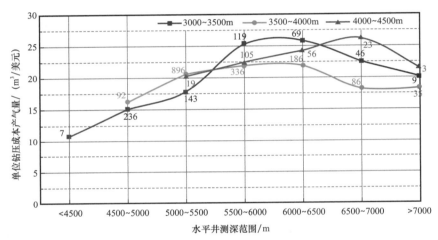

图 7-10　Haynesville 页岩气藏给定垂深范围不同测深水平井综合单位钻压成本产气量统计曲线

垂深 3500～4000m 气井，测深 4500～5000m 统计气井 92 口，综合单位钻压成本产气量为 16.3m³/ 美元。测深 5000～5500m 统计气井 896 口，综合单位钻压成本产气量为 20.3m³/ 美元。测深 5500～6000m 统计气井 336 口，综合单位钻压成本产气量为 21.9m³/ 美元。测深 6000～6500m 统计气井 186 口，综合单位钻压成本产气量为 21.9m³/ 美元。测深 6500～7000m 统计气井 86 口，综合单位钻压成本产气量为 18.3m³/ 美元。测深超过 7000m 统计气井 35 口，综合单位钻压成本产气量为 18.3m³/ 美元。

垂深 4000～4500m 气井，测深 5000～5500m 统计气井 19 口，综合单位钻压成本产气量为 20.2m³/ 美元。测深 5500～6000m 统计气井 105 口，综合单位钻压成本产气量为 22.5m³/USD。测深 6000～6500m 统计气井 56 口，综合单位钻压成本产气量为 24.3m³/ 美元。测深 6500～7000m 统计气井 23 口，综合单位钻压成本产气量为 26.1m³/ 美元。测深超过 7000m 统计气井 3 口，综合单位钻压成本产气量为 21.5m³/ 美元。

确定垂深范围内，不同测深水平井综合单位钻压成本产气量统计结果显示，随水平井测深增加，综合单位钻压成本产气量整体呈先上升后下降趋势。综合单位钻压成本产气量与水平井测深存在合理匹配关系。垂深 3000～3500m 气井，综合单位钻压成本产气量峰值对应水平井测深范围为 6000～6500m。垂深 3500～4000m 气井，综合单位钻压成本产气量峰值对应水平井测深范围为 5500～6500m。垂深 4000～4500m 气井，综合单位钻压成本产气量峰值对应水平井测深范围为 6500～7000m。

综合分布频率统计和不同垂深气井水平井测深单因素分析方法，在不考虑加砂强度影响下，垂深 3000～3500m 气井合理技术经济测深范围 6000～6200m。尽管根据频率统计和单因素分析法给出垂深 3500～4000m 气井的合理技术经济测深范围为 5500～6000m，综合考虑其他垂深气井合理气井测深及总体变化趋势，修正垂深 3500～4000m 气井的合理技术经济测深范围为 6000～6500m。垂深 4000～4500m 气井的合理技术经济测深范围为 6500～6700m。结合现有统计结果推测垂深 4500～5000m 气井的合理技术经济测深范围为 6500～7000m。基于频率统计和给定垂深范围气井不同测深单因素统计分析结果未考虑气藏地质特征等因素的差异，合理技术经济测深范围存在一定不确定性。

7.3　水垂比

页岩气水平井钻完井工程设计中通常使用水垂比参数用于方案设计。水垂比是指水平井水平段长与垂深的比值。随水垂比增加，钻完井施工难度随之增加。在给定钻完井设备和技术条件下，通常存在合理的水垂比便于有效钻完井工程作业和压裂作业。

本节主要针对 Haynesville 深层页岩气藏投产气井进行统计分析，通过不同统计维度分析页岩气井合理水垂比范围。引入百米段长 EUR 作为技术指标、单位钻压成本产气量作为经济指标同时评价不同水垂比气井开发效果。前述开发效果影响因素分析显示，水平井开发技术和经济指标受多重因素影响，加砂强度和垂深是影响气井开发效果的主控因素。因此，本节主要采用两种统计方法分析气井合理水垂比范围，分别为分布频率统计方法和单因素统计分析方法。分布频率统计方法是指将不同垂深范围气井按照技术指标和经济指标排序，选取前 25% 气井对应水垂比做统计频率分析，初步确定气井合理水垂比范围。单因素统计分析方法是指对不同垂深范围内不同水垂比气井技术和经济指标进行综合统计分析，确定合理水垂比范围。

针对 Haynesville 深层页岩气藏不同垂深范围气井合理技术水垂比及经济水垂比进行统计分析。选取百米段长 EUR 排序前 25% 气井对应水垂比为合理技术水垂比散点数据，选取单位钻压成本产气量前 25% 气井对应水垂比为合理经济水垂比散点数据。图 7-11 给出了 Haynesville 页岩气藏不同垂深范围气井合理技术和经济水垂比统计分布。

图 7-11（a）给出了 Haynesville 页岩气藏不同垂深气井合理技术水垂比统计分布。垂深 3000～3500m 统计百米段长 EUR 排序前 25% 气井 159 口，统计平均水垂比 0.64、P25 水垂比 0.43、P50 水垂比 0.65、P75 水垂比 0.80。垂深 3500～4000m 统计百米段长 EUR 排序前 25% 气井 385 口，统计平均水垂比 0.43、P25 水垂比 0.38、P50 水垂比 0.40、P75

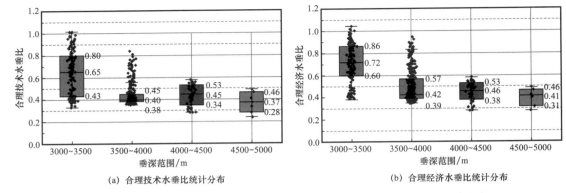

(a) 合理技术水垂比统计分布　　　　　　　　(b) 合理经济水垂比统计分布

图 7-11　Haynesville 页岩气藏不同垂深气井合理技术和经济水垂比统计分布

水垂比 0.45。垂深 4000~4500m 统计百米段长 EUR 排序前 25% 气井 52 口，统计平均水垂比 0.44、P25 水垂比 0.34、P50 水垂比 0.45、P75 水垂比 0.53。垂深 4500~5000m 统计百米段长 EUR 排序前 25% 气井 6 口，统计平均水垂比 0.37、P25 水垂比 0.28、P50 水垂比 0.37、P75 水垂比 0.46。

图 7-11（b）给出了 Haynesville 页岩气藏不同垂深气井合理经济水垂比统计分布。垂深 3000~3500m 统计单位钻压成本产气量排序前 25% 气井 159 口，统计平均水垂比 0.72、P25 水垂比 0.60、P50 水垂比 0.72、P75 水垂比 0.86。垂深 3500~4000m 统计单位钻压成本产气量排序前 25% 气井 385 口，统计平均水垂比 0.48、P25 水垂比 0.39、P50 水垂比 0.42、P75 水垂比 0.57。垂深 4000~4500m 统计单位钻压成本产气量排序前 25% 气井 52 口，统计平均水垂比 0.46、P25 水垂比 0.38、P50 水垂比 0.46、P75 水垂比 0.53。垂深 4500~5000m 统计单位钻压成本产气量排序前 25% 气井 6 口，统计平均水垂比 0.39、P25 水垂比 0.31、P50 水垂比 0.41、P75 水垂比 0.46。

将不同垂深范围气井对应合理技术及经济水垂比统计范围进行叠加，确定合理技术经济水垂比范围。图 7-12 给出了 Haynesville 页岩气藏不同垂深气井合理技术与经济水垂比叠加图。垂深 3000~3500m 合理技术水垂比范围 0.43~0.80、合理经济水垂比范围 0.60~0.86。综合确定合理技术经济水垂比下限为 0.60、上限为 0.80。根据分布频率统计方法确定垂深 3000~3500m 气井合理技术经济水垂比范围 0.60~0.80。垂深 3500~4000m 合理技术水垂比范围 0.38~0.45、合理经济水垂比范围 0.39~0.57。综合确定合理技术经济水垂比下限为 0.39、上限为 0.45。根据分布频率统计方法确定垂深 3500~4000m 气井合理技术经济水垂比范围 0.39~0.45。垂深 4000~4500m 合理技术水垂比范围 0.34~0.53、合理经济水垂比范围 0.38~0.53。综合确定合理技术经济水垂比下限为 0.38、上限为 0.53。根据分布频率统计方法确定垂深 4000~4500m 气井合理技术经济水垂比范围 0.38~0.53。垂深 4500~5000m 合理技术水垂比范围 0.28~0.46、合理经济水垂比范围 0.31~0.46m。综合确定合理技术经济水垂比下限为 0.31、上限为 0.46。根据分布频率统计方法确定垂深 4500~5000m 气井合理技术经济水垂比范围 0.31~0.46。由于垂深 4500~5000m 气井样本数较少，统计合理技术经济水垂比范围具备一定不确定性。

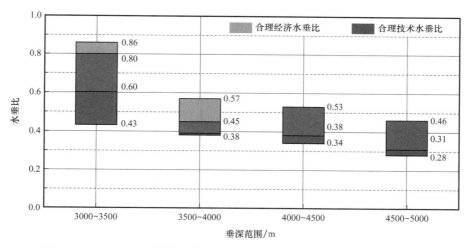

图 7-12 Haynesville 页岩气藏不同垂深气井合理技术与经济水垂比叠加图

在分布频率统计方法基础上，继续沿用垂深 3000~3500m、3500~4000m、4000~4500m 和 4500~5000m 分类方式，对不同水垂比水平井开发效果进行单因素综合统计分析。水平井水垂比范围按照 0.00~0.10、0.10~0.20、0.20~0.30、0.30~0.40、0.40~0.50、0.50~0.60、0.60~0.70、0.70~0.80、0.80~0.90、0.90~1.00 和水垂比大于 1.0 进行区间划分。由于垂深 4500~5000m 气井数量较少，未进行不同水垂比气井开发指标统计分析。

图 7-13 给出了 Haynesville 页岩气藏给定垂深范围不同水垂比气井综合百米段长 EUR 统计曲线。垂深 3000~3500m 气井，水垂比 0.20~0.30 统计气井 2 口，综合百米段长 EUR 为 $1151 \times 10^4 m^3/100m$。水垂比 0.30~0.40 统计气井 83 口，综合

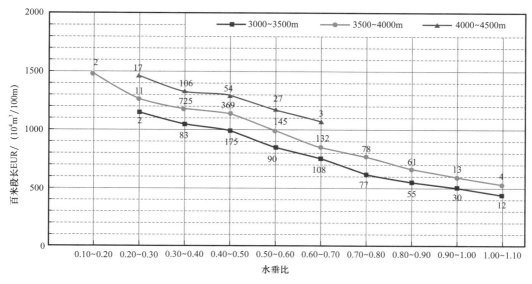

图 7-13 Haynesville 页岩气藏给定垂深范围不同水垂比气井综合百米段长 EUR 统计曲线

百米段长 EUR 为 $1050 \times 10^4 m^3/100m$。水垂比 $0.40 \sim 0.50$ 统计气井 175 口，综合百米段长 EUR 为 $991 \times 10^4 m^3/100m$。水垂比 $0.50 \sim 0.60$ 统计气井 90 口，综合百米段长 EUR 为 $854 \times 10^4 m^3/100m$。水垂比 $0.60 \sim 0.70$ 统计气井 108 口，综合百米段长 EUR 为 $752 \times 10^4 m^3/100m$。水垂比 $0.70 \sim 0.80$ 统计气井 77 口，综合百米段长 EUR 为 $623 \times 10^4 m^3/100m$。水垂比 $0.80 \sim 0.90$ 统计气井 55 口，综合百米段长 EUR 为 $555 \times 10^4 m^3/100m$。水垂比 $0.90 \sim 1.00$ 统计气井 30 口，综合百米段长 EUR 为 $509 \times 10^4 m^3/100m$。水垂比超过 1.00 统计气井 12 口，综合百米段长 EUR 为 $446 \times 10^4 m^3/100m$。

垂深 $3500 \sim 4000m$ 气井，水垂比 $0.10 \sim 0.20$ 统计气井 2 口，综合百米段长 EUR 为 $1485 \times 10^4 m^3/100m$。水垂比 $0.20 \sim 0.30$ 统计气井 11 口，综合百米段长 EUR 为 $1265 \times 10^4 m^3/100m$。水垂比 $0.30 \sim 0.40$ 统计气井 725 口，综合百米段长 EUR 为 $1184 \times 10^4 m^3/100m$。水垂比 $0.40 \sim 0.50$ 统计气井 369 口，综合百米段长 EUR 为 $1133 \times 10^4 m^3/100m$。水垂比 $0.50 \sim 0.60$ 统计气井 145 口，综合百米段长 EUR 为 $993 \times 10^4 m^3/100m$。水垂比 $0.60 \sim 0.70$ 统计气井 132 口，综合百米段长 EUR 为 $855 \times 10^4 m^3/100m$。水垂比 $0.70 \sim 0.80$ 统计气井 78 口，综合百米段长 EUR 为 $769 \times 10^4 m^3/100m$。水垂比 $0.80 \sim 0.90$ 统计气井 61 口，综合百米段长 EUR 为 $670 \times 10^4 m^3/100m$。水垂比 $0.90 \sim 1.00$ 统计气井 13 口，综合百米段长 EUR 为 $595 \times 10^4 m^3/100m$。水垂比超过 1.00 统计气井 4 口，综合百米段长 EUR 为 $533 \times 10^4 m^3/100m$。

垂深 $4000 \sim 4500m$ 气井，水垂比 $0.20 \sim 0.30$ 统计气井 17 口，综合百米段长 EUR 为 $1467 \times 10^4 m^3/100m$。水垂比 $0.30 \sim 0.40$ 统计气井 106 口，综合百米段长 EUR 为 $1329 \times 10^4 m^3/100m$。水垂比 $0.40 \sim 0.50$ 统计气井 54 口，综合百米段长 EUR 为 $1295 \times 10^4 m^3/100m$。水垂比 $0.50 \sim 0.60$ 统计气井 27 口，综合百米段长 EUR 为 $1168 \times 10^4 m^3/100m$。水垂比 $0.60 \sim 0.70$ 统计气井 3 口，综合百米段长 EUR 为 $1077 \times 10^4 m^3/100m$。

给定垂深范围内，不同水垂比水平井综合百米段长 EUR 统计曲线显示，随气井水垂比增加，百米段长 EUR 总体呈下降趋势。仅通过综合百米段长 EUR 技术指标难以判断气井合理水垂比范围。

图 7-14 给出了 Haynesville 页岩气藏给定垂深范围不同水垂比气井综合单位钻压成本产气量统计曲线。垂深 $3000 \sim 3500m$ 气井，水垂比 $0.20 \sim 0.30$ 统计气井 2 口，综合单位钻压成本产气量为 $14.2 m^3/$ 美元。水垂比 $0.30 \sim 0.40$ 统计气井 83 口，综合单位钻压成本产气量为 $15.3 m^3/$ 美元。水垂比 $0.40 \sim 0.50$ 统计气井 175 口，综合单位钻压成本产气量为 $16.9 m^3/$ 美元。水垂比 $0.50 \sim 0.60$ 统计气井 90 口，综合单位钻压成本产气量为 $19.4 m^3/$ 美元。水垂比 $0.60 \sim 0.70$ 统计气井 108 口，综合单位钻压成本产气量为 $21.0 m^3/$ 美元。水垂比 $0.70 \sim 0.80$ 统计气井 77 口，综合单位钻压成本产气量为 $22.8 m^3/$ 美元。水垂比 $0.80 \sim 0.90$ 统计气井 55 口，综合单位钻压成本产气量为 $21.6 m^3/$ 美元。水垂比 $0.90 \sim 1.00$ 统计气井 30 口，综合单位钻压成本产气量为 $20.1 m^3/$ 美元。水垂比超过 1.00 统计气井 12 口，综合单位钻压成本产气量为 $18.5 m^3/$ 美元。

垂深 $3500 \sim 4000m$ 气井，水垂比 $0.10 \sim 0.20$ 统计气井 2 口，综合单位钻压成本产气量为 $14.3 m^3/$ 美元。水垂比 $0.20 \sim 0.30$ 统计气井 11 口，综合单位钻压成本产气量为

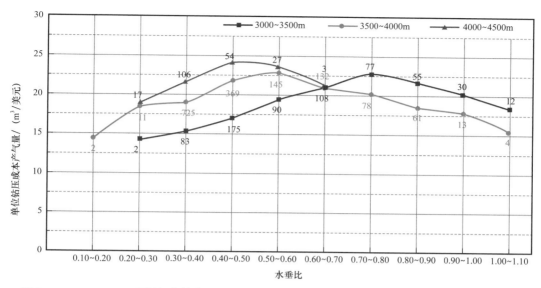

图 7-14　Haynesville 页岩气藏给定垂深范围不同水垂比气井综合单位钻压成本产气量统计曲线

18.3m³/ 美元。水垂比 0.30～0.40 统计气井 725 口，综合单位钻压成本产气量为 19.0m³/ 美元。水垂比 0.40～0.50 统计气井 369 口，综合单位钻压成本产气量为 21.6m³/ 美元。水垂比 0.50～0.60 统计气井 145 口，综合单位钻压成本产气量为 22.7m³/ 美元。水垂比 0.60～0.70 统计气井 132 口，综合单位钻压成本产气量为 20.9m³/ 美元。水垂比 0.70～0.80 统计气井 78 口，综合单位钻压成本产气量为 20.1m³/ 美元。水垂比 0.80～0.90 统计气井 61 口，综合单位钻压成本产气量为 18.5m³/ 美元。水垂比 0.90～1.00 统计气井 13 口，综合单位钻压成本产气量为 17.8m³/ 美元。水垂比超过 1.00 统计气井 4 口，综合单位钻压成本产气量为 15.4m³/ 美元。

垂深 4000～4500m 气井，水垂比 0.20～0.30 统计气井 17 口，综合单位钻压成本产气量为 18.9m³/ 美元。水垂比 0.30～0.40 统计气井 106 口，综合单位钻压成本产气量为 21.5m³/ 美元。水垂比 0.40～0.50 统计气井 54 口，综合单位钻压成本产气量为 24.0m³/ 美元。水垂比 0.50～0.60 统计气井 27 口，综合单位钻压成本产气量为 23.4m³/ 美元。水垂比 0.60～0.70 统计气井 3 口，综合单位钻压成本产气量为 21.1m³/ 美元。

确定垂深范围内，不同水垂比水平井综合单位钻压成本产气量统计结果显示，随水平井水垂比增加，综合单位钻压成本产气量整体呈先上升后下降趋势。综合单位钻压成本产气量与水平井水垂比存在合理匹配关系。垂深 3000～3500m 气井，综合单位钻压成本产气量峰值对应水平井水垂比范围为 0.70～0.80。垂深 3500～4000m 气井，综合单位钻压成本产气量峰值对应水平井水垂比范围为 0.50～0.60。垂深 4000～4500m 气井，综合单位钻压成本产气量峰值对应水平井水垂比范围为 0.40～0.50。

综合分布频率统计和不同垂深气井水平井水垂比单因素分析方法，在不考虑加砂强度影响下，垂深 3000～3500m 气井合理技术经济水垂比范围 0.60～0.80、垂深

3500～4000m 气井合理技术经济水垂比范围 0.40～0.60、垂深 4000～4500m 气井合理技术经济水垂比范围 0.40～0.50。结合现有统计结果推测垂深 4500～5000m 气井合理技术经济水垂比范围 0.30～0.40。基于频率统计和给定垂深范围气井不同水垂比单因素统计分析结果未考虑气藏地质特征等因素的差异，合理技术经济水垂比范围存在一定不确定性。

7.4　平均段间距

平均段间距是指页岩气水平井分段压裂过程中相邻段间的平均间距。页岩气水平井分段压裂能够根据页岩储层性质及施工条件构建多条相互独立的人工裂缝改善渗流条件，进而提高页岩气水平井产能。平均段间距主要受页岩储层物性和压裂施工条件影响，也直接影响气井产能及压裂成本。随平均段间距缩小，气井压裂段数增加，单井压裂成本呈增加趋势。适当缩小压裂平均段间距有利于精细压裂设计和施工，能够确保储层得到有效改造，进而获得更高的单井产量和最终可采储量。

本节主要针对 Haynesville 深层页岩气藏投产气井进行统计分析，通过不同统计维度分析页岩气井合理段间距范围。引入百米段长 EUR 作为技术指标，引入单位钻压成本产气量作为经济指标同时评价不同段间距气井开发效果。前述开发效果影响因素分析显示，水平井开发技术和经济指标受多重因素影响，加砂强度和垂深是影响气井开发效果的主控因素。因此，本节主要采用两种统计方法分析气井合理段间距范围，分别为分布频率统计方法和单因素统计分析方法。分布频率统计方法是指将不同垂深范围气井按照技术指标和经济指标排序，选取前 25% 气井对应段间距做统计频率分析，初步确定气井合理段间距范围。单因素统计分析方法是指对不同垂深范围内不同段间距气井技术和经济指标进行综合统计分析，确定合理段间距范围。

针对 Haynesville 深层页岩气藏不同垂深范围气井合理技术段间距及经济段间距进行统计分析。选取百米段长 EUR 排序前 25% 气井对应段间距为合理技术段间距散点数据，选取单位钻压成本产气量前 25% 气井对应段间距为合理经济段间距散点数据。图 7-15 给出了 Haynesville 页岩气藏不同垂深范围气井合理技术和经济段间距统计分布。

图 7-15（a）给出了 Haynesville 页岩气藏不同垂深气井合理技术段间距统计分布。垂深 3000～3500m 统计百米段长 EUR 排序前 25% 气井 58 口，统计平均段间距 85m、P25 段间距 52m、P50 段间距 76m、P75 段间距 107m。垂深 3500～4000m 统计百米段长 EUR 排序前 25% 气井 358 口，统计平均段间距 81m、P25 段间距 51m、P50 段间距 75m、P75 段间距 111m。垂深 4000～4500m 统计百米段长 EUR 排序前 25% 气井 26 口，统计平均段间距 68m、P25 段间距 53m、P50 段间距 70m、P75 段间距 87m。

图 7-15（b）给出了 Haynesville 页岩气藏不同垂深气井合理经济段间距统计分布。垂深 3000～3500m 统计单位钻压成本产气量排序前 25% 气井 58 口，统计平均段间距 76m、P25 段间距 51m、P50 段间距 58m、P75 段间距 101m。垂深 3500～4000m 统计单位钻压

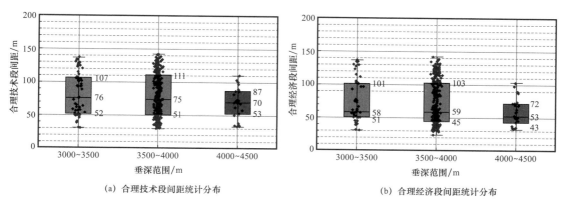

(a) 合理技术段间距统计分布　　　　　　(b) 合理经济段间距统计分布

图 7-15　Haynesville 页岩气藏不同垂深气井合理技术和经济段间距统计分布

成本产气量排序前 25% 气井 358 口，统计平均段间距 73m、P25 段间距 45m、P50 段间距 59m、P75 段间距 103m。垂深 4000～4500m 统计单位钻压成本产气量排序前 25% 气井 26 口，统计平均段间距 58m、P25 段间距 43m、P50 段间距 53m、P75 段间距 72m。

　　将不同垂深范围气井对应合理技术及经济段间距统计范围进行叠加，确定合理技术经济段间距范围。图 7-16 给出了 Haynesville 页岩气藏不同垂深气井合理技术与经济段间距叠加图。垂深 3000～3500m 合理技术段间距范围 52～107m、合理经济段间距范围 51～101m。综合确定合理技术经济段间距下限为 52m、上限为 101m。根据分布频率统计方法确定垂深 3000～3500m 气井合理技术经济段间距范围 52～101m。垂深 3500～4000m 合理技术段间距范围 51～111m、合理经济段间距范围 45～103m。综合确定合理技术经济段间距下限为 51m、上限为 103m。根据分布频率统计方法确定垂深 3500～4000m 气井合理技术经济段间距范围 51～103m。垂深 4000～4500m 合理技术段间距范围 53～87m、合理经济段间距范围 43～72m。综合确定合理技术经济段间距下限为 53m、上限为 72m。根据分布频率统计方法确定垂深 4000～4500m 气井合理技术经济段间距范围 53～72m。由于垂深 4500～5000m 气井样本数较少，未进行段间距频率分布统计。

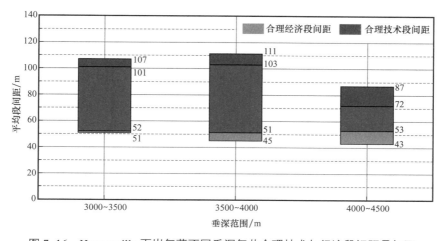

图 7-16　Haynesville 页岩气藏不同垂深气井合理技术与经济段间距叠加图

在分布频率统计方法基础上，继续沿用垂深3000～3500m、3500～4000m、4000～4500m 和4500～5000m 分类方式，对不同段间距水平井开发效果进行单因素综合统计分析。水平井段间距范围按照 20～30m、30～40m、40～50m、50～60m、60～70m、70～80m、80～90m、90～100m、100～110m、110～120m 和段间距大于 120m 进行区间划分。由于垂深 4500～5000m 气井数量较少，未进行不同段间距气井开发指标统计分析。

图 7-17 给出了 Haynesville 页岩气藏给定垂深范围不同段间距气井综合百米段长 EUR 统计曲线。垂深 3000～3500m 气井，段间距 30～40m 统计气井 12 口，综合百米段长 EUR 为 $970 \times 10^4 m^3/100m$。段间距 40～50m 统计气井 25 口，综合百米段长 EUR 为 $1041 \times 10^4 m^3/100m$。段间距 50～60m 统计气井 27 口，综合百米段长 EUR 为 $1213 \times 10^4 m^3/100m$。段间距 60～70m 统计气井 9 口，综合百米段长 EUR 为 $1099 \times 10^4 m^3/100m$。段间距 70～80m 统计气井 13 口，综合百米段长 EUR 为 $992 \times 10^4 m^3/100m$。段间距 80～90m 统计气井 5 口，综合百米段长 EUR 为 $950 \times 10^4 m^3/100m$。段间距 90～100m 统计气井 19 口，综合百米段长 EUR 为 $969 \times 10^4 m^3/100m$。段间距 100～110m 统计气井 34 口，综合百米段长 EUR 为 $976 \times 10^4 m^3/100m$。段间距 110～120m 统计气井 36 口，综合百米段长 EUR 为 $867 \times 10^4 m^3/100m$。段间距大于 120m 统计气井 52 口，综合百米段长 EUR 为 $814 \times 10^4 m^3/100m$。

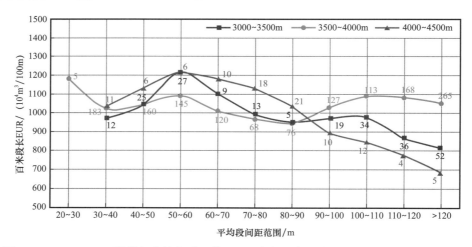

图 7-17　Haynesville 页岩气藏给定垂深范围不同段间距气井综合百米段长 EUR 统计曲线

垂深 3500～4000m 气井，段间距 20～30m 统计气井 5 口，综合百米段长 EUR 为 $1177 \times 10^4 m^3/100m$。段间距 30～40m 统计气井 183 口，综合百米段长 EUR 为 $1019 \times 10^4 m^3/100m$。段间距 40～50m 统计气井 160 口，综合百米段长 EUR 为 $1042 \times 10^4 m^3/100m$。段间距 50～60m 统计气井 145 口，综合百米段长 EUR 为 $1088 \times 10^4 m^3/100m$。段间距 60～70m 统计气井 120 口，综合百米段长 EUR 为 $1006 \times 10^4 m^3/100m$。段间距 70～80m 统计气井 68 口，综合百米段长 EUR 为 $968 \times 10^4 m^3/100m$。段间距 80～90m 统计气井 76 口，综合百米段长 EUR 为 $944 \times 10^4 m^3/100m$。段间距 90～100m 统计气井 127 口，综合百米段长 EUR 为 $1027 \times 10^4 m^3/100m$。段间

距 100~110m 统计气井 113 口，综合百米段长 EUR 为 1086×10⁴m³/100m。段间距 110~120m 统计气井 168 口，综合百米段长 EUR 为 1082×10⁴m³/100m。段间距大于 120m 统计气井 265 口，综合百米段长 EUR 为 1049×10⁴m³/100m。

垂深 4000~4500m 气井，段间距 30~40m 统计气井 11 口，综合百米段长 EUR 为 1029×10⁴m³/100m。段间距 40~50m 统计气井 6 口，综合百米段长 EUR 为 1127×10⁴m³/100m。段间距 50~60m 统计气井 6 口，综合百米段长 EUR 为 1209×10⁴m³/100m。段间距 60~70m 统计气井 10 口，综合百米段长 EUR 为 1178×10⁴m³/100m。段间距 70~80m 统计气井 18 口，综合百米段长 EUR 为 1126×10⁴m³/100m。段间距 80~90m 统计气井 21 口，综合百米段长 EUR 为 1031×10⁴m³/100m。段间距 90~100m 统计气井 10 口，综合百米段长 EUR 为 893×10⁴m³/100m。段间距 100~110m 统计气井 12 口，综合百米段长 EUR 为 844×10⁴m³/100m。段间距 110~120m 统计气井 4 口，综合百米段长 EUR 为 772×10⁴m³/100m。段间距大于 120m 统计气井 5 口，综合百米段长 EUR 为 681×10⁴m³/100m。

给定垂深范围内，不同段间距水平井综合百米段长 EUR 统计曲线显示，随气井段间距增加，百米段长 EUR 总体呈先上升后下降的趋势。相同段间距条件下，随垂深增加，百米段长 EUR 总体呈增加趋势。不同垂深范围气井百米段长 EUR 峰值对应平均段间距范围均为 50~60m。

图 7-18 给出了 Haynesville 页岩气藏给定垂深范围不同段间距气井综合单位钻压成本产气量统计曲线。垂深 3000~3500m 气井，段间距 30~40m 统计气井 12 口，综合单位钻压成本产气量为 24.2m³/美元。段间距 40~50m 统计气井 25 口，综合单位钻压成本产气量为 25.6m³/美元。段间距 50~60m 统计气井 27 口，综合单位钻压成本产气量为 29.8m³/美元。段间距 60~70m 统计气井 9 口，综合单位钻压成本产气量为 27.8m³/美元。段间距 70~80m 统计气井 13 口，综合单位钻压成本产气量为 23.9m³/美元。段间距 80~90m 统计气井 5 口，综合单位钻压成本产气量为 20.0m³/美元。段间距 90~100m 统计气井 19 口，综合单位钻压成本产气量为 18.0m³/美元。段间距 100~110m 统计气井 34 口，综合

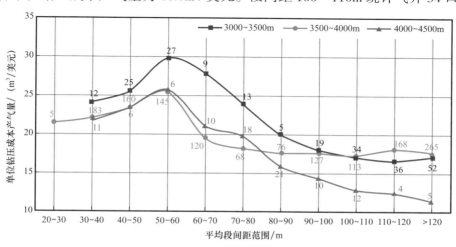

图 7-18　Haynesville 页岩气藏给定垂深范围不同段间距气井综合单位钻压成本产气量统计曲线

单位钻压成本产气量为 17.1m³/ 美元。段间距 110～120m 统计气井 36 口，综合单位钻压成本产气量为 16.6m³/ 美元。段间距大于 120m 统计气井 52 口，综合单位钻压成本产气量为 17.1m³/ 美元。

垂深 3500～4000m 气井，段间距 20～30m 统计气井 5 口，综合单位钻压成本产气量为 21.5m³/ 美元。段间距 30～40m 统计气井 183 口，综合单位钻压成本产气量为 22.0m³/ 美元。段间距 40～50m 统计气井 160 口，综合单位钻压成本产气量为 23.4m³/ 美元。段间距 50～60m 统计气井 145 口，综合单位钻压成本产气量为 25.4m³/ 美元。段间距 60～70m 统计气井 120 口，综合单位钻压成本产气量为 19.5m³/ 美元。段间距 70～80m 统计气井 68 口，综合单位钻压成本产气量为 18.2m³/ 美元。段间距 80～90m 统计气井 76 口，综合单位钻压成本产气量为 17.6m³/ 美元。段间距 90～100m 统计气井 127 口，综合单位钻压成本产气量为 17.6m³/ 美元。段间距 100～110m 统计气井 113 口，综合单位钻压成本产气量为 17.2m³/ 美元。段间距 110～120m 统计气井 168 口，综合单位钻压成本产气量为 18.0m³/ 美元。段间距大于 120m 统计气井 265 口，综合单位钻压成本产气量为 17.6m³/ 美元。

垂深 4000～4500m 气井，段间距 30～40m 统计气井 11 口，综合单位钻压成本产气量为 21.7m³/ 美元。段间距 40～50m 统计气井 6 口，综合单位钻压成本产气量为 23.3m³/ 美元。段间距 50～60m 统计气井 6 口，综合单位钻压成本产气量为 25.7m³/ 美元。段间距 60～70m 统计气井 10 口，综合单位钻压成本产气量为 21.0m³/ 美元。段间距 70～80m 统计气井 18 口，综合单位钻压成本产气量为 19.7m³/ 美元。段间距 80～90m 统计气井 21 口，综合单位钻压成本产气量为 15.8m³/ 美元。段间距 90～100m 统计气井 10 口，综合单位钻压成本产气量为 14.3m³/ 美元。段间距 100～110m 统计气井 12 口，综合单位钻压成本产气量为 12.8m³/ 美元。段间距 110～120m 统计气井 4 口，综合单位钻压成本产气量为 12.4m³/ 美元。段间距大于 120m 统计气井 5 口，综合单位钻压成本产气量为 11.3m³/ 美元。

确定垂深范围内，不同段间距水平井综合单位钻压成本产气量统计结果显示，随水平井段间距增加，综合单位钻压成本产气量整体呈先上升后下降趋势。综合单位钻压成本产气量与水平井段间距存在合理匹配关系。垂深 3000～3500m 气井，综合单位钻压成本产气量峰值对应水平井段间距范围为 50～60m。垂深 3500～4000m 气井，综合单位钻压成本产气量峰值对应水平井段间距范围为 50～60m。垂深 4000～4500m 气井，综合单位钻压成本产气量峰值对应水平井段间距范围为 50～60m。

综合分布频率统计和不同垂深气井水平井段间距单因素分析方法，在不考虑加砂强度影响下，垂深 3000～3500m、3500～4000m 和 4000～4500m 气井合理技术经济段间距范围均为 50～60m。结合现有统计结果推测垂深 4500～5000m 气井合理技术经济段间距范围 50～60m。基于频率统计和给定垂深范围气井不同段间距单因素统计分析结果未考虑气藏地质特征等因素的差异，合理技术经济段间距范围存在一定不确定性。

7.5　加砂强度

加砂强度是指单位段长支撑剂量，一定程度上反映了水平井分段压裂强度。加砂强度是页岩气水平井分段压裂核心参数之一。目前较为普遍的认识是提高加砂强度能够有助于提高单井产量。图 7-1 中百米段长 EUR 与单位钻压成本产气量影响因素相关系数矩阵也显示，加砂强度是百米段长 EUR 和单位钻压成本产气量的关键影响因素。由于加砂强度和用液强度具备强相关性，本章重点针对加砂强度进行分析。

本节主要针对 Haynesville 深层页岩气藏投产气井进行统计分析，通过不同维度统计分析页岩气井合理加砂强度范围。引入百米段长 EUR 作为技术指标、单位钻压成本产气量作为经济指标同时评价不同加砂强度气井开发效果。前述开发效果影响因素分析显示，水平井开发技术和经济指标受多重因素影响，加砂强度和垂深是影响气井开发效果的主控因素。因此，本节主要采用两种统计方法分析气井合理加砂强度范围，分别为分布频率统计方法和单因素统计分析方法。分布频率统计方法是指将不同垂深范围气井按照技术指标和经济指标排序，选取前 25% 气井对应加砂强度做统计频率分析，初步确定气井合理加砂强度范围。单因素统计分析方法是指对不同垂深范围内不同加砂强度气井技术和经济指标进行综合统计分析，确定合理加砂强度范围。

针对 Haynesville 深层页岩气藏不同垂深范围气井合理技术加砂强度及经济加砂强度进行统计分析。选取百米段长 EUR 排序前 25% 气井对应加砂强度为合理技术加砂强度散点数据，选取单位钻压成本产气量前 25% 气井对应加砂强度为合理经济加砂强度散点数据。图 7-19 给出了 Haynesville 页岩气藏不同垂深范围气井合理技术和经济加砂强度统计分布。

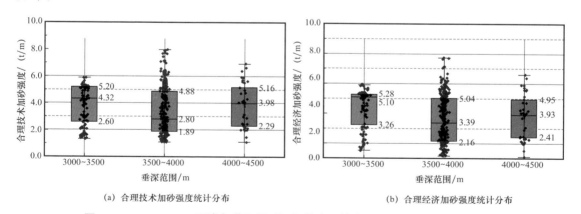

(a) 合理技术加砂强度统计分布　　　　　　　(b) 合理经济加砂强度统计分布

图 7-19　Haynesville 页岩气藏不同垂深气井合理技术和经济加砂强度统计分布

图 7-19 （a）给出了 Haynesville 页岩气藏不同垂深气井合理技术加砂强度统计分布。垂深 3000～3500m 统计百米段长 EUR 排序前 25% 气井 127 口，统计平均加砂强度 4.10t/m、P25 加砂强度 2.60t/m、P50 加砂强度 4.32t/m、P75 加砂强度 5.20t/m。垂深

3500~4000m 统计百米段长 EUR 排序前 25% 气井 312 口，统计平均加砂强度 3.35t/m、P25 加砂强度 1.89t/m、P50 加砂强度 2.80t/m、P75 加砂强度 4.88t/m。垂深 4000~4500m 统计百米段长 EUR 排序前 25% 气井 39 口，统计平均加砂强度 3.85t/m、P25 加砂强度 2.29t/m、P50 加砂强度 3.98t/m、P75 加砂强度 5.16t/m。

图 7–19（b）给出了 Haynesville 页岩气藏不同垂深气井合理经济加砂强度统计分布。垂深 3000~3500m 统计单位钻压成本产气量排序前 25% 气井 127 口，统计平均加砂强度 4.48t/m、P25 加砂强度 3.26t/m、P50 加砂强度 5.10t/m、P75 加砂强度 5.28t/m。垂深 3500~4000m 统计单位钻压成本产气量排序前 25% 气井 312 口，统计平均加砂强度 3.55t/m、P25 加砂强度 2.16t/m、P50 加砂强度 3.39t/m、P75 加砂强度 5.04t/m。垂深 4000~4500m 统计单位钻压成本产气量排序前 25% 气井 39 口，统计平均加砂强度 3.64t/m、P25 加砂强度 2.41t/m、P50 加砂强度 3.93t/m、P75 加砂强度 4.95t/m。

将不同垂深范围气井对应合理技术及经济加砂强度统计范围进行叠加，确定合理技术经济加砂强度范围。图 7–20 给出了 Haynesville 页岩气藏不同垂深气井合理技术与经济加砂强度叠加图。垂深 3000~3500m 合理技术加砂强度范围 2.60~5.20t/m、合理经济加砂强度范围 3.26~5.28t/m。综合确定合理技术经济加砂强度下限为 3.26t/m、上限为 5.20t/m。根据分布频率统计方法确定垂深 3000~3500m 气井合理技术经济加砂强度范围 3.26~5.20t/m。垂深 3500~4000m 合理技术加砂强度范围 1.89~4.88t/m、合理经济加砂强度范围 2.16~5.04t/m。综合确定合理技术经济加砂强度下限为 2.16t/m、上限为 4.88t/m。根据分布频率统计方法确定垂深 3500~4000m 气井合理技术经济加砂强度范围 2.16~4.88t/m。垂深 4000~4500m 合理技术加砂强度范围 2.29~5.16t/m、合理经济加砂强度范围 2.41~4.95t/m。综合确定合理技术经济加砂强度下限为 2.41t/m、上限为 4.95t/m。根据分布频率统计方法确定垂深 4000~4500m 气井合理技术经济加砂强度范围 2.41~4.95t/m。由于垂深 4500~5000m 气井样本数较少，未进行加砂强度频率分布统计。

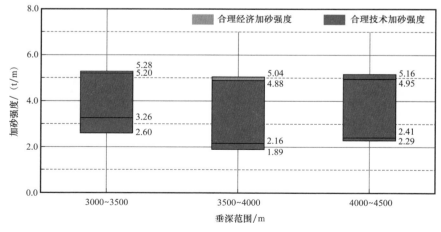

图 7–20　Haynesville 页岩气藏不同垂深气井合理技术与经济加砂强度叠加图

在分布频率统计方法基础上，继续沿用垂深3000～3500m、3500～4000m、4000～4500m和4500～5000m分类方式，对不同加砂强度水平井开发效果进行单因素综合统计分析。水平井加砂强度范围按照0.0～1.0t/m、1.0～2.0t/m、2.0～3.0t/m、3.0～4.0t/m、4.0～5.0t/m、5.0～6.0t/m和加砂强度大于6.0t/m进行区间划分。由于垂深4500～5000m气井数量较少，未进行不同加砂强度气井开发指标统计分析。

图7-21给出了Haynesville页岩气藏给定垂深范围不同加砂强度气井综合百米段长EUR统计曲线。垂深3000～3500m气井，加砂强度1.0～2.0t/m统计气井63口，综合百米段长EUR为$953 \times 10^4 m^3/100m$。加砂强度2.0～3.0t/m统计气井61口，综合百米段长EUR为$984 \times 10^4 m^3/100m$。加砂强度3.0～4.0t/m统计气井24口，综合百米段长EUR为$1105 \times 10^4 m^3/100m$。加砂强度4.0～5.0t/m统计气井20口，综合百米段长EUR为$1189 \times 10^4 m^3/100m$。加砂强度5.0～6.0t/m统计气井20口，综合百米段长EUR为$1209 \times 10^4 m^3/100m$。加砂强度超过6.0t/m统计气井7口，综合百米段长EUR为$1369 \times 10^4 m^3/100m$。

垂深3500～4000m气井，加砂强度0.0～1.0t/m统计气井7口，综合百米段长EUR为$978 \times 10^4 m^3/100m$。加砂强度1.0～2.0t/m统计气井341口，综合百米段长EUR为$1035 \times 10^4 m^3/100m$。加砂强度2.0～3.0t/m统计气井349口，综合百米段长EUR为$1055 \times 10^4 m^3/100m$。加砂强度3.0～4.0t/m统计气井121口，综合百米段长EUR为$1052 \times 10^4 m^3/100m$。加砂强度4.0～5.0t/m统计气井150口，综合百米段长EUR为$1063 \times 10^4 m^3/100m$。加砂强度5.0～6.0t/m统计气井147口，综合百米段长EUR为$1031 \times 10^4 m^3/100m$。加砂强度超过6.0t/m统计气井62口，综合百米段长EUR为$1259 \times 10^4 m^3/100m$。

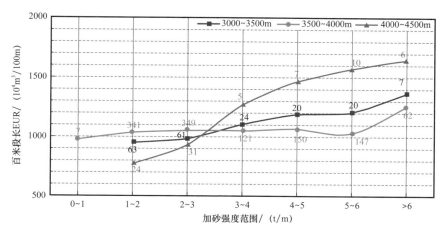

图7-21 Haynesville页岩气藏给定垂深范围不同加砂强度综合百米段长EUR统计曲线

垂深4000～4500m气井，加砂强度1.0～2.0t/m统计气井24口，综合百米段长EUR为$773 \times 10^4 m^3/100m$。加砂强度2.0～3.0t/m统计气井31口，综合百米段长EUR为$932 \times 10^4 m^3/100m$。加砂强度3.0～4.0t/m统计气井5口，综合百米段长EUR为$1266 \times 10^4 m^3/100m$。加砂强度4.0～5.0t/m统计气井7口，综合百米段长EUR为$1463 \times 10^4 m^3/100m$。加砂强

度 5.0~6.0t/m 统计气井 10 口,综合百米段长 EUR 为 $1571 \times 10^4 m^3/100m$。加砂强度超过 6.0t/m 统计气井 6 口,综合百米段长 EUR 为 $1644 \times 10^4 m^3/100m$。

给定垂深范围内,不同加砂强度水平井综合百米段长 EUR 统计曲线显示,随加砂强度增加,百米段长 EUR 总体呈增加趋势。相同加砂强度条件下,随垂深增加,百米段长 EUR 总体呈增加趋势。不同垂深范围内气井加砂强度与百米段长 EUR 统计曲线存在交叉现象。垂深 4000~4500m 气井在加砂强度低于 3.0t/m 时,气井开发效果较差。统计曲线表现为随垂深增加,合理加砂强度范围增加。

图 7-22 给出了 Haynesville 页岩气藏给定垂深范围不同加砂强度气井综合单位钻压成本产气量统计曲线。垂深 3000~3500m 气井,加砂强度 1.0~2.0t/m 统计气井 63 口,综合单位钻压成本产气量为 $16.7m^3/$ 美元。加砂强度 2.0~3.0t/m 统计气井 61 口,综合单位钻压成本产气量为 $17.0m^3/$ 美元。加砂强度 3.0~4.0t/m 统计气井 24 口,综合单位钻压成本产气量为 $20.1m^3/$ 美元。加砂强度 4.0~5.0t/m 统计气井 20 口,综合单位钻压成本产气量为 $35.0m^3/$ 美元。加砂强度 5.0~6.0t/m 统计气井 20 口,综合单位钻压成本产气量为 $32.7m^3/$ 美元。加砂强度超过 6.0t/m 统计气井 7 口,综合单位钻压成本产气量为 $28.2m^3/$ 美元。

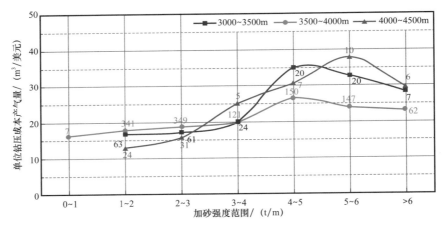

图 7-22　Haynesville 页岩气藏给定垂深范围不同加砂强度综合单位钻压成本产气量统计曲线

垂深 3500~4000m 气井,加砂强度 0.0~1.0t/m 统计气井 7 口,综合单位钻压成本产气量为 $16.0m^3/$ 美元。加砂强度 1.0~2.0t/m 统计气井 341 口,综合单位钻压成本产气量为 $17.8m^3/$ 美元。加砂强度 2.0~3.0t/m 统计气井 349 口,综合单位钻压成本产气量为 $18.8m^3/$ 美元。加砂强度 3.0~4.0t/m 统计气井 121 口,综合单位钻压成本产气量为 $20.1m^3/$ 美元。加砂强度 4.0~5.0t/m 统计气井 150 口,综合单位钻压成本产气量为 $26.3m^3/$ 美元。加砂强度 5.0~6.0t/m 统计气井 147 口,综合单位钻压成本产气量为 $23.9m^3/$ 美元。加砂强度超过 6.0t/m 统计气井 62 口,综合单位钻压成本产气量为 $23.0m^3/$ 美元。

垂深 4000~4500m 气井,加砂强度 1.0~2.0t/m 统计气井 24 口,综合单位钻压成本产气量为 $12.9m^3/$ 美元。加砂强度 2.0~3.0t/m 统计气井 31 口,综合单位钻压成本产气量为 $15.7m^3/$ 美元。加砂强度 3.0~4.0t/m 统计气井 5 口,综合单位钻压成本产气量为

25.0m³/ 美元。加砂强度 4.0~5.0t/m 统计气井 7 口，综合单位钻压成本产气量为 30.6m³/ 美元。加砂强度 5.0~6.0t/m 统计气井 10 口，综合单位钻压成本产气量为 37.8m³/ 美元。加砂强度超过 6.0t/m 统计气井 6 口，综合单位钻压成本产气量为 29.5m³/ 美元。

确定垂深范围内，不同加砂强度水平井综合单位钻压成本产气量统计结果显示，随加砂强度增加，综合单位钻压成本产气量整体呈先上升后下降趋势。综合单位钻压成本产气量与水平井加砂强度存在合理匹配关系。垂深 3000~3500m 气井，综合单位钻压成本产气量峰值对应水平井加砂强度范围为 4.0~5.0t/m。垂深 3500~4000m 气井，综合单位钻压成本产气量峰值对应水平井加砂强度范围为 4.0~5.0t/m。垂深 4000~4500m 气井，综合单位钻压成本产气量峰值对应水平井加砂强度范围为 5.0~6.0t/m。

综合分布频率统计和不同垂深气井水平井加砂强度单因素分析方法，垂深 3000~3500m 和 3500~4000m 气井合理加砂强度范围 4.0~5.0t/m。垂深 4000~4500m 气井合理技术经济加砂强度范围均为 5.0~6.0t/m。结合现有统计结果推测垂深 4500~5000m 气井合理技术经济加砂强度范围 5.0~6.0t/m。基于频率统计和给定垂深范围气井不同加砂强度单因素统计分析结果未考虑气藏地质特征等因素的差异，合理技术经济加砂强度范围存在一定不确定性。

7.6　小结

本章重点针对 Haynesville 深层高温高压高产页岩气藏气井水平段长、测深、水垂比、平均段间距和加砂强度进行了分析。引入综合百米段长 EUR 作为关键技术指标、综合单位钻压成本产气量作为关键经济效益指标，综合分析评价不同垂深气井合理开发技术政策（表 7-1）。页岩气藏开发技术政策受气藏地质特征、工程技术设备和技术条件、天然气价格等经济条件等多重因素影响。不同时段和不同技术条件下，气藏开发技术政策也随之变化。本章针对 Haynesville 页岩气藏合理水平段长、测深范围、水垂比、平均段间距和加砂强度进行了初步分析，由于影响因素分析过程中未考虑气藏地质特征变化趋势及多因素叠加影响，合理开发技术政策结果存在一定不确定性。部分开发技术政策分析来源于大量已投产气井，对同类型气藏具备一定参考价值。

表 7-1　Haynesville 页岩气藏合理开发技术政策统计表

垂深范围 /m	3000~3500	3500~4000	4000~4500	4500~5000
水平段长 /m	2500~2750	2000~2500	2000~2250	1750~2000
测深 /m	6000~6200	6000~6500	6500~6700	6500~7000
水垂比	0.60~0.80	0.40~0.60	0.40~0.50	0.30~0.40
平均段间距 /m	50~60	50~60	50~60	50~60
加砂强度 /（t/m）	4.0~5.0	4.0~5.0	5.0~6.0	5.0~6.0

第8章 展　　望

　　Haynesville 页岩气藏以开采页岩气为主，该气藏为北美地区典型高温高压高产页岩气藏。气藏垂深主体位于 3000～4500m，地质特征与我国四川盆地长宁、威远、昭通、涪陵、泸州区块相似，储层整体呈现超压特征。按照目前国内针对页岩气藏垂深分类方法以 2000m 和 3500m 为界线，Haynesville 页岩气藏属于中深层—深层页岩气藏。表 8-1 给出了 Haynesville 页岩气藏特征参数表。作为目前世界上最大产量规模的深层高温高压页岩气藏，Haynesville 页岩气藏开发特征可为国内四川盆地海相中深层和深层页岩气开发提供参考借鉴。

表 8-1　Haynesville 页岩气藏特征参数表

气藏特征	描述
所属盆地	Texas–Louisiana Salt Basin
地理位置	Texas、Louisiana
气藏面积	$2.4 \times 10^4 km^2$
地质储量	$20.3 \times 10^{12} m^3$
技术可采储量	$2.1 \times 10^{12}～8.2 \times 10^{12} m^3$
储量丰度	$16.4 \times 10^8～27.3 \times 10^8 m^3/km^2$
沉积环境	深水陆棚
地层厚度	15～135m，储层厚度 45～107m
矿物组成	钙质硅质含量大于 60%，黏土矿物含量 25%～35%，方解石 5%～30%
力学特征	杨氏模量 6900～24000MPa，泊松比 0.21～0.3
有机碳含量	TOC 为 2%～6%，平均 3.0%
热成熟度	R_o 为 2.2%～3.2%，平均 2.8%
地层压力系数	1.8～2.0
地层压力	69～80MPa
地层温度	145～200℃
钻遇深度	3000～5000m，主体位于 3000～4500m
储层孔隙度	岩心孔隙度 4%～11%，测井孔隙度 8%～10%，平均 8.5%

续表

气藏特征	描述
储层渗透率	1.0～1000nD
含气饱和度	80%～85%
含气量	2.8～9.4m³/t，平均游离气含量占比80%，吸附气含量占比20%

通过 Haynesville 页岩气藏水平井钻完井、分段压裂、开发指标、开发成本及合理开发技术政策探讨，主要获得以下认识：

（1）垂深是页岩气藏关键开发指标，图8-1给出了 Haynesville 页岩气藏水平井百米段长 EUR 随垂深统计曲线。统计结果显示，随垂深增加，相同加砂强度条件下气井百米段长 EUR 整体呈线性增加规律。其他条件保持恒定时，气藏压力和含气量呈线性增加，气井开发指标呈线性增加规律。随垂深增加，原始地层温度、地层压力、岩石力学性质、破裂压力和闭合压力等特征参数呈增加趋势，这也为深层页岩气开发带来了诸多挑战。因此，不同垂深气井需探索针对性的开发技术政策。

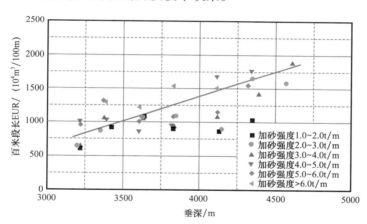

图8-1 Haynesville 页岩气藏水平井百米段长 EUR 与垂深统计曲线

（2）不同垂深页岩气井水平段长与加砂强度存在合理匹配关系。Haynesville 页岩气藏不同垂深气井水平段长与加砂强度分析结果显示随水平段长增加，技术指标百米段长 EUR 整体呈下降趋势，经济指标单位钻压成本产气量呈先上升后下降趋势，水平段长和加砂强度存在合理匹配关系。

图8-2给出了 Haynesville 页岩气藏垂深3000～3500m气井水平段长与加砂强度图版。水平段长低于1500m时，随加砂强度增加，技术指标百米段长 EUR 呈增加趋势，经济指标单位钻压成本产气量呈下降趋势，加砂强度保持在1.0～2.0t/m范围内即可实现最大经济效益。水平段长1500～1750m时，经济指标综合单位钻压成本产气量峰值对应加砂强度范围为2.0～3.0t/m。水平段长1750～2000m和2000～2250m时，经济指标综合单位钻压成本产气量峰值对应加砂强度范围为3.0～4.0t/m。水平段长2250～2500m

时，经济指标综合单位钻压成本产气量峰值对应加砂强度范围为 4.0～5.0t/m。水平段长 2500～2750m 时，经济指标综合单位钻压成本产气量峰值对应加砂强度范围为 5.0～6.0t/m。随水平段长增加，合理加砂强度呈增加趋势。由此预测，水平段长超过 2750m 时，需要更高的合理加砂强度范围。

图 8-3 给出了垂深 Haynesville 页岩气藏垂深 3500～4000m 气井水平段长与加砂强度图版。水平段长低于 1000～1250m 时，随加砂强度增加，技术指标百米段长 EUR 呈增加趋势，经济指标单位钻压成本产气量呈下降趋势，加砂强度保持在 1.0～2.0t/m 范围内即可实现最大经济效益。水平段长 1250～1500m 和 1500～1750m 时，经济指标综合单位钻压成本产气量峰值对应加砂强度范围为 2.0～3.0t/m。水平段长 1750～2000m 和 2000～2250m 时，经济指标综合单位钻压成本产气量峰值对应加砂强度范围为 3.0～4.0t/m。水平段长 2250～2500m 时，经济指标综合单位钻压成本产气量峰值对应加砂强度范围为 4.0～5.0t/m。水平段长 2500～2750m 时，经济指标综合单位钻压成本产气量峰值对应加砂强度范围为 5.0～6.0t/m。随水平段长增加，合理加砂强度呈增加趋势。由此预测，水平段长超过 2750m 时，需要更高的合理加砂强度范围。

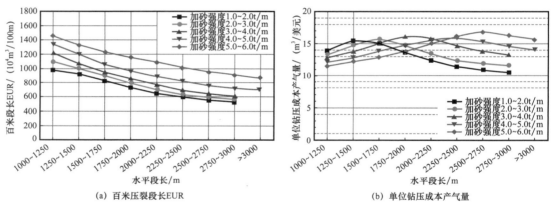

(a) 百米压裂段长EUR   (b) 单位钻压成本产气量

图 8-2　Haynesville 页岩气藏垂深 3000～3500m 气井水平段长与加砂强度图版

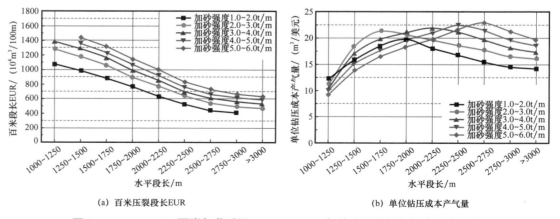

(a) 百米压裂段长EUR   (b) 单位钻压成本产气量

图 8-3　Haynesville 页岩气藏垂深 3500～4000m 气井水平段长与加砂强度图版

　　根据不同垂深页岩气藏水平井水平段长与加砂强度统计结果，将实际统计合理水平段长与加砂强度数据点绘制散点图。根据实际统计数据散点变化规律近似绘制 Haynesville 页岩气藏不同垂深范围水平井合理水平段长与加砂强度匹配关系图版（图 8-4）。图版显示加砂强度恒定时，随垂深增加，气井合理水平段长呈缩短趋势。垂深范围保持恒定时，加砂强度与合理水平段长存在匹配关系，随加砂强度增加合理水平段长呈增加趋势。

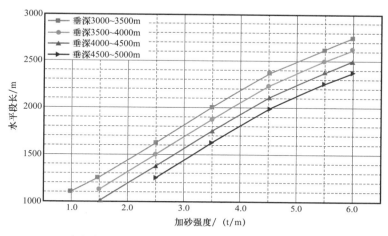

图 8-4　Haynesville 页岩气藏不同垂深范围水平井合理水平段长与合理加砂强度匹配关系图版

　　（3）标准指标学习曲线。页岩气水平井水垂比、平均段间距、加砂强度、用液强度、钻完井成本占单井钻压成本比例、压裂成本占单井钻压成本比例、单段压裂成本、百米段长压裂成本、百吨砂量 EUR、百米段长 EUR 和单位钻压成本产气量可作为标准指标用于不同气藏间进行横向对比分析。

　　表 8-2 给出了 Haynesville 页岩气藏垂深 3000～3500m 气井不同年度标准指标统计 P25、P50 和 P75 值。根据 P50 值统计结果，目前 Haynesville 页岩气藏垂深 3000～3500m 气井钻井水垂比逐年呈增加趋势，2020 年水垂比稳定在 0.91。水平井分段压裂平均段间距由初期超过 100m 逐年下降至 2019 年的 46m。加砂强度呈逐年增加趋势，加砂强度由初期 2.05t/m 增加至 2020 年 5.29t/m。用液强度由初期 16.5m^3/m 逐年增加至 2020 年的 51.3m^3/m。单井钻完井压裂总成本中，钻完井成本占比 32.8%～47.6%，压裂成本占比 52.4%～67.2%，2020 年钻完井成本占比 35.8%、压裂成本占比 64.2%。单段压裂成本由初期 45.3 万美元 / 段逐年下降至 2019 年的 10.4 万美元 / 段。百米段长压裂成本总体呈下降趋势，百米段长压裂成本由初期 37.2 万美元 /100m 上升至 2020 年的 20.6 万美元 /100m。百吨砂量 EUR 分布在（189～399）× 10^4m^3/100t，2020 年气井百吨砂量 EUR 为 275 × 10^4m^3/100t。百米段长 EUR 整体呈逐年增加趋势，由初期 660 × 10^4m^3/100m 增加至 2020 年的 1013 × 10^4m^3/100m。单位钻压成本产气量呈逐年上升趋势，表明开发成本逐年下降，单位钻压成本产气量由初期 13.4m^3/ 美元逐年上升至 2020 年的 34.3m^3/ 美元。

表 8-2 Haynesville 页岩气藏垂深 3000～3500m 水平井历年标准指标统计表

年份	统计方式	2011	2012	2013	2014	2015	2016	2017	2018	2019	2020
水垂比	P25	0.39	0.43	0.42	0.47	0.49	0.49	0.65	0.71	0.64	0.85
	P50	0.41	0.51	0.51	0.58	0.63	0.67	0.74	0.81	0.83	0.91
	P75	0.45	0.58	0.64	0.66	0.67	0.72	0.84	0.88	0.90	0.94
平均段间距 / m	P25	103	102	94	52	73	50	44	39	44	—
	P50	114	106	102	78	75	52	45	44	46	—
	P75	124	116	113	93	102	61	54	48	49	—
加砂强度 / t/m	P25	1.75	1.97	1.85	2.39	2.75	4.81	4.54	4.99	5.18	4.75
	P50	2.05	3.39	2.47	2.55	4.14	5.21	5.25	5.20	5.29	5.29
	P75	2.42	3.65	2.61	2.64	4.48	6.16	5.66	5.38	5.39	5.31
用液强度 / m^3/m	P25	13.8	16.9	18.5	23.8	29.9	34.4	35.6	36.2	42.9	43.8
	P50	16.5	18.3	25.3	26.1	31.7	36.6	39.7	44.3	49.7	51.3
	P75	20.2	23.9	27.0	28.2	39.0	39.0	43.6	48.8	52.1	51.8
钻完井成本占钻压成本比例	P25	35.9%	39.3%	36.4%	40.6%	33.3%	30.8%	34.8%	37.5%	40.8%	34.6%
	P50	38.3%	43.9%	43.3%	47.6%	39.9%	32.8%	39.6%	46.5%	44.5%	35.8%
	P75	42.5%	50.4%	55.7%	56.2%	44.0%	35.7%	47.1%	56.3%	52.7%	45.2%
压裂成本占钻压成本比例	P25	64.1%	60.7%	63.6%	59.4%	66.7%	69.2%	65.2%	62.5%	59.2%	65.4%
	P50	61.7%	56.1%	56.7%	52.4%	60.1%	67.2%	60.4%	53.5%	55.5%	64.2%
	P75	57.5%	49.6%	44.3%	43.8%	56.0%	64.3%	52.9%	43.7%	47.3%	54.8%
单段压裂成本 / 万美元 / 段	P25	37.2	30.3	31.3	9.5	16.2	12.4	9.8	8.8	10.3	—
	P50	45.3	31.1	32.1	10.9	22.3	13.5	13.0	9.1	10.4	—
	P75	51.9	41.4	34.7	26.4	26.7	15.7	14.3	11.1	10.5	—
百米段长压裂成本 / 万美元 /100m	P25	32.5	27.9	25.4	18.4	16.9	23.2	18.0	16.7	17.3	19.5
	P50	37.2	29.8	28.0	23.5	21.3	25.8	20.3	19.9	18.3	20.6
	P75	42.9	31.9	32.9	27.6	31.0	44.0	22.9	22.9	20.4	21.7
百吨砂量 EUR/ $10^4 m^3$/100t	P25	292	153	221	221	284	150	123	166	161	208
	P50	399	189	287	270	308	319	216	213	240	275
	P75	519	345	369	444	363	371	311	287	291	315
百米段长 EUR/ $10^4 m^3$/100m	P25	635	517	496	549	944	760	737	761	697	658
	P50	858	660	696	797	1132	1245	1125	1066	1066	1013
	P75	1074	766	889	1006	1365	1470	1380	1462	1479	1415

年份	统计方式	2011	2012	2013	2014	2015	2016	2017	2018	2019	2020
单位钻压 成本产气量 / m³/ 美元	P25	10.2	9.1	10.2	11.7	19.3	15.4	20.7	21.9	26.4	17.8
	P50	13.4	11.2	12.6	15.1	23.7	23.1	29.4	28.3	36.5	34.3
	P75	17.7	13.3	17.7	20.6	35.4	38.8	40.7	39.2	46.5	43.0

表 8-3 给出了 Haynesville 页岩气藏垂深 3500～4000m 气井不同年度标准指标统计 P25、P50 和 P75 值。根据 P50 值统计结果，目前 Haynesville 页岩气藏垂深 3500～4000m 气井钻井水垂比逐年呈增加趋势，2020 年水垂比稳定在 0.78。水平井分段压裂平均段间距由初期超过 100m 逐年下降至 2020 年的 42m。加砂强度呈逐年增加趋势，加砂强度由初期 1.63t/m 增加至 2019 年 5.30t/m。用液强度由初期 14.1m³/m 增加至 2019 年的 43.3m³/m。单井钻完井压裂总成本中，钻完井成本占比 33.4%～47.2%，压裂成本占比 52.8%～66.6%，2020 年钻完井成本占比 35.2%、压裂成本占比 64.8%。单段压裂成本由初期 39.1 万美元 / 段逐年下降至 2020 年的 12.7 万美元 / 段。百米段长压裂成本总体呈下降趋势，百米段长压裂成本由初期 37.3 万美元 /100m 下降至 2020 年的 23.9 万美元 /100m。百 吨 砂 量 EUR 分 布 在（158～548）× $10^4 m^3$/100t，2019 年 气 井 百 吨 砂 量 EUR 为 162 × $10^4 m^3$/100t。百米段长 EUR 整体呈下降趋势，由初期 913 × $10^4 m^3$/100m 下降至 2020 年的 610 × $10^4 m^3$/100m。单位钻压成本产气量呈先上升后下降趋势，2019 年单位钻压成本产量为 15.0m³/ 美元。

表 8-3　Haynesville 页岩气藏垂深 3500～4000m 水平井历年标准指标统计表

年份	统计方式	2011	2012	2013	2014	2015	2016	2017	2018	2019	2020
水垂比	P25	0.36	0.37	0.38	0.39	0.40	0.40	0.45	0.46	0.44	0.51
	P50	0.38	0.39	0.41	0.45	0.49	0.61	0.59	0.62	0.63	0.78
	P75	0.40	0.41	0.46	0.49	0.59	0.69	0.73	0.77	0.80	0.83
平均段间距 / m	P25	91	104	84	85	64	36	38	37	39	42
	P50	109	122	101	98	70	44	45	44	44	42
	P75	121	131	118	121	83	52	55	50	48	42
加砂强度 / t/m	P25	1.52	1.19	1.58	2.08	2.35	4.24	4.19	4.19	4.41	—
	P50	1.95	1.63	2.05	2.30	3.51	4.91	5.00	5.04	5.30	—
	P75	2.64	1.97	2.79	2.64	5.15	5.50	5.40	5.49	5.97	—
用液强度 / m³/m	P25	12.0	9.4	11.7	14.5	18.8	30.0	28.7	29.0	34.8	—
	P50	14.9	14.1	18.2	18.2	25.2	39.6	35.2	37.8	43.3	—
	P75	20.0	20.1	24.8	22.8	35.6	44.4	39.6	43.0	51.8	—

年份	统计方式	2011	2012	2013	2014	2015	2016	2017	2018	2019	2020
钻完井成本占钻压成本比例	P25	35.8%	35.3%	37.3%	39.3%	40.1%	30.1%	33.5%	34.0%	39.4%	30.4%
	P50	40.3%	39.2%	42.7%	47.2%	46.4%	33.4%	38.9%	38.7%	44.1%	35.2%
	P75	44.3%	41.2%	48.2%	54.6%	58.1%	37.6%	45.6%	43.1%	53.2%	41.3%
压裂成本占钻压成本比例	P25	64.2%	64.7%	62.7%	60.7%	59.9%	69.9%	66.5%	66.0%	60.6%	69.6%
	P50	59.7%	60.8%	57.3%	52.8%	53.6%	66.6%	61.1%	61.3%	55.9%	64.8%
	P75	55.7%	58.8%	51.8%	45.4%	41.9%	62.4%	54.4%	56.9%	46.8%	58.7%
单段压裂成本 / 万美元 / 段	P25	32.9	42.3	24.6	17.8	13.2	8.1	8.3	8.5	9.3	12.7
	P50	39.1	47.3	31.2	26.1	16.2	12.3	11.3	10.5	10.5	12.7
	P75	45.7	52.6	37.0	33.9	19.6	16.7	14.1	12.7	11.6	12.7
百米段长压裂成本 / 万美元 /100m	P25	32.3	33.8	24.8	18.0	16.6	21.9	18.8	21.0	19.6	20.3
	P50	37.3	37.8	30.5	25.3	23.2	28.3	22.9	23.5	22.2	23.9
	P75	44.6	44.8	35.3	33.9	27.6	33.0	28.1	27.0	27.2	25.4
百吨砂量 EUR/ $10^4 m^3$/100t	P25	294	365	300	273	146	158	86	111	99	—
	P50	443	548	428	370	213	198	170	158	162	—
	P75	729	837	668	499	371	298	275	230	295	—
百米段长 EUR/ $10^4 m^3$/100m	P25	608	609	660	684	624	738	551	464	354	367
	P50	913	941	1030	898	858	973	853	774	588	610
	P75	1384	1527	1341	1171	1254	1493	1226	1242	934	859
单位钻压成本产气量 / m^3/ 美元	P25	9.9	9.8	13.3	12.5	13.2	16.6	12.6	12.7	9.4	—
	P50	15.6	14.1	19.0	17.9	18.8	26.8	21.5	19.3	15.0	—
	P75	22.0	23.9	27.4	27.3	26.9	34.9	33.4	29.2	26.6	—

表 8-4 给出了 Haynesville 页岩气藏垂深 4000～4500m 气井不同年度标准指标统计 P25、P50 和 P75 值。根据 P50 值统计结果，目前 Haynesville 页岩气藏垂深 4000～4500m 气井钻井水垂比逐年呈增加趋势，2020 年水垂比稳定在 0.67。水平井分段压裂平均段间距由初期接近 100m 逐年下降至 2019 年的 41m。加砂强度呈逐年增加趋势，加砂强度由初期 1.97t/m 增加至 2019 年 5.95t/m。用液强度由初期 18.3m³/m 逐年增加至 2019 年的 39.3m³/m。单井钻完井压裂总成本中，钻完井成本占比 38.8%～45.8%，压裂成本占比 54.2%～61.2%，2020 年钻完井成本占比 38.8%、压裂成本占比 61.2%。单段压裂成本由初期 31.2 万美元 / 段逐年下降至 2019 年的 7.7 万美元 / 段。百米段长压裂成本总体呈下降

趋势，百米段长压裂成本由初期 32.1 万美元 /100m 上升至 2020 年的 26.0 万美元 /100m。百 吨 砂 量 EUR 分 布 在（195～1343）×10⁴m³/100t，2018 年 气 井 百 吨 砂 量 EUR 为 207×10⁴m³/100t。百米段长 EUR 整体呈先上升后下降趋势，由初期 829×10⁴m³/100m 下降至 2019 年的 521×10⁴m³/100m。单位钻压成本产气量呈先上升后下降趋势，2019 年单位钻压成本产气量仅为 15.3m³/ 美元。

表 8-4　Haynesville 页岩气藏垂深 4000～4500m 水平井历年标准指标统计表

年份	统计方式	2011	2012	2013	2014	2015	2016	2017	2018	2019	2020
水垂比	P25	0.33	0.38	—	0.32	0.38	0.44	0.50	0.40	0.48	0.59
	P50	0.37	0.41		0.43	0.45	0.50	0.53	0.49	0.54	0.67
	P75	0.39	0.44		0.46	0.54	0.53	0.55	0.56	0.60	0.74
平均段间距 / m	P25	77	73	—	—	67	38	40	34	39	—
	P50	89	92			71	50	46	35	41	
	P75	100	157			73	53	51	47	44	
加砂强度 / t/m	P25	1.62	1.94	—	1.59	2.33	2.44	3.46	3.24	5.22	
	P50	1.97	2.42		1.70	2.51	2.66	4.72	4.83	5.95	
	P75	2.55	2.94		1.88	4.04	5.47	5.61	5.56	7.15	
用液强度 / m³/m	P25	15.0	18.8	—	31.1	26.9	35.0	31.4	29.4	38.3	
	P50	18.3	24.0		32.0	31.4	37.0	36.8	39.8	39.3	
	P75	22.7	26.3		32.6	36.1	42.1	45.6	44.5	44.0	
钻完井成本占钻压成本比例	P25	38.3%	34.1%	—	42.8%	30.6%	37.9%	35.3%	39.3%	34.5%	35.0%
	P50	45.8%	40.1%		42.8%	42.4%	42.8%	40.8%	43.4%	44.4%	38.8%
	P75	51.7%	50.1%		47.6%	48.9%	46.9%	48.6%	59.8%	47.0%	42.6%
压裂成本占钻压成本比例	P25	61.7%	65.9%	—	57.2%	69.4%	62.1%	64.7%	60.7%	65.5%	65.0%
	P50	54.2%	59.9%		57.2%	57.6%	57.2%	59.2%	56.6%	55.6%	61.2%
	P75	48.3%	49.9%		52.4%	51.1%	53.1%	51.4%	40.2%	53.0%	57.4%
单段压裂成本 / 万美元 / 段	P25	26.8	22.3	—	—	15.0	16.6	11.1	8.1	7.3	—
	P50	31.2	39.7		—	22.5	19.1	13.2	9.0	7.7	
	P75	39.4	65.0		—	27.5	19.1	13.4	9.7	8.6	
百米段长压裂成本 / 万美元 /100m	P25	27.8	25.7	—	30.5	21.0	24.7	20.6	20.2	20.3	25.5
	P50	32.1	30.3	—	35.9	26.3	28.8	25.9	24.1	21.4	26.0
	P75	40.6	31.9	—	36.7	33.4	33.8	28.2	28.8	25.2	26.5

年份	统计方式	2011	2012	2013	2014	2015	2016	2017	2018	2019	2020
百吨砂量 EUR/ 10^4m^3/100t	P25	302	318	—	1051	320	398	143	183	—	—
	P50	360	338	—	1343	520	519	195	207	—	—
	P75	551	471	—	1583	639	990	312	310	—	—
百米段长 EUR/ 10^4m^3/100m	P25	604	648	—	1999	1115	1633	1032	1077	450	—
	P50	829	957	—	2710	1466	1968	1208	1314	521	—
	P75	1055	1282	—	2746	2622	2532	1639	1704	721	—
单位钻压 成本产气量 / m^3/ 美元	P25	10.3	12.0	—	31.6	29.0	29.9	23.0	22.9	8.2	—
	P50	13.3	20.7	—	46.7	35.5	41.9	27.3	25.4	15.3	—
	P75	19.0	23.8	—	53.0	53.1	54.2	49.9	28.8	19.1	—

参 考 文 献

［1］曹海涛，詹国卫，余小群，等．深层页岩气井产能的主要影响因素——以四川盆地南部永川区块为例［J］．天然气工业，2019，39（S1）：118-122.

［2］陈元千，徐良，王丽宁．泛指数产量递减模型在评价美国页岩气田井控可采储量中的应用［J］．油气藏评价与开发，2021，11（4）：469-475.

［3］陈作，曾义金．深层页岩气分段压裂技术现状及发展建议［J］．石油钻探技术，2016，44（1）：6-11.

［4］陈作，李双明，陈赞，等．深层页岩气水力裂缝起裂与扩展试验及压裂优化设计［J］．石油钻探技术，2020，48（3）：70-76.

［5］刁海燕．美国西部典型盆地页岩气资源潜力评价与有利区优选［D］．中国地质大学（北京），2015.

［6］丁麟，程峰，于荣泽，等．北美地区页岩气水平井井距现状及发展趋势［J］．天然气地球科学，2020，31（4）：559-566.

［7］杜开元，段国斌，徐刚，等．深层页岩气井压裂加砂工艺优化的微地震评价［J］．石油地球物理勘探，2018，53（S2）：148-155+13.

［8］段国彬，陈朝刚，余平，等．渝西区块深层页岩气成藏条件研究［J］．四川地质学报，2020，40（3）：402-405.

［9］樊好福，臧艳彬，张金成，等．深层页岩气钻井技术难点与对策［J］．钻采工艺，2019，42（3）：20-23+7.

［10］范泓澈．深层页岩气资源勘探的机遇与挑战［C］//第八届中国含油气系统与油气藏学术会议论文摘要汇编，2015：260-261.

［11］范琳沛，李勇军，白生宝．美国Haynesville页岩气藏地质特征分析［J］．长江大学学报（自然科学版），2014，11（2）：81-83.

［12］范明涛，李社坤，李军，等．深层页岩气水泥环界面密封失效机理研究［J］．石油机械，2021，49（1）：53-57.

［13］房大志，曾辉，王宁，等．从Haynesville页岩气开发数据研究高压页岩气高产因素［J］．石油钻采工艺，2015，37（2）：58-62.

［14］冯国强，赵立强，卞晓冰，等．深层页岩气水平井多尺度裂缝压裂技术［J］．石油钻探技术，2017，45（6）：77-82.

［15］郭克强，张宝生，Mikael H K，等．美国Haynesville页岩气井产量递减规律［J］．石油科学通报，2016，1（2）：293-305.

［16］郭彤楼．深层页岩气勘探开发进展与攻关方向［J］．油气藏评价与开发，2021，11（1）：1-6.

［17］何骁，李武广，党录瑞，等．深层页岩气开发关键技术难点与攻关方向［J］．天然气工业，2021，41（1）：118-124.

［18］何治亮，聂海宽，蒋廷学．四川盆地深层页岩气规模有效开发面临的挑战与对策［J］．油气藏评价与开发，2021，11（2）：1-11.

［19］贺英，王业众，杨毅，等．泸州区块深层页岩气水平井储层改造工艺——以Y1井为例［C］//第

31 届全国天然气学术年会（2019）论文集（03 非常规气藏），2019：655-662.

[20] 蒋廷学，卞晓冰，王海涛，等.深层页岩气水平井体积压裂技术 [J].天然气工业，2017，37（1）：90-96.

[21] 李果，朱化蜀，郭治良.永川深层页岩气水平井优快钻井配套技术 [C] //2018 年全国天然气学术年会论文集（03 非常规气藏），2018：240-244.

[22] 李庆辉，陈勉，Fred P W，等.工程因素对页岩气产量的影响——以北美 Haynesville 页岩气藏为例 [J].天然气工业，2012，32（4）：54-59，123.

[23] 梁正中，余天洪.北美超压富集页岩气研究现状及勘探启示 [J].煤炭科学技术，2016，44（10）：161-166.

[24] 林波，秦世群，谢勃勃，等.涪陵深层页岩气井压裂工艺难点及对策研究 [J].石化技术，2019，26（5）：162.

[25] 林永学，甄剑武.威远区块深层页岩气水平井水基钻井液技术 [J].石油钻探技术，2019，47（2）：21-27.

[26] 刘清友，朱海燕，陈鹏举.地质工程一体化钻井技术研究进展及攻关方向——以四川盆地深层页岩气储层为例 [J].天然气工业，2021，41（1）：178-188.

[27] 刘伟，何龙，胡大梁，等.川南海相深层页岩气钻井关键技术 [J].石油钻探技术，2019，47（6）：9-14.

[28] 刘伟，何龙，李文生，等.深层页岩气钻井关键技术 [C] //2018 年全国天然气学术年会论文集（03 非常规气藏），2018：528-531.

[29] 刘元宪.涪陵深层页岩气水平井高效油基钻井液体系研究 [J].当代化工，2019，48（1）：179-182.

[30] 陆亚秋，梁榜，王超，等.四川盆地涪陵页岩气田江东区块下古生界深层页岩气勘探开发实践与启示 [J].石油与天然气地质，2021，42（1）：241-250.

[31] 罗啸.深层页岩气大型压裂工艺技术研究 [D].西南石油大学，2018.

[32] 罗佐县.美国海恩斯维尔页岩气产业发展模式分析及启示 [J].石油科技论坛，2016，35（1）：50-55.

[33] 齐奉忠，杜建平.哈里伯顿页岩气固井技术及对国内的启示 [J].非常规油气，2015，2（5）：77-82.

[34] 齐玉，范生林，余来洪.深层页岩气高效钻井技术创新与实践 [C] //ECF 国际页岩气论坛 2021 第十一届亚太页岩油气暨非常规能源峰会论文集，2021：49-54.

[35] 乔李华，范生林，高建华.中美典型高压页岩气藏钻井技术对比 [C] //2018 年全国天然气学术年会论文集（03 非常规气藏），2018：754-761.

[36] 乔李华，范生林，齐玉.美国 Haynesville 页岩气区块优化钻井技术 [J].钻采工艺，2019，42（4）：112-113.

[37] 乔李华，范生林，齐玉.中美典型高压页岩气藏钻井提速技术对比与启示 [J].天然气工业，

2020，40（1）：104–109.

［38］邱硕蕾.深层页岩气井压裂工艺难点及对策［J］.化工管理，2019（29）：188–189.

［39］沈骋，郭兴午，陈马林，等.深层页岩气水平井储层压裂改造技术［J］.天然气工业，2019，39（10）：68–75.

［40］沈骋，谢军，赵金洲，范宇，等.提升川南地区深层页岩气储层压裂缝网改造效果的全生命周期对策［J］.天然气工业，2021，41（1）：169–177.

［41］石喜军，于大伟，曹立明，等.深层页岩气带压完井井控装置优化设计与应用［J］.石化技术，2018，25（10）：330.

［42］石学文，周尚文，田冲，等.川南地区海相深层页岩气吸附特征及控制因素［J］.天然气地球科学，2021，32（11）：1735–1747.

［43］眭圣，沈建文，杜征鸿，等.威荣深层页岩气水平井钻井提速关键技术［C］//第31届全国天然气学术年会（2019）论文集（05钻完井工程），2019：268–275.

［44］王建龙，于志强，苑卓，等.四川盆地泸州区块深层页岩气水平井钻井关键技术［J］.石油钻探技术，2021，49（6）：17–22.

［45］王莉，于荣泽，张晓伟，等.中、美页岩气开发现状的对比与思考［J］.科技导报，2016，34（23）：28–31.

［46］王世栋.深层页岩气水平井井眼轨迹控制技术与应用［D］.中国石油大学（北京），2017.

［47］王淑芳，董大忠，王玉满，等.中美海相页岩气地质特征对比研究［J］.天然气地球科学，2015，26（9）：1666–1678.

［48］王兴文，何颂根，林立世，等.威荣区块深层页岩气井体积压裂技术［J］.断块油气田，2021，28（6）：745–749.

［49］王旭东，钟成旭，吴鹏程，等.川南深层页岩气水平井轨道设计优化探讨［C］//2018年全国天然气学术年会论文集（03非常规气藏），2018：362–367.

［50］王治法，蒋官澄，林永学，等.美国页岩气水平井水基钻井液研究与应用进展［J］.科技导报，2016，34（23）：43–50.

［51］夏永江，于荣泽，卞亚南，等.美国Appalachian盆地Marcellus页岩气藏开发模式综述［J］.科学技术与工程，2014，14（20）：152–161.

［52］徐凤生，王富平，张锦涛，等.我国深层页岩气规模效益开发策略［J］.天然气工业，2021，41（1）：205–213.

［53］徐慧.海恩斯维尔页岩气潜力巨大［J］.资源环境与工程，2014，28（3）：377.

［54］杨洪志，赵圣贤，刘勇，等.泸州区块深层页岩气富集高产主控因素［J］.天然气工业，2019，39（11）：55–63.

［55］杨峻捷.深层页岩气水平井体积压裂技术探析［J］.中国石油和化工标准与质量，2021，41（9）：177–178.

［56］于荣泽，卞亚南，张晓伟，等.页岩储层流动机制综述［J］.科技导报，2012，30（24）：75–79.

［57］于荣泽，丁麟，郭为，等.大数据在油气勘探开发中的应用——以川南页岩气田为例［J］.矿产勘查，2020，11（9）：2000-2007.

［58］余道智.深层页岩气钻井关键技术难点及对策研究［J］.能源化工，2019，40（1）：69-73.

［59］臧艳彬.川东南地区深层页岩气钻井关键技术［J］.石油钻探技术，2018，46（3）：7-12.

［60］曾波，王星皓，黄浩勇，等.川南深层页岩气水平井体积压裂关键技术［J］.石油钻探技术，2020，48（5）：77-84.

［61］曾义金，陈作，卞晓冰.川东南深层页岩气分段压裂技术的突破与认识［J］.天然气工业，2016，36（1）：61-67.

［62］曾义金.深层页岩气开发工程技术进展［J］.石油科学通报，2019，4（3）：233-241.

［63］张成林，赵圣贤，张鉴，等.川南地区深层页岩气富集条件差异分析与启示［J］.天然气地球科学，2021，32（2）：248-261.

［64］张荻萩，李治平，苏皓.页岩气产量递减规律研究［J］.岩性油气藏，2015，27（6）：138-144.

［65］张海杰，张雪梅，罗拥军，等.深层页岩气水平井地质导向技术［C］//2018年全国天然气学术年会论文集（03非常规气藏），2018：683-686.

［66］张健强，李平，陈朝刚，等.深层页岩气水平井体积压裂改造实践［J］.内江科技，2020，41（6）：18-20.

［67］张金川，陶佳，李振，等.中国深层页岩气资源前景和勘探潜力［J］.天然气工业，2021，41（1）：15-28.

［68］张力文.深层页岩气井固井施工工艺技术及应用［J］.石化技术，2021，28（5）：96-97.

［69］张鑫，李军，张慧，等.威荣区块深层页岩气井套管变形失效分析［J］.钻采工艺，2021，44（1）：23-27.

［70］赵勇，李南颖，杨建，等.深层页岩气地质工程一体化井距优化——以威荣页岩气田为例［J］.油气藏评价与开发，2021，11（3）：340-347.

［71］周庆凡，杨国丰.美国页岩油气勘探开发现状与发展前景［J］.国际石油经济，2018，26（9）：39-46.

［72］周庆凡.美国页岩气产量前景展望［J］.石油与天然气地质，2019，40（5）：944.

［73］周庆凡.美国页岩气和致密油发展现状与前景展望［J］.中外能源，2021，26（5）：1-8.

［74］朱彤，曹艳，张快.美国典型页岩气藏类型及勘探开发启示［J］.石油实验地质，2014，36（6）：718-724.

［75］邹才能，翟光明，张光亚，等.全球常规—非常规油气形成分布、资源潜力及趋势预测［J］.石油勘探与开发，2015，42（1）：13-25.

［76］邹才能，丁云宏，卢拥军，等."人工油气藏"理论、技术及实践［J］.石油勘探与开发，2017，44（1）：144-154.

［77］邹才能，董大忠，王社教，等.中国页岩气形成机理、地质特征及资源潜力［J］.石油勘探与开发，2010，37（6）：641-653.

［78］邹才能，董大忠，王玉满，等.中国页岩气特征、挑战及前景（二）［J］.石油勘探与开发，2016，43（2）：166-178.

［79］邹才能，董大忠，王玉满，等.中国页岩气特征、挑战及前景（一）［J］.石油勘探与开发，2015，42（6）：689-701.

［80］邹才能，董大忠，杨桦，等.中国页岩气形成条件及勘探实践［J］.天然气工业，2011，31（12）：26-39，125.

［81］邹才能，潘松圻，荆振华，等.页岩油气革命及影响［J］.石油学报，2020，41（1）：1-12.

［82］邹才能，陶士振，白斌，等.论非常规油气与常规油气的区别和联系［J］.中国石油勘探，2015，20（1）：1-16.

［83］邹才能，陶士振，杨智，等.中国非常规油气勘探与研究新进展［J］.矿物岩石地球化学通报，2012，31（4）：312-322.

［84］邹才能，杨智，崔景伟，等.页岩油形成机制、地质特征及发展对策［J］.石油勘探与开发，2013，40（1）：14-26.

［85］邹才能，杨智，何东博，等.常规-非常规天然气理论、技术及前景［J］.石油勘探与开发，2018，45（4）：575-587.

［86］邹才能，杨智，王红岩，等."进源找油"：论四川盆地非常规陆相大型页岩油气田［J］.地质学报，2019，93（7）：1551-1562.

［87］邹才能，杨智，张国生，等.常规—非常规油气"有序聚集"理论认识及实践意义［J］.石油勘探与开发，2014，41（1）：14-27.

［88］邹才能，杨智，朱如凯，等.中国非常规油气勘探开发与理论技术进展［J］.地质学报，2015，89（6）：979-1007.

［89］邹才能，张国生，杨智，等.非常规油气概念、特征、潜力及技术——兼论非常规油气地质学［J］.石油勘探与开发，2013，40（4）：385-399+454.

［90］邹才能，赵群，丛连铸，等.中国页岩气开发进展、潜力及前景［J］.天然气工业，2021，41（1）：1-14.

［91］邹才能，赵群，董大忠，等.页岩气基本特征、主要挑战与未来前景［J］.天然气地球科学，2017，28（12）：1781-1796.

［92］邹才能，赵群，王红岩，等.非常规油气勘探开发理论技术助力我国油气增储上产［J］.石油科技论坛，2021，40（3）：72-79.

［93］邹才能，朱如凯，吴松涛，等.常规与非常规油气聚集类型、特征、机理及展望——以中国致密油和致密气为例［J］.石油学报，2012，33（2）：173-187.

［94］邹才能.页岩气开发要突出"海相"突破"陆相"［J］.地球，2014（9）：44-45.

［95］Allison E K. Geologic characterization and reservoir properties of the upper smackover formation, haynesville shale, and lower bossier shale, thorn lake field, red river parish, Jouisiana, USA［M］. Colorado School of Mines，2018.

［96］Brittenham M D. Geologic analysis of the Upper Jurassic Haynesville Shale in east Texas and west Louisiana : Discussion［J］. AAPG Bulletin, 2013, 97（3）: 525–528.

［97］Browning J, Ikonnikova S, Male F, et al. Study forecasts gradual Haynesville production recovery before final decline［J］. Oil & Gas Journal, 2015, 113（12）: 64–71.

［98］Charles P, Billy P, Tim B, et al. Haynesville Shale – One Operator's Approach to Well Completions in this Evolving Play［R］. SPE 125079, 2009.

［99］Daniel J S. The successful development of gas and oil resources from shales in North America［J］. Journal of Petroleum Science and Engineering, 2018, 163: 399–420.

［100］David L M, Kevin L S. Case Study of 3D Seismic Inversion and Rock Property Attribute Evaluation of the Haynesville Shale［R］. SPE 1581885, 2013.

［101］David M. Case Study of 3D Seismic Inversion and Rock Property Attribute Evaluation of the Haynesville Shale［R］. SPE 168819, 2013.

［102］Ewing, T E. The ups and downs of the Sabine Uplift and the northern Gulf of Mexico Basin : Jurassic basement blocks, Cretaceous thermal uplifts, and Cenozoic flexure［J］. Gulf Coast Association of Geological Societies Transactions, 2009, 59: 253–269.

［103］Fanchi L R, Cooksey M J, Lehman K M, et al. Probabilistic Decline Curve Analysis of Barnett, Fayetteville, Haynesville, and Woodford Gas Shales［J］. Journal of Petroleum Science and Engineering, 2013, 109: 308–311.

［104］Fink R, Krooss B M, Gensterblum Y et al. Apparent Permeability of Gas Shales – Superposition of Fluid–dynamic and Poro–elastic Effects［J］. Fuel, 2017, 199: 532–550.

［105］Gabino C, Simon V, Kevin C, et al. Integrating surface seismic, microseismic, rock properties and mineralogy in the Haynesville shale play［J］. First Break, 2014, 32（2）.

［106］Galloway W E, Mentemeier S, Rowan M, et al. Plumbing the depths of the Gulf of Mexico : Recent understanding of Cenozoic sand dispersal systems and ultradeep reservoir potential［J］.The Leading Edge, 2004, 23（1）, 44–51.

［107］Gupta I, Rai C, Devegowda D, et al.Haynesville Shale : Predicting Long–term Production and Residual Analysis To Identify Well Interference and Fracture Hits［J］.SPE Reservoir Evaluation & Engineering, 2020, 23（1）: 132–142.

［108］Gürcan G, Ikonnikova S, Browning J, et al. Production Scenarios for the Haynesville Shale Play［J］. SPE Economics & Management, 2015, 7（4）: 138–147.

［109］Hammes U, Hamlin H S, Ewing T E. Geologic analysis of the Upper Jurassic Haynesville Shale in east Texas and west Louisiana : Reply［J］. AAPG Bulletin, 2013, 97（3）: 529–529.

［110］Hammes U, Hamlin H S, Ewing T E. Geologic analysis of the Upper Jurassic Haynesville shale in east Texas and west Louisiana［J］. AAPG Bulletin, 2011, 95（10）: 1643–1666.

［111］Hwi J E, Seung H A, Bo H C. Evaluation of shale gas reservoirs considering the effect of fracture half-length and fracture spacing in multiple hydraulically fractured horizontal wells [J] . Geosystem Engineering, 2014, 17（5）: 264-278.

[112] Jacob I W, Peter J D, Cliff F, et al. Earthquakes in Northwest Louisiana and the Texas-Louisiana Border Possibly Induced by Energy Resource Activities within the Haynesville Shale Play [J] . Seismological research letters, 2016, 87（2A）: 285-294.

[113] Jiang M J, Spikes K T. Estimation of reservoir properties of the Haynesville Shale by using rock-physics modelling and grid searching [J] . Geophysical Journal International, 2013, 195（1）: 315-329.

[114] John A C, Madeline E S. Mineralogy and trace element geochemistry of gas shales in the United States : Environmental implications [J] . International Journal of Coal Geology, 2014, 126: 32-44.

[115] Kaiser, Mark J, Yu Y K. Economic operating envelopes characterized for Haynesville shale [J] . Oil and Gas Journal, 2012, 110（1a）: 70-70.

[116] Kaiser, Mark J, Yu Y K. Operating envelope of Haynesville shale wells' profitability described [J] . Oil and Gas Journal, 2012, 110（2）: 60-60.

[117] Kaiser, Mark J, Yu Y K.Louisiana Haynesville Shale-1.Characteristics, production potential of Haynesville shale wells described [J] . Oil and Gas Journal, 2011, 109（19）: 68-79.

[118] Klaver J, Desbois G, Littke R et al. BIB-SEM characterization of pore space morphology and distribution in postmature to overmature samples from the Haynesville and Bossier Shales [J] . Marine and Petroleum Geology, 2015, 59: 451-466.

[119] Lin Ma, et al. Hierarchial intergration of porosity in shales. Scientific Reports, 8（2018）: 11683.

[120] Mark J. Kaiser. Profitability assessment of Haynesville shale gas wells [J] . Energy, 2012, 38（1）: 315-330.

[121] Matt Z. US shale gas-advantaged projects strain toward finish line [J] . Oil and Gas Journal, 2016, 114（11）: 22-22.

[122] Michael A, Gupta I. A Comparative Study of Oriented Perforating and Fracture Initiation in Seven Shale Gas Plays [J] . Journal of Natural Gas Science and Engineering, 2021, 88: 103801.

[123] Nick C. Haynesville Shale Output Climbs Past 7 Bcf/d [J] . Pipeline & Gas Journal, 2017, 244（12）: 44-44.

[124] Nunn J A. Burial and Thermal History of the Haynesville Shale : Implication for Overpresswe, Gas Generation, and Natural Hydrofracture [J] . Gcags Journal, 2012.

[125] Olga L, Yaroslav V. Use of correlation-regression analysis for estimation of prospects of natural gas extraction of shale rocks [J] . EUREKA : Social and Humanities, 2017,（4）: 37-43.

[126] Pinto, Errol, Mota, et al. Improving directional drilling tool reliability for HPHT horizontal wells in the Haynesville shale [J] . World Oil, 2013.

[127] Polczer, Shaun. Marcellus tops Haynesville as leading US gas play [J] . Petroleum Economist, 2013.

［128］Redden，Jim. Haynesville bossier shale signs of life starting to emerge ［J］. World Oil，2013.

［129］Research and Markets：Haynesville Shale in the US，2012 – Gas Shale Market Analysis and Forecasts to 2020 ［J］. M2 Presswire，2012.

［130］Research and Markets：Haynesville Shale Play ［J］. M2 Presswire，2012.

［131］Saputra W，Kirati W，Patzek T W. Generalized extreme value statistics，physical scaling and forecasts of gas production in the Haynesville shale ［J］. Journal of Natural Gas Science and Engineering，2021，94：104041.

［132］Thompson J，Fan L，Grant D，et al.An Overview of Horizontal-Well Completions in the Haynesville Shale ［J］. Journal of Canadian Petroleum Technology，2011，50（6）：22-35.

［133］Unruh H，Habib E H，Borrok D. Impacts of Hydraulic Fracturing on Surface and Groundwater Water Resources：Case Study from Louisiana ［J］. Journal of Water Resources Planning and Management，2021，147（10）：05021017.

［134］Ursula H，Gregory F. Haynesville and Bossier mudrocks：A facies and sequence stratigraphic investigation，East Texas and Louisiana，USA ［J］. Marine and Petroleum Geology，2012，31（1）：8-26.

［135］Yurova M P. Distinctive Features of Shale Hydrocarbons Development in the United States（on the example of formations Bakken，Eagle Ford，Barnett，Haynesville，Fayetteville，Marcellus）［J］. Georesursy，2016，18（1）：38-45.